普通高等教育"十三五"规划教材·计算机系列

# C 语言程序设计

## （第二版）

叶 斌　陈世强　主　编

贺　刚　陈自根　副主编

科学出版社

北　京

# 内 容 简 介

本书对 C 语言的基本构成、语法规则、使用特性及程序设计的基本方法与技术做了系统而详细的介绍。全书注重算法设计与程序设计的有机结合，强调模块化程序设计思想及其实现方法，强化工程应用训练。

本书共 10 章，内容分别为 C 语言及程序设计概述，基本数据类型和表达式，程序的控制结构，函数，数组，指针，结构体、共用体和枚举类型，文件，位运算及综合应用案例。为了使读者更好地掌握各章节内容，每章还配有大量精选的习题。

本书可作为高等院校各专业计算机程序设计课程的教学用书，也可作为培训教材或一般工程技术人员的参考书。

**图书在版编目（CIP）数据**

C 语言程序设计/叶斌，陈世强主编. —2 版. —北京：科学出版社，2018.7
普通高等教育"十三五"规划教材·计算机系列
ISBN 978-7-03-057388-9

Ⅰ.①C… Ⅱ. ①叶… ②陈… Ⅲ.①C 语言-程序设计-高等学校-教材
Ⅳ.①TP312.8

中国版本图书馆 CIP 数据核字（2018）第 097767 号

责任编辑：戴 薇 王 惠 / 责任校对：王万红
责任印制：吕春珉 / 封面设计：东方人华平面设计部

科 学 出 版 社 出版
北京东黄城根北街 16 号
邮政编码：100717
http://www.sciencep.com

三河市良远印务有限公司印刷
科学出版社发行　各地新华书店经销
＊

2012 年 6 月第 一 版　　开本：787×1092　1/16
2018 年 7 月第 二 版　　印张：22 1/4
2018 年 7 月第一次印刷　　字数：524 000

定价：56.00 元
（如有印装质量问题，我社负责调换〈良远〉）
销售部电话 010-62136230　编辑部电话 010-62135397-2052

前言 PREFACE

　　C语言是一种结构化程序设计语言。它既有高级语言的特点，又具有汇编语言的许多功能；既适于编写应用软件，又能用于开发系统软件，是目前功能强大、应用广泛、影响力强的程序设计语言之一。因此，C语言是计算机从业人员和计算机爱好者都希望掌握的程序设计语言。

　　本书在全面而系统地介绍C语言的基本概念、语法功能、使用特性和程序设计方法及技能的基础上，通过具体案例分析，由浅入深，循序渐进，力求使读者理解和掌握数据结构、算法的概念及其应用；着重培养读者良好的程序设计思想和编程能力，为其进一步学习、从事软件开发和工程应用打下坚实的基础。全书由4个部分共10章组成，具体内容组织如下。

　　第1部分为程序设计基础，由第1章和第2章组成，主要介绍C语言的发展和特点，C语言程序的基本结构、编码风格，C语言程序的开发过程与环境，基本数据类型、运算符与表达式等。这部分内容是C语言程序设计的入门基础知识。

　　第2部分为程序设计的基本结构，只含第3章，主要介绍算法及其描述方法、简单算法的设计、C语言的语句分类、程序的流程控制结构等。这部分内容主要是让读者了解算法的作用及构造；掌握结构化程序设计的三种基本结构：顺序结构、选择结构和循环结构，以及实现这些结构的语句。

　　第3部分为模块化程序设计，由第4～9章组成，主要介绍C语言的模块化程序设计思想和实现方法、指针类型及构造类型、文件操作等。这部分内容主要是让读者全面了解和掌握C语言程序设计的方法和手段，培养读者的程序设计思想和编程能力，使其学会用计算思维方式去思考问题和解决问题。

　　第4部分为一个综合应用案例，只含第10章，主要介绍一个与手机电话本功能类似的电话本软件项目的开发过程。这部分内容旨在让读者进一步巩固、理解和综合运用所学知识，从工程应用的角度了解利用C语言进行软件开发的方法与过程，从而达到综合训练、提高能力的目的。

　　本书具有以下特色。

**1．以算法为核心，以程序设计思想为主线。**

　　本书在编写理念上突出以算法为核心，以程序设计思想为主线。书中的案例不仅给出了例程，而且对算法设计及编程方法与技巧进行了较详细的解析。

**2．案例典型，富于启发性。**

　　书中精选的案例类型丰富，具有代表性。这些案例都提供了源程序并且都已在Visual C++ 6.0环境下调试通过，运行结果正确。例程极富启发性，能激发读者积极思考，寻求解决问题的新方法。

**3．代码规范，风格一致。**

编者在编写本书的过程中十分重视对读者良好编程风格的培养。代码书写规范、统一；程序版式追求清晰、美观；注释的运用合理、准确，容易理解。编码风格力求与Windows 应用程序风格保持一致。例如，标识符的命名规则在参考匈牙利命名法的基础上，统一采用驼峰式命名法。

**4．以工程应用为目的，注重编程实训。**

编者在编写本书的过程中十分重视以工程应用为目的，以培养工程应用型人才为目标。例如，本书第 10 章的综合应用案例正是围绕此目标设置的。本书以实例导入知识点，采用案例驱动的方式，强调理论与实践相结合，注重编程实训及培养读者的综合应用能力和软件开发能力。

**5．习题丰富典型，且配有实验指导与习题解答。**

为了帮助读者学习和巩固 C 语言理论知识，书中每章都附有习题，通过这些练习和上机编程训练，可以使读者加深理解程序设计的基本思想、掌握编程的基本方法和技巧、提高程序设计能力。与本书配套的《C 语言程序设计实验指导与习题解答（第二版）》也将同步出版，其中给出了习题的参考答案，安排了上机实验内容，可有效提升读者学习效果。

**6．附录内容丰富，实用性强。**

本书安排了 5 个附录，内容丰富，实用性强，便于教学和学习时查找相关内容。

本书由叶斌、陈世强担任主编，由贺刚、陈自根担任副主编。所有编者都是多年在教学一线从事"C 语言程序设计"课程教学及计算机软件教学的老师，具有丰富的教学经验和较强的软件开发能力。本书第 1～4 章、第 9 章由叶斌编写，第 5 章、第 8 章、第 10 章由贺刚编写，第 6 章、第 7 章由陈自根编写，附录由贺刚、陈自根编写。全书由叶斌、陈世强负责统稿。

本书的出版得到了学校各级领导的热切关心和大力支持。在本书的编写过程中，沈济南、胡俊鹏老师参与了内容校对工作并提出了许多有益的建议；同时，本书的编写中参考了许多同行的著作，在此一并表示衷心的感谢。

尽管编者以高度的责任心和百倍的努力投入写作，但由于学识水平所限，书中难免存在疏漏和不妥之处，恳请广大读者批评指正。

编 者

2018 年 5 月

**目录** CONTENTS

第1章　C语言及程序设计概述 ························································· 1

1.1　程序与程序设计语言 ····························································· 1
　　1.1.1　程序的概念 ································································· 1
　　1.1.2　程序设计语言的发展 ····················································· 1
　　1.1.3　C语言的发展及特点 ····················································· 3
　　1.1.4　C语言与C++、Java、C#的比较 ·········································· 5

1.2　程序设计方法 ··································································· 6
　　1.2.1　程序设计的基本过程 ····················································· 6
　　1.2.2　结构化程序设计方法 ····················································· 6
　　1.2.3　面向对象程序设计方法 ··················································· 7

1.3　C语言程序的基本结构 ··························································· 8
　　1.3.1　一个简单的C语言程序 ··················································· 8
　　1.3.2　C程序的结构特点 ······················································· 9
　　1.3.3　代码编写风格 ·········································· 10

1.4　C语言的基本语法单位 ·························································· 10
　　1.4.1　C语言的字符集 ························································· 10
　　1.4.2　关键字 ················································ 11
　　1.4.3　标识符 ················································ 11
　　1.4.4　分隔符 ················································ 12
　　1.4.5　注释 ·················································· 12

1.5　C语言程序的开发过程与环境 ···················································· 13
　　1.5.1　由源程序生成可执行程序的过程 ··········································· 13
　　1.5.2　Visual C++ 6.0 集成开发环境 ············································· 14
　　1.5.3　Code::Blocks 集成开发环境 ············································· 17

习题 1 ··········································································· 19

第2章　基本数据类型和表达式 ························································· 22

2.1　基本数据类型 ·································································· 22
　　2.1.1　整型数据 ·············································· 22
　　2.1.2　实型数据 ·············································· 24
　　2.1.3　字符型数据 ············································ 24

2.2　常量与变量 ···································································· 26

　　　2.2.1　常量 ················································· 27
　　　2.2.2　变量 ················································· 29
　2.3　运算符与表达式 ········································· 32
　　　2.3.1　算术运算符与算术表达式 ······················ 32
　　　2.3.2　自增与自减运算 ······························· 34
　　　2.3.3　关系运算符与关系表达式 ······················ 35
　　　2.3.4　逻辑运算符与逻辑表达式 ······················ 36
　　　2.3.5　赋值运算符与赋值表达式 ······················ 38
　　　2.3.6　条件运算符与求字节运算符 ···················· 39
　　　2.3.7　逗号运算符与逗号表达式 ······················ 40
　2.4　数据类型转换 ··········································· 40
　　　2.4.1　自动类型转换 ································· 40
　　　2.4.2　赋值运算时的类型转换 ························· 41
　　　2.4.3　强制类型转换 ································· 42
　习题 2 ······················································· 42

第 3 章　程序的控制结构 ········································· 46
　3.1　算法与语句 ············································· 46
　　　3.1.1　算法及其特征 ································· 46
　　　3.1.2　算法与程序结构 ······························· 47
　　　3.1.3　算法的描述 ··································· 47
　　　3.1.4　C 语言的语句分类 ····························· 52
　3.2　基本输入/输出函数 ······································ 54
　　　3.2.1　字符输入/输出函数 ···························· 54
　　　3.2.2　格式化输入/输出函数 ·························· 55
　3.3　顺序结构 ··············································· 60
　3.4　选择结构 ··············································· 61
　　　3.4.1　if 语句 ······································· 61
　　　3.4.2　if 语句的嵌套 ································· 65
　　　3.4.3　switch…case 语句 ···························· 68
　3.5　循环结构 ··············································· 70
　　　3.5.1　while 语句 ··································· 70
　　　3.5.2　do…while 语句 ······························ 72
　　　3.5.3　for 语句 ····································· 74
　　　3.5.4　循环嵌套 ····································· 77
　3.6　其他控制语句 ··········································· 79
　　　3.6.1　break 语句 ·································· 80

　　　3.6.2　continue 语句 ···················································· 80

　　　3.6.3　goto 语句 ······················································· 81

　3.7　程序设计举例 ······························································· 82

　习题 3 ········································································· 86

第4章　函数 ······································································· 93

　4.1　结构化程序设计与 C 程序结构 ··············································· 93

　　　4.1.1　结构化程序设计的特征与风格 ·········································· 93

　　　4.1.2　模块与函数 ························································· 94

　4.2　标准库函数与函数的定义 ··················································· 95

　　　4.2.1　标准库函数 ························································· 95

　　　4.2.2　函数的定义 ························································· 96

　4.3　函数的一般调用 ··························································· 98

　　　4.3.1　函数的声明 ························································· 98

　　　4.3.2　函数的调用 ························································· 99

　　　4.3.3　参数传递 ·························································· 100

　　　4.3.4　函数的返回值 ······················································ 102

　4.4　函数的嵌套调用与递归调用 ················································· 104

　　　4.4.1　函数的嵌套调用 ···················································· 104

　　　4.4.2　函数的递归调用 ···················································· 105

　4.5　变量的作用域 ····························································· 107

　　　4.5.1　局部变量 ·························································· 107

　　　4.5.2　全局变量 ·························································· 109

　4.6　变量的存储类别 ··························································· 111

　　　4.6.1　变量的存储方式 ···················································· 111

　　　4.6.2　自动变量 ·························································· 112

　　　4.6.3　静态变量 ·························································· 112

　　　4.6.4　寄存器变量 ························································· 113

　　　4.6.5　外部变量 ·························································· 114

　4.7　内部函数与外部函数 ······················································· 116

　　　4.7.1　内部函数 ·························································· 116

　　　4.7.2　外部函数 ·························································· 116

　4.8　编译预处理 ······························································· 117

　　　4.8.1　编译预处理简介 ···················································· 117

　　　4.8.2　宏定义 ···························································· 118

　　　4.8.3　文件包含 ·························································· 121

　　　4.8.4　条件编译 ·························································· 122

4.9  程序设计举例·······················································125

习题4································································129

## 第5章  数组·······························································135

### 5.1  一维数组·······················································135

5.1.1  一维数组的定义·············································135

5.1.2  一维数组的逻辑结构和存储结构···························137

5.1.3  一维数组元素的引用·········································137

5.1.4  一维数组的初始化···········································140

5.1.5  一维数组的应用举例·········································141

### 5.2  二维数组·······················································144

5.2.1  二维数组的定义·············································145

5.2.2  二维数组的逻辑结构和存储结构···························145

5.2.3  二维数组元素的引用·········································146

5.2.4  二维数组的初始化···········································148

5.2.5  二维数组的应用举例·········································149

### 5.3  字符数组和字符串···············································152

5.3.1  字符数组的定义和初始化·····································152

5.3.2  字符数组的输入/输出·········································155

5.3.3  字符串的概念和存储表示·····································157

5.3.4  字符串处理函数·············································159

### 5.4  数组作为函数的参数···············································164

5.4.1  数组元素作为函数的参数·····································164

5.4.2  数组名作为函数的参数·······································165

### 5.5  程序设计举例·····················································167

习题5································································171

## 第6章  指针·······························································176

### 6.1  指针概述·······················································176

6.1.1  变量的地址·················································176

6.1.2  指针和指针变量·············································177

6.1.3  指针变量的定义·············································177

6.1.4  指针变量的初始化···········································178

6.1.5  指针变量的引用·············································178

### 6.2  指针运算·······················································180

6.2.1  指针的赋值运算·············································180

6.2.2  指针的算术运算·············································181

6.2.3　指针的关系运算 ··············· 182

6.2.4　指针的下标运算 ··············· 182

6.3　指针与函数 ···························· 183

6.3.1　指针作为函数的参数 ········· 183

6.3.2　返回指针的函数 ··············· 184

6.3.3　指向函数的指针 ··············· 185

6.4　指针与数组 ···························· 187

6.4.1　指向数组元素的指针 ········· 188

6.4.2　指向一维数组的指针 ········· 190

6.4.3　指针数组 ························· 191

6.4.4　多级指针 ························· 192

6.5　指针与字符串 ························· 194

6.5.1　字符型指针与字符串 ········· 194

6.5.2　字符串处理函数的实现 ······ 195

6.5.3　字符串数组 ····················· 197

6.5.4　带参数的 main()函数 ········· 199

6.6　程序设计举例 ························· 200

习题 6 ········································· 206

第 7 章　结构体、共用体和枚举类型 ······ 212

7.1　结构体 ································· 212

7.1.1　结构体类型的声明 ············ 212

7.1.2　结构体变量的定义 ············ 214

7.1.3　结构体变量的引用 ············ 216

7.1.4　结构体变量的初始化 ········· 216

7.1.5　结构体变量的有关操作 ······ 217

7.1.6　结构体数组 ····················· 219

7.1.7　结构体指针变量 ··············· 222

7.1.8　结构体与函数 ·················· 224

7.2　共用体 ································· 229

7.2.1　共用体类型声明及共用体类型变量的定义 ···· 229

7.2.2　共用体变量的引用 ············ 230

7.2.3　共用体变量的初始化 ········· 231

7.3　枚举类型 ······························ 233

7.3.1　枚举类型的声明 ··············· 233

7.3.2　枚举类型变量的定义 ········· 234

7.4　用 typedef 定义类型 ················ 236

7.4.1　typedef 的意义 ································································ 236
7.4.2　typedef 的用法 ································································ 236

7.5　链表 ······················································································ 237
7.5.1　单链表的构造 ······························································· 237
7.5.2　单链表的操作 ······························································· 239

7.6　程序设计举例 ··········································································· 247

习题 7 ····························································································· 253

第 8 章　文件 ····················································································· 262

8.1　文件概述 ················································································ 262
8.1.1　文件的基本概念 ····························································· 262
8.1.2　文件的分类 ··································································· 262
8.1.3　文件缓冲区 ··································································· 263

8.2　文件类型指针 ··········································································· 264

8.3　文件的打开与关闭 ····································································· 265
8.3.1　文件的打开 ··································································· 265
8.3.2　文件的关闭 ··································································· 267

8.4　文件的读/写操作 ······································································· 267
8.4.1　字符读/写函数 ······························································· 267
8.4.2　字符串读/写函数 ····························································· 271
8.4.3　数据块读/写函数 ····························································· 272
8.4.4　格式化读/写函数 ····························································· 275

8.5　文件的随机读/写操作 ··································································· 276
8.5.1　重返文件头函数 ····························································· 276
8.5.2　指针位置移动函数 ··························································· 277
8.5.3　检测指针当前位置函数 ····················································· 279
8.5.4　文件操作出错检测函数 ····················································· 279
8.5.5　文件处理范例 ······························································· 280

习题 8 ····························································································· 285

第 9 章　位运算 ················································································· 288

9.1　位运算符与位运算 ····································································· 288
9.1.1　按位取反运算符 ····························································· 288
9.1.2　左移运算符 ··································································· 289
9.1.3　右移运算符 ··································································· 290
9.1.4　按位与运算符 ······························································· 291
9.1.5　按位或运算符 ······························································· 292

9.1.6 按位异或运算符 ································································· 293

9.2 位段 ····························································································· 294

9.2.1 位段结构体的说明 ······························································· 294

9.2.2 位段的引用 ········································································· 295

9.3 程序设计举例 ················································································· 296

习题 9 ································································································· 297

第 10 章 综合应用案例 ············································································· 300

10.1 系统设计要求 ··············································································· 300

10.2 系统设计及函数实现 ······································································· 301

10.2.1 系统设计 ··········································································· 301

10.2.2 数据结构 ··········································································· 302

10.2.3 函数设计 ··········································································· 303

10.3 参考程序 ····················································································· 312

10.3.1 源代码清单 ········································································· 312

10.3.2 电话本软件开发过程简介 ······················································· 327

习题 10 ······························································································ 327

附录 A ASCII 码表 ·················································································· 329

附录 B C 语言的关键字及说明 ··································································· 330

附录 C 运算符的优先级和结合性 ······························································· 331

附录 D 常用的 C 语言库函数 ····································································· 332

附录 E 用户自定义标识符的命名规则 ························································· 340

参考文献 ······························································································· 342

# 第1章　C语言及程序设计概述

C语言是一种结构化的计算机程序设计语言，应用范围广泛。它既具有高级语言的特点，又具有汇编语言的某些功能。它可以作为系统设计语言，用来编写系统应用程序；也可以作为应用程序设计语言，用来编写不依赖计算机硬件的应用程序。本章从程序的概念及程序设计语言的发展入手，介绍 C 语言的基本特点、C 语言程序的基本结构、C 语言基本语法单位、C 语言程序的开发过程及集成开发环境（integrated developing environment，IDE）Visual C++ 6.0 和 Code::Blocks。

本章内容是学好 C 语言程序设计的基础，将用一个简单范例让读者实际感受 C 语言程序的结构与特点，基本理解 C 语言程序设计必须遵循的规范，掌握编写和调试一个 C 语言程序的方法，这是每一个 C 程序员所必须具备的基本功。

## 1.1　程序与程序设计语言

### 1.1.1　程序的概念

计算机程序是指可以被计算机或其他信息处理装置连续执行的一条条指令的集合。也就是说，程序（program）是能够完成特定任务的指令序列。

我们知道，指令是二进制码，用它编制程序既不便记忆，又难以掌握。于是，计算机科学家就研制出了多种便于人们理解和使用的计算机语言，如汇编、C/C++、Java、C#等语言。这些计算机语言通常被称为程序语言。

用某种程序语言编制出来的源程序文件一般要经过编译和连接后得到可执行的程序文件（扩展名一般是.exe），如图 1-1 所示。

图 1-1　计算机源程序和可执行程序的关系

**！ 注意：**

本书所说的编程是指为解决某个问题而使用某种程序设计语言编写源程序、调试、编译、连接得到可执行程序的全部过程。

### 1.1.2　程序设计语言的发展

计算机程序设计语言的发展，经历了从机器语言、汇编语言到高级语言的历程。

**1. 机器语言**

机器语言（machine language）或称为二进制代码语言，是一串串由"0"和"1"组成的指令，计算机可以直接识别，不需要进行任何翻译。对于每台机器的指令，其格式和代码所代表的含义都是硬性规定的，故称之为机器语言。不同型号的计算机的机器语言一般是不同的。直接使用机器语言编程是非常辛苦的，效率低且容易出错，同时要求编程人员非常熟悉计算机硬件。机器语言是第一代计算机语言。

**2. 汇编语言**

为了减轻使用机器语言编程的痛苦，人们进行了一种有益的改进：用一些简洁的英文字母、符号串（称为指令助记符）来替代一个特定指令的二进制串。例如，用"ADD"代表加法，用"MOV"代表数据传递等。这样，人们就很容易读懂并理解程序在干什么，纠错及维护都变得方便了，这种程序设计语言就称为汇编语言（assembly language），即第二代计算机语言。

但是，计算机是不认识这些助记符号的，因此需要一个专门的程序，负责将这些符号翻译成二进制的机器语言，这种翻译程序称为汇编程序。

汇编语言同样十分依赖于机器硬件，移植性不好，但效率十分高，针对计算机特定硬件而编制的汇编语言程序能准确发挥计算机硬件的功能和特长，程序精练且质量高，所以至今仍是一种常用而强有力的软件开发工具。

**3. 高级语言**

从最初与计算机交流的痛苦经历中，人们意识到，应该设计一种这样的语言：接近数学语言或人的自然语言，同时又不依赖于计算机硬件，编出的程序能在所有机器上通用。经过努力，1954 年，第一个完全脱离机器硬件的高级语言（high-level programming language）——FORTRAN 问世了。60 多年来，共有几百种高级语言出现，影响较大、使用较普遍的有 FORTRAN、ALGOL、COBOL、BASIC、LISP、SNOBOL、PL/1、Pascal、C、Prolog、Ada、C++、Visual C++、Visual Basic、Delphi、Java、C#等。

高级语言的发展经历了从早期语言到结构化程序设计语言，从面向过程语言（procedure oriented language）到面向对象语言（object oriented language）的历程。FORTRAN、ALGOL、COBOL、BASIC、LISP、SNOBOL、PL/1、Pascal、C、Prolog、Ada 等是面向过程语言，而 C++、Visual C++、Visual Basic、Delphi、Java、C#等是面向对象语言。

高级语言的下一个发展目标是面向应用，即只需要告诉程序你要干什么，程序就能自动生成算法，自动进行处理，这就是非过程化的程序语言。

为了让读者了解机器语言、汇编语言和高级语言程序设计的复杂度，下面以求 1+1 的值为例进行说明，如图 1-2 所示。

```
10111000          MOV AX, 1          main ( )
00000001          ADD AX, 1          {
00000000                                 printf ("%d",1+1);
00000101                              }
00000001
00000000
```
　（a）机器语言　　　　（b）汇编语言　　　　（c）C 语言

图 1-2　求 1+1 问题的机器语言、汇编语言、高级语言（C 语言）程序

### 1.1.3　C 语言的发展及特点

**1. C 语言的发展概况**

C 语言是 1972 年由美国的 D.M.Ritchie（1983 年获得图灵奖，1999 年获得美国国家技术奖）设计发明的，1978 年美国电话电报公司（AT&T）贝尔实验室正式发表了 C 语言。同年，B.W.Kernighan 和 D.M.Ritchie 合著了著名的 *The C Programming Language* 一书，通常简称为 K&R，也有人称之为 K&R 标准。但是，在 K&R 中并没有定义一个完整的标准 C 语言，后来美国国家标准协会（American National Standards Institute，ANSI）在此基础上制定了一个 C 语言标准，于 1983 年发表，通常称为 ANSI C 83。

1987 年，随着微型计算机的日益普及，出现了许多 C 语言版本。由于没有统一的标准，这些 C 语言之间出现了一些不一致的地方。为了改变这种情况，ANSI 为 C 语言制定了一套新的 ANSI 标准——ANSI C 87，目前流行的 C 编译系统都是以此为基础的。1990 年，国际标准化组织（International Standard Organization，ISO）将 ANSI C 87 采纳为 ISO C 语言的标准（ISO/IEC 9899:1990 Programing languages—C）。

1999 年，ANSI 和 ISO 发布了新版本的 C 语言标准和技术勘误文档，该标准称为 ANSI C 99。ANSI C 99 标准之后，新的 C 语言标准是 ISO 和国际电工委员会（International Electrotechnical Commission，IEC）在 2011 年 12 月 8 日正式发布的 ANSI C 11 标准，官方正式名为 ISO/IEC 9899:2011。它基本上是目前关于 C 语言最新、最权威的定义。现在，各种 C 语言编译器都提供了对 ANSI C 87 的完整支持，对 ANSI C 99 只提供了部分支持；另外，还有一部分 C 语言编译器提供了对某些 K&R C 风格的支持。

目前，常见的 C 语言编译开发工具有 Visual C++、Borland C++、Borland C++ Builder、Watcom C++、GNU DJGPP C++、LCC Win32 C、High C、C-Free、Turbo C 等，这些工具大多遵循 ANSI C 87 的规范，只是在某些细节上存在差异。在 Windows 操作系统上以 Visual C++ 6.0 最为常用。

**2. C 语言的特点**

C 语言是一种结构化语言，层次清晰，便于按模块化方式组织程序，易于调试和维护。C 语言的表现能力和处理能力极强，它不仅具有丰富的运算符和数据类型，还可以

直接访问内存的物理地址，进行位操作。具体来讲，C 语言的特点如下：

（1）简洁紧凑、灵活方便

C 语言一共只有 32 个关键字（ANSI C 87）、9 种控制语句，它把高级语言的基本结构和语句与低级语言的实用性结合起来，编程自由灵活。

（2）运算符丰富

C 语言的运算符很丰富，共有 44 个运算符。C 语言把括号、赋值、强制类型转换等都作为运算符处理，从而使 C 语言的运算类型极其丰富，表达式类型多样化，灵活使用各种运算符可以实现在其他高级语言中难以实现的运算。

（3）数据类型丰富

C 语言的数据类型有整型、实型、字符型、数组类型、指针类型、结构体类型、共用体类型等，能用来实现各种复杂的数据运算，并引入了指针概念，使程序效率更高。

（4）结构化的程序设计语言

C 语言是一种结构化语言，提供了编写结构化程序的基本控制语句，并以具有独立功能的函数形式作为模块化程序设计的基本单位提供给用户。这些函数可以方便调用，有利于利用模块化方式进行程序设计、编码、调试和维护。这种结构化方式可使程序层次清晰，程序的各个部分除了必要的信息交流外彼此独立。

（5）语法限制不太严格，程序设计自由度大

一般的高级语言语法检查比较严格，能够检查出大多数的语法错误，而 C 语言允许程序编写者有较大的自由度。

（6）允许直接访问物理地址，可以直接对硬件进行操作

C 语言既具有高级语言的特点，又具有低级语言的许多功能，能够像汇编语言一样对位、字节和地址进行操作，而这三者是计算机基本的工作单元，可以用来编写系统软件。

（7）程序生成代码质量高，程序执行效率高

C 语言程序一般只比汇编程序生成的目标代码效率低 10%～20%。

（8）适用范围大，可移植性好

C 语言有一个突出的优点就是适合于多种操作系统，如 DOS、UNIX、Linux、Windows 等，同时，其适用于多种机型。

当然，C 语言也有自身的不足。例如，C 语言的语法限制不太严格，对变量的类型约束不严格，影响程序的安全性，对数组下标越界不做检查等。从应用的角度来看，与其他高级语言相比，C 语言较难掌握。

总之，C 语言既具有高级语言的功能，又具有汇编语言的特点；既是一个成功的系统设计语言，又是一个高效的应用程序设计语言；既能用来编写不依赖计算机硬件的应用程序，又能用来编写各种系统程序。由于 C 语言的这些突出特点，它的应用领域非常广泛，这里列出一些典型的应用领域，以指导读者今后的学习和选择。

1）C 语言适合用于开发系统软件和大型应用软件，如操作系统、编译系统、高性能应用服务器软件等。

2）在软件需要对硬件进行操作的场合，用 C 语言明显优于其他高级语言。例如，各种硬件设备的驱动程序（如网卡驱动程序、显卡驱动程序、打印机驱动程序等）。

3）在图形、图像及动画处理方面，C 语言具有绝对优势。例如，游戏软件的开发可使用 C 语言。

4）适合编写网络通信程序。随着计算机网络的飞速发展，特别是 Internet 的出现，分布式软件间的通信显得尤其重要，而通信程序的编写首选就是 C 语言。

5）嵌入式系统开发中主要使用 C 语言。在此之前，人们主要使用汇编语言。

6）C 语言适用于跨操作系统平台的软件开发。Windows、UNIX、Linux、OS/2 等绝大多数操作系统支持 C 语言，其他高级语言未必能得到支持，所以编写在不同操作系统下运行的软件用 C 语言是最佳选择。

### 1.1.4　C 语言与 C++、Java、C#的比较

尽管 C 语言与 C++、Java、C#不是同一种语言，但是它们之间也有所联系。从广义上讲，C 语言可以看作其他三种语言的源语言，这是因为无论是从数据类型还是从控制语句来看，其他三种语言都有来自 C 语言的迹象。

一般将 C++看作对 C 语言的扩展。因为 C 语言没有面向对象的语法结构，而当时业界又迫切需要面向对象的编程特性，所以贝尔实验室的开发者就为 C 语言添加了面向对象的结构。现在 C++已经不只是 C 语言的扩展了，它已经完全可以看作一种新的编程语言。虽然 C 语言的特性及库函数仍然被 C++支持，但是 C++已拥有自己独立的类库体系，功能相当强大。

Java 是一种完全面向对象的语言，虽然它的底层（运行时库）是用 C 语言开发的，但其并不依赖于 C 语言。Java 的运行是在运行时库的支持下进行的，所以运行效率相对于可以更接近底层的 C/C++会有所降低，但是 Java 的类库采用了很好的设计理念，非常好用，也非常实用，已经成为业界的一种标准开发语言。它的跨平台特性受到很多开发者的欢迎，用户只需要开发一次就能在所有安装了 Java 运行时库的系统上运行。

C#是 Microsoft 公司开发的一种编程语言，语法类似 Java，几乎就是 Java 的翻版。其运行原理和 Java 类似，也是通过运行时库的支持运行，但是支持的平台很有限。Java 被大多数平台支持，而 C#目前只被 Windows 和 Linux 支持，Windows 下的支持是由 Microsoft 公司自己完成的，而 Linux 下的支持则由 Mono 完成。实际上，Mono 只是把 C#应用转化为 Java 应用而已，所以本质上，C#仍然只是被 Microsoft 公司自己的操作系统支持。

C/C++的优点在于与底层比较接近，可以控制的粒度更加精细，是开发系统级应用的最佳选择。C/C++的缺点源于其优点，因为它们能控制的编程元素粒度精细，所以编程比较困难，容易出错。Java 和 C#都比较高级，可以看作高级语言的高级语言，优点是开发容易，但运行效率不如更为接近底层的 C/C++。

在具体工程应用中，可以根据实际的项目需要来选择编程语言。对于运行效率要求高的、底层控制要求高的项目用 C/C++编程，否则可选择 Java 或 C#编程；对于跨平台

的、要求高的项目可以用 Java 编程。通过 C 语言与 C++、Java、C#的比较可知，学好 C 语言，是后续学习 C++、Java 和 C#等流行语言的基础。

# 1.2  程序设计方法

## 1.2.1  程序设计的基本过程

编写一个程序通常是一个困难的任务，没有一套固定的、完整的规则，也没有现成的算法指导用户怎样编程，因此程序设计是一个创新的过程。当然，程序设计过程有一个大致的纲要可供遵循，如图 1-3 所示。可将整个程序设计过程分为两个大的阶段，即问题求解阶段（problem solving phase）和实现阶段（implementation phase）。问题求解阶段的主要任务是分析问题，找出算法（算法的概念将在第 3 章介绍）。实现阶段则依据算法采用 C 语言或其他编程语言来编写程序。在问题分析与算法设计等程序设计方法上经历了从结构化方法到面向对象方法的过程。

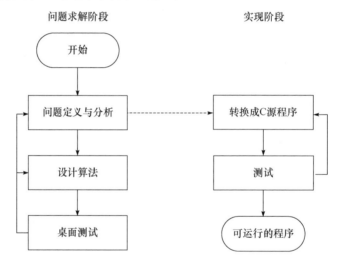

图 1-3  程序设计的基本过程

## 1.2.2  结构化程序设计方法

对于一个复杂的应用，分析问题和算法设计往往是整个编程任务中最困难的。瑞士计算机科学家 Niklaus Wirth 首次提出了结构化程序设计（structured programming）的概念，其核心思想是"自顶向下，逐步求精"，关注的是问题求解。结构化程序设计方法是公认的面向过程编程应遵循的基本方法和原则。结构化程序设计方法主要包括以下几个方面。

1）只采用三种基本的程序控制结构（顺序、选择、循环，详细内容参考第 3 章）来编制程序，从而使程序具有良好的结构。

2）程序设计自顶而下。

3）用结构化程序设计流程图表示算法。

### 1. 结构化程序设计的特征

结构化程序设计的特征主要有以下几点：

1）以三种基本结构的组合来描述程序。

2）整个程序采用模块化结构。

3）有限制地使用 goto 转移语句。

4）以控制结构为单位，每个结构只有一个入口、一个出口，逻辑清晰。

5）采用结构化程序设计语言书写程序，注重书写格式，程序结构清晰，易于阅读。

6）注重程序设计的风格。

### 2. 结构化程序设计的总体思想

结构化程序设计的总体思想是采用模块化结构，自顶向下，逐步求精。首先，把一个复杂的大问题分解为若干相对独立的小问题。如果小问题仍较复杂，则可以把这些小问题继续分解成若干子问题。这样不断地分解，使小问题或子问题简单到能够直接用程序的三种基本结构表达为止。其次，对应每一个小问题或子问题编写出一个功能上相对独立的程序块，这种像积木一样的程序块称为模块或函数。最后，把函数模块统一组装，这样，一个复杂问题的求解就变成了对若干简单问题的求解，因此，程序=模块（函数）+调用。这就是自顶向下、逐步求精的程序设计方法。

## 1.2.3　面向对象程序设计方法

随着软件危机的产生，程序设计领域面临着一种危机：在软硬件环境逐渐复杂的情况下，程序如何得到良好的维护呢？20 世纪 70 年代产生了面向对象程序设计（object oriented programming，OOP）的方法，Smalltalk 语言在面向对象方面堪称经典，以至于今天依然将这一语言视为面向对象语言的基础。

在面向对象程序设计中，对象是构成软件系统的基本单元，并从相同类型的对象中抽象出一种新型的数据类型——类，对象只是类的实例。类的成员中不仅包含描述类对象属性的数据，而且包含对这些数据进行处理的行为或操作。将对象的属性和行为放在一起作为一个整体的方法称为封装，它将对象的大部分行为的实现隐蔽起来，仅通过一个可控的接口与外界交互。

面向对象程序设计提供了类的继承性，可通过对一个被称为基类的类增添不同的特性来派生出多种被称为派生类的特殊类，从而使类与类之间建立层次结构关系，为软件复用提供了有效的途径。

面向对象程序设计支持多态性。多态性与继承性相结合，使不同结构的对象可以以各自不同的方式响应同一个消息。消息表现为一个对象对另一个对象的行为的调用。

通过上面的分析可以看出：面向对象技术关注问题本身，对问题建模、抽象出类、形成对象，对象与对象之间通过消息传递机制进行通信。因此，程序=对象+消息。

面向对象是当前计算机界关心的重点，它是 20 世纪 90 年代以后软件开发方法的主流。面向对象的概念和应用已超越了程序设计和软件开发，扩展到很多领域，如数据库系统、交互式界面、分布式系统、网络管理结构、计算机辅助设计（computer aided design，CAD）技术、人工智能等。

# 1.3  C 语言程序的基本结构

## 1.3.1  一个简单的 C 语言程序

一个完整的 C 语言程序，是由一个 main()函数（又称主函数）和若干其他函数组装而成的，或仅由一个 main()函数构成。

【例 1-1】 仅由 main()函数构成的 C 语言程序，实现求任意两个整数的和。

```
/*源程序名:prog01_01.c;功能:求任意两个整数的和*/
#include <stdio.h>                      /*编译预处理命令,文件包含*/
void main()                            /*无参数、无返回值的主函数*/
{
    int iVal1,iVal2,iSum;              /*变量定义,定义了三个整型变量*/
    printf("Input two integer(iVal1, iVal2): ");    /*显示提示信息*/
    scanf("%d,%d", &iVal1, &iVal2); /*从键盘输入两个整数给变量 iVal1 和 iVal2*/
    iSum=iVal1+iVal2;              /*计算 iVal1 与 iVal2 的和,并赋值给变量 iSum*/
    printf("Result=%d\n",iSum);        /*输出求和后的结果信息*/
}
```

程序运行时，若在屏幕上输入"3,5"，并按 Enter 键，输出结果：

```
Input two integer(iVal1, iVal2): 3,5
Result=8
```

说明：

1）程序第 1 行是 C 语言的文件包含预处理命令。通过文件包含命令#include，把标准输入输出头文件 stdio.h 包含到 prog01_01.c 中。

2）本程序只由一个 main()函数构成，main 是主函数名。一个 C 语言程序有且只有一个 main()函数。C 语言程序的执行总是从 main()函数开始，具体讲就是从"{"开始到"}"结束。这对花括号中的部分就是 main()函数的函数体。函数体由若干语句构成，每条语句以";"结尾。

3）若 main 的后面跟着空括号，则表示这个 main()函数没有参数，void 表示函数没有返回值。函数可以有参数，也可以有返回值（关于函数在第 4 章中详细介绍）。

4）第 4 行表示定义了三个 int 型的变量 iVal1、iVal2 和 iSum。

5）第 5 行是函数调用语句，printf()函数的功能是将要输出的内容在屏幕上显示。

printf()函数是在 stdio.h 中定义的标准库函数，可在程序中直接调用。第 8 行同样调用了
printf()函数，但使用了输出格式符%d，意思是输出时用后面的整型参数值来代替它，即

```
printf("Result=%d\n",iSum);
```

用 iSum 的值取代%d

6）第 6 行中的 scanf()函数是在 stdio.h 中定义的格式输入函数，用它从键盘输入所
需的数据并赋值给有关变量。scanf()函数中的
"&iVal1, &iVal2"是求变量 iVal1 和 iVal2 的地址，
如图 1-4 所示。scanf()函数中用&iVal1 和&iVal2
的含义如下：将从键盘输入的值分别送到地址
&iVal1 和&iVal2 所指示的内存单元中。C 语言规
定，用 scanf()函数输入数据时必须按地址进行操
作。在定义变量 iVal1 和 iVal2 后，编译时系统就
给 iVal1 和 iVal2 分配了固定的存储单元，用取地
址运算符"&"可以取出它们的地址。

图 1-4　变量、变量地址、变量值及其内存

7）第 7 行表示先将变量 iVal1 和 iVal2 的值求和，然后将和值赋值给变量 iSum。"="
是赋值运算符，不是等号。

8）在 C 语言中，注释由"/*"开头，由"*/"结束。注释只是为了增强程序的可读
性，并不影响程序的执行。

### 1.3.2　C 程序的结构特点

在上述内容基础上，可以把 C 语言程序的结构特点概括为以下几点。

1）一个 C 语言源程序可以由一个或多个源文件组成，每个源文件可以单独编译。

2）每个源文件可由一个或多个函数组成。

3）函数是 C 语言程序的基本单位。一个源程序无论由多少个文件组成，都有且只
能有一个 main()函数，即主函数。main()函数的作用相当于其他高级语言中的主程序，
其他函数的作用相当于子程序。

4）C 语言程序总是从 main()函数开始执行。一个 C 语言程序，总是从 main()函数
开始执行，而无论其在程序中的位置。当主函数执行完毕时，程序即执行完毕。

5）源程序中可以有编译预处理命令（include 命令仅为其中的一种），编译预处理命
令通常应放在源文件或源程序的最前面，并且以"#"开头。关于编译预处理的内容将
在第 4 章介绍。

6）每一个说明、每一条语句都必须以分号结尾，但预处理命令、函数头（函数首
部）和花括号"}"之后不能加分号。

7）标识符、关键字之间必须至少加一个空格符以示间隔。若已有明显的间隔符（如
逗号","），也可不再加空格符。

8）变量必须先定义后使用。

9）允许使用注释。C 语言的注释格式：/* ……*/。

### 1.3.3 代码编写风格

从书写清晰，便于阅读、理解和维护的角度出发，在书写程序时应遵循以下规则：

1）一个说明或一条语句占一行。

2）用"{}"括起来的部分，通常表示程序的某一层次结构。"{}"一般与该结构语句的第一个字母对齐，并单独占一行。

3）低一层次的语句或说明可比高一层次的语句或说明向右缩进若干空格，以便看起来层次结构更加清晰，增加程序的可读性。

4）变量命名力求规范、统一、见名知意。推荐使用匈牙利表示法，其格式规范为

[限定范围的前缀_ ]+[数据类型前缀]+[有意义的英文单词]

例如，iCount 表示 int 型变量，s_iCount 表示 int 型静态变量，pNode 表示指针变量。

本书附录 E 给出了用户自定义标识符的命名规则（包括变量命名规则），请读者仔细阅读。

在编程时应力求遵循上述规则，以养成良好的编程习惯。代码编写风格内容涉及文件结构、代码版式、命名规则、函数设计、内存管理、健壮性等多个方面，写清楚需要较大篇幅，这里建议读者参阅相关文献，深入理解编码风格的意义所在。

# 1.4　C 语言的基本语法单位

任何一种程序设计语言都有自己的一套语法规则及由基本符号按照语法规则构成的各种语法成分，如常量、变量、表达式、语句和函数等。基本语法单位是指具有一定语法意义的最小语法成分。C 语言的基本语法单位称为单词，单词是编译程序的词法分析单位。组成单词的基本符号是字符，标准 C 语言及大多 C 语言编译程序使用的字符集是 ASCII 码字符集。

C 语言的单词分为六类：标识符、关键字、常量、运算符、注释及分隔符。

### 1.4.1 C 语言的字符集

字符是组成语言的最基本的元素。C 语言的字符集由字母、数字、空白符、标点和特殊字符组成。在字符常量、字符串常量和注释中还可以使用汉字或其他可表示的图形符号。

1）字母：小写字母 a~z 共 26 个，大写字母 A~Z 共 26 个。

2）数字：0~9 共 10 个。

3）空白符：空格符、制表符、换行符等统称为空白符。空白符只在字符常量和字符串常量中起作用。在其他地方出现时，只起间隔作用，编译程序时会将其忽略。因此，在程序中使用空白符与否，对程序的编译不产生影响，但在程序中适当的地方使用空白

符将增加程序的清晰性和可读性。

4）标点和特殊字符：C 语言字符集中的标点和特殊字符有 29 个，如表 1-1 所示。此外，其他字符只能放在注释语句、字符型常量、字符串型常量和文件名中。

表 1-1　C 语言字符集中的标点和特殊字符

| 字符 | 名称 | 字符 | 名称 | 字符 | 名称 |
| --- | --- | --- | --- | --- | --- |
| ! | 感叹号 | + | 加号 | " | 引号 |
| # | 数字号（井号） | = | 等号 | { | 左花括号 |
| % | 百分号 | ~ | 波浪号 | } | 右花括号 |
| ∧ | 折音符 | [ | 左方括号 | , | 逗号 |
| & | 和号 | ] | 右方括号 | . | 句号 |
| * | 星号 | ' | 撇号 | < | 小于号 |
| ( | 左括号 | | | 竖线 | > | 大于号 |
| _ | 下划线 | \ | 反斜杠 | / | 除号 |
| ) | 右括号 | ; | 分号 | ? | 问号 |
| - | 连字符 | : | 冒号 | | |

## 1.4.2　关键字

关键字是由 C 语言规定的具有特定意义的字符串，通常也称保留字。用户定义的标识符不应与关键字相同。标准 C 语言定义的关键字如表 1-2 所示。

表 1-2　标准 C 语言定义的关键字

| 类型 | 成员 |
| --- | --- |
| 数据类型关键字 | char、double、enum、float、int、long、short、signed、struct、union、unsigned、void |
| 控制类型关键字 | break、case、continue、default、do、else、for、goto、if、return、switch、while |
| 存储类型关键字 | auto、extern、register、static |
| 其他关键字 | const、sizeof、typedef、volatile |

## 1.4.3　标识符

在程序中使用的变量名、函数名、标号等统称为标识符。除库函数的函数名由系统定义外，其余都由用户自定义。

C 语言规定，标识符只能是字母（A~Z、a~z）、数字（0~9）、下划线（_）组成的字符串，并且其第一个字符必须是字母或下划线。例如，以下标识符是合法的：

A　x　_3x　BOOK_1　sum5　iSum　bRet_1

以下标识符是非法的：

3s（以数字开头）

s*T（出现非法字符"*"）

-3x（以减号开头）

bowy-1（出现非法字符减号）

用户在命名标识符时还必须注意以下几点：

1）标准 C 语言不限制标识符的长度，但它受各种版本 C 语言编译系统限制，同时也受到具体机器的限制。例如，在某版本 C 语言中规定标识符前 32 位有效，当两个标识符前 32 位相同时，被认为是同一个标识符。标准 C 语言规定，标识符的有效长度为前 31 个字符。

2）标识符区分大小写。例如，BOOK 和 book 是两个不同的标识符。

3）标识符虽然可由程序员随意定义，但标识符是用于标识某个量的符号。因此，命名应尽量有相应的意义，以便阅读理解，做到"顾名思义"。

4）用户标识符不能与关键字同名。

5）标识符的命名风格是良好编程风格的具体体现。

关于用户自定义标识符的命名规则，请读者参阅本书附录 E。

## 1.4.4　分隔符

C 语言中采用的分隔符包括逗号、空格符、制表符（Tab）、换行符、换页符等。逗号主要用在类型说明和函数参数表中，以分隔各个变量，逗号也可以作为运算符（具体参阅本书第 2 章）。空格符多用于语句各单词之间，作为间隔符。在关键字与标识符之间必须要有一个以上的空格符作为间隔符，否则将出现语法错误。

例如，int a;不能写成 inta;，C 编译器会把 inta 当作一个标识符处理，其结果必然出错。

## 1.4.5　注释

C 语言的注释是以"/*"开头并以"*/"结尾的串，在"/*"和"*/"之间的内容即为注释内容。注释的目的是提高程序的可读性，用来说明程序的功能、用途、方法、注解、含义、备忘等。源程序编译时，注释信息会被忽略。注释可出现在程序中的任何位置。在调试程序中对暂不使用的语句也可用注释符括起来，使编译跳过注释的语句不做处理，待调试结束后再去掉注释符。使用时还应注意以下几点：

1）"/*"和"*/"必须成对使用，且"/"和"*"，以及"*"和"/"之间不能有空格符，否则出错。

2）注释符不能嵌套使用，如"/*……/*……*/……*/"是非法的。

3）注释的位置，可以单占一行，也可以跟在语句的后面。

4）允许使用汉字。在非中文操作系统下，汉字将以乱码呈现，但不影响程序运行。

**注意：**

要想成为一名优秀的程序员，一定要养成良好的、规范的程序注释习惯，特别是在软件项目团队合作开发过程中更是如此。

# 1.5　C 语言程序的开发过程与环境

C 语言是一种编译型程序语言。编写一个 C 程序需要经历四个基本步骤：编辑、编译、连接和运行。下面首先解释四个步骤的实质含义和上机流程，然后介绍集成开发环境 Visual C++ 6.0 和 Code::Blocks。

## 1.5.1　由源程序生成可执行程序的过程

开发一个 C 语言程序，是指从建立源程序文件直到执行该程序并输出正确结果的全过程。在不同的操作系统和编译环境下运行一个 C 语言程序，其具体操作和命令形式可能有所不同，但基本过程都是相同的，如图 1-5 所示。

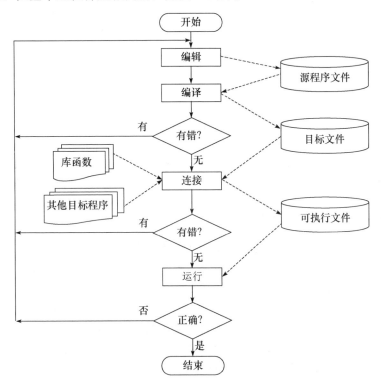

图 1-5　由源程序得到可执行程序的过程

1. 编辑（edit）

编程人员把程序代码输入计算机的过程或修改已经存在的代码的过程就是编辑，即在适当的文本编辑环境下，如 UNIX 下的 vi、ed，DOS 下的 Edit、WPS、WordStar 等，Windows 下的记事本等，或 C 语言编译程序提供的集成开发环境中的编辑窗口，通过键盘将源程序输入计算机并建立以.c 为扩展名的 C 语言源程序文件（Visual C++ 6.0 集成开发环境默认的扩展名为.cpp，如果按.cpp 扩展名保存源程序，编译系统将会按照 C++

语法进行分析）。

2. 编译（compile/make）

对源程序的语法和逻辑结构等进行检查以生成目标文件（object）的过程就是编译。编译过程是通过编译程序或称编译器（compiler）进行的。源文件如果没有语法错误，则经过编译后生成目标文件，目标文件的扩展名在 UNIX 下为.o，在 DOS、Windows 下为.obj。源文件中如果存在不符合 C 语言规范的格式或语句，则会出现编译错误，并在屏幕上显示错误的位置和种类，方便编程人员通过编辑器修改源程序。

3. 连接（link）

源文件经过编译后产生的目标文件是浮动的程序模块，不能直接运行。连接的作用是使用系统提供的连接程序或称连接器（linker）把目标文件、其他目标程序模块与系统提供的标准库函数有机结合起来，生成可以运行的可执行文件。可执行文件的扩展名在 UNIX 下为.out，在 DOS、Windows 下为.exe。如果连接不成功，则应根据错误情况重新修改源程序。

4. 运行（run）

在 DOS 下，可通过直接输入可执行文件的主文件名后按 Enter 键来运行；在 Windows 下，可通过双击可执行文件图标运行。执行程序并输入相应的测试数据，如果得到正确的结果，表示程序上机调试成功；如果得到的结果不符合要求，表示程序存在逻辑错误，需要重新修改源程序以剔除逻辑错误。

### 1.5.2 Visual C++ 6.0 集成开发环境

Visual C++系列产品是美国 Microsoft 公司开发的基于 Windows 系统的软件开发工具。它具有使用灵活，并与 32 位 Windows 内核（使用于 Windows 95/98/NT/2000）高度兼容的特点，从而被 Windows 程序员们广泛使用。同时，Visual C++与标准的 ANSI C 语言兼容，同样可以加工处理 C 语言程序。由于 2000 年以后，Microsoft 公司全面转向.NET 平台，Visual C++ 6.0 成为支持标准 C/C++规范的最后版本。Microsoft 公司最新的 Visual C++版本为 Visual C++ 2017。Visual C++ 2017 包括各种增强功能，如可视化设计器（使用.NET Framework 3.5 加速开发）、对 Web 开发工具的大量改进，能够加速开发和处理所有类型数据的语言增强功能。Visual C++ 2017 为开发人员提供了所有相关的工具和框架支持，能够帮助他们创建功能强大并支持 AJAX 的 Web 应用程序。

Visual C++ 6.0 提供了一种控制台操作方式，初学者使用它应该从这里开始。下面将对使用 Visual C++ 6.0 编写简单的控制台程序做一个初步的介绍。为了提高编程效率，在安装 Visual C++ 6.0 后可以安装一个辅助工具 Visual Assist。Visual Assist 是由 Whole Tomato 公司为 Microsoft Visual Studio 开发的一款插件。它增强了 Visual Studio 的智能提示功能和代码高亮功能，同时增加了代码提示功能和重构功能，并对程序注释加入了拼写检查功能。它还可以检测一些基本的语法错误，如使用未声明的变量等。

1. 控制台程序的含义

Win32 控制台程序（Win32 console application）是一类 Windows 程序，它不使用复杂的图形用户界面，程序与用户交互时使用一个标准的正文窗口，通过几个标准的输入/输出流（I/O streams）实现。它们分别是 stdin（标准输入）、stdout（标准输出）及 stderr（标准错误输出）。这些都是由 ANSI C 语言标准库提供的，通过 printf()等函数可以访问这些流。一个最简单的控制台程序如例 1-1，该程序的运行结果如图 1-6 所示。

图 1-6　例 1-1 的运行结果

图 1-6 中的窗口称为控制台窗口，程序的输入、输出均在这个窗口中进行。

2. 使用 Visual C++ 6.0 编写控制台程序

利用 Visual C++ 6.0 开发程序，是建立在工程（project）的基础上的，以工程为单位，一个工程可以包含一个或多个 C 语言源文件及一个或多个 C 语言头文件。因此，要开始一个新的应用程序，首先必须创建一个工程，利用工程就可以管理构成一个 Visual C 程序的所有元素（element）。在安装 Visual C++ 6.0 集成开发环境后，按照如下步骤进行操作即可编写控制台程序。

1）启动 Visual C++ 6.0 集成开发环境。双击桌面上的█图标，或选择"开始"|"所有程序"|"Microsoft Visual Studio 6.0"|"Microsoft Visual C++ 6.0"命令，启动 Visual C++ 6.0 集成开发环境，其工作界面如图 1-7 所示。Visual C++ 6.0 集成开发环境主要由标题栏、菜单栏、工具栏、工作区窗口、代码编辑窗口、输出窗口和状态栏组成。工作区窗口一般由三个选项卡组成：类视图（ClassView）、资源视图（ResourceView）和文件视图（FileView）。开发 Win32 控制台程序时不显示资源视图选项卡。

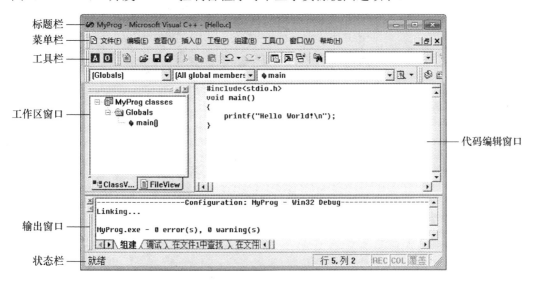

图 1-7　Visual C++ 6.0 集成开发环境

2）新建工程。选择"文件"|"新建"命令，在弹出的"新建"对话框中进行如下设置。

① 选择"工程"选项卡，选择"Win32 Console Application"工程类型。

② 在"工程名称"文本框中填写工程名称，如 MyProg。

③ 在"位置"文本框中设置工程所保存的位置。

④ 单击"确定"按钮，如图 1-8 所示。

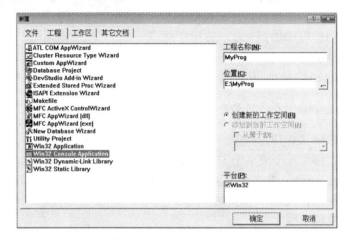

图 1-8　"新建"对话框"工程"选项卡

3）新建文件。选择"文件"|"新建"命令，在弹出的"新建"对话框中进行如下操作。

① 选择"文件"选项卡，选择"C++ Source File"文件类型，即新建源程序文件。

② 选中"添加到工程"复选框，则文本框中"MyProg"由灰色变亮。

③ 在"文件名"文本框中填写新建源程序的文件名，如 Hello.c。

④ 在"位置"文本框中填写文件存放的位置，如 E:\MyProg，如图 1-9 所示。

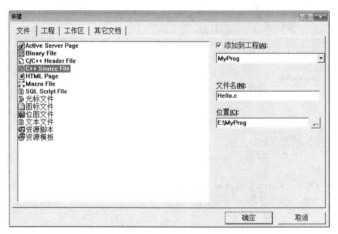

图 1-9　"新建"对话框"文件"选项卡

⑤ 单击"确定"按钮。

4）编辑源程序。在代码编辑窗口中输入程序的源代码（参见图 1-7），然后单击 ![save] 按钮存盘。

5）编译、连接。单击 ![build] 按钮，或选择"组建"|"组建"命令，使编译结果在输出窗口中显示，如图 1-10 所示，若错误数显示为 0，则表示编译、连接成功。

图 1-10　编译结果输出信息

6）运行程序。单击工具栏中的"运行"按钮 ![run]（或选择"组建"|"执行"命令，或按 Ctrl+F5 组合键）运行程序。

3. 在 Visual C++ 6.0 集成开发环境下调试程序

当程序编译、连接过程中出错时，可以使用集成开发环境提供的调试功能调试程序。在调试前应在可疑程序段前按 F9 键设置调试断点。设置好断点后按 F5 键进入调试，如图 1-11 所示。调试过程中，按 F10 键可进行单步跟踪调试，按 F11 键可进入函数内部进行语句调试。

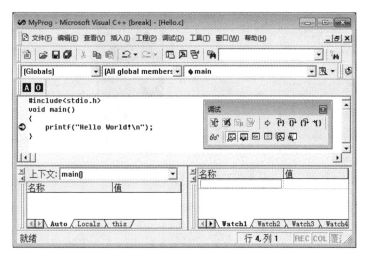

图 1-11　程序调试窗口

### 1.5.3　Code::Blocks 集成开发环境

Code::Blocks（有时也简写成 CodeBlocks）是一个开放源码的跨平台 C/C++集成开发环境。纯粹的 C/C++语言基于著名的图形界面库 wxWidgets 开发，与使用 Java 语言开发的集成开发环境，如 Eclipse、NetBeans 等相比，其运行速度要快得多，而且由于其开源性质，用户省去了购买 Microsoft 公司开发的 Visual Studio 的费用。

Code::Blocks 支持 GCC、Visual C++、Inter C++等 20 多种编译器，本书以开源的 GCC 作为示例，与之配对的调试器为 GDB。Code::Blocks 还支持插件，这种方式使其具备了良好的可扩展性。同时，Code::Blocks 提供了包括中文在内的近 40 种语言显示方式，本书使用英文 Code::Blocks，感兴趣的读者可以选择中文。

Code::Blocks 提供了许多工程模板，包括控制台应用、DirectX 应用、动态链接库、FLTK 应用等，本书一般使用控制台应用模板，即编写可在控制台中运行的应用程序。

另外，Code::Blocks 支持语法彩色醒目显示、代码自动完成等许多实用的代码编辑功能，可以帮助用户方便快捷地编辑 C/C++源代码。

### 1. 创建控制台应用程序

Code::Blocks 支持创建多种类型的程序，如动态链接库、图形界面应用程序等。本书介绍的程序多运行于控制台，这是最基本的应用程序运行模式。创建控制台应用程序的方法：选择"File"|"New"|"Project"命令，或在"Start here"界面单击"Create a new project"链接，弹出"New from template"对话框，如图 1-12 所示。

在图 1-12 所示的对话框中，选择"Console application"选项，单击"Go"按钮，启动创建控制台应用程序向导。在弹出的向导欢迎对话框中，单击"Next"按钮，在弹出的向导语言选择对话框中选择"C"选项，弹出向导工程名称及路径设置对话框，如图 1-13 所示。

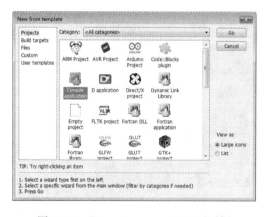

图 1-12  "New from template"对话框　　　图 1-13  工程名称及路径设置对话框

在图 1-13 所示对话框的"Project title"文本框中输入工程名称，如 HelloWord，将创建相应的工程。其他选项可以保持默认值。在创建过程中应注意观察该工程的相关信息。例如，"Folder to create project in"文本框指出了工程创建于哪个文件夹下面。

单击"Next"按钮，在弹出的向导对话框中选择编译器为"GNU GCC Compiler（默认）"，其他保持默认值，单击"Finish"按钮，结束工程的创建。

当工程创建以后，Code::Blocks 工作界面的左窗格中会出现工程浏览树形目录，在 HelloWord 工程下的"Sources"节点中找到 main.c 并双击，开始编辑源程序。可以发现，

Code::Blocks 已经生成了一个最简单的 Hello Word 程序，如图 1-14 所示。

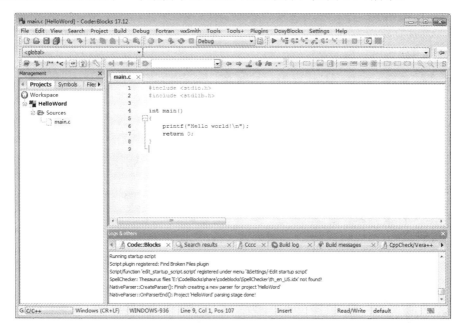

图 1-14　Code::Blocks 代码编辑界面

2. 运行控制台应用程序

选择"Build"|"Build and run"命令，或按 F9 键，构建应用程序并自动运行，程序执行窗口如图 1-15 所示。在 Code::Blocks 中运行控制台应用程序时，控制台窗口会自动暂停，并且显示程序运行所用的时间。

图 1-15　程序执行窗口

# 习　题　1

一、选择题

1. 以下关于程序的叙述中，不正确的是（　　　）。
    A. 程序是指可以被计算机连续执行的一条条指令的集合
    B. 程序是能够完成特定任务的指令序列
    C. 源程序经过编译、连接得到可执行的程序

D．程序是指设计、编制、调试的方法和过程

2．C语言属于（　　）。

    A．机器语言　　　　B．低级语言　　　C．高级语言　　　D．面向对象语言

3．以下叙述不正确的是（　　）。

    A．一个C语言源程序可由一个或多个函数组成

    B．一个C语言源程序必须包含一个main()函数

    C．C语言程序的基本组成单位是函数

    D．在C语言程序中，注释说明只能位于一条语句的后面

4．C语言规定：在一个源程序中，main()函数的位置（　　）。

    A．必须在最开始　　　　　　　　B．可以任意

    C．必须在系统调用的库函数的后面　　D．必须在最后

5．一个C语言程序由（　　）。

    A．一个主程序和若干子程序组成　　B．若干过程组成

    C．函数组成　　　　　　　　　　　D．若干子程序组成

6．C语言程序的执行总是从（　　）开始。

    A．第一条语句　　B．main()函数　　C．第一个函数　　D．宏定义

7．下列有关C语言程序书写的说法中，正确的是（　　）。

    A．不区分大小写　　　　　　　　B．一行只能写一条语句

    C．一条长语句可以分写成多行　　D．必须有行号

8．下面四个选项中，均是不合法的用户标识符的选项为（　　）。

    A．x　　　　P_0　　do　　　　　　B．b-a　　goto　　int

    C．float　　1a0　　_A　　　　　　D．_123　　temp　　INT

9．C语言中的标识符只能由字母、数字和下划线组成，且第一个字符（　　）。

    A．必须为字母

    B．必须为字母或下划线

    C．必须为下划线

    D．可以是字母、数字和下划线中任一种字符

10．下列有关C语言的特点描述，不正确的是（　　）。

    A．既具有高级语言的特点，又具有汇编语言的特点，执行效率高

    B．既可以编写系统应用程序，也可以编写不依赖计算机硬件的应用程序

    C．是一种结构化的程序设计语言

    D．可移植性差，代码生成质量不高

## 二、填空题

1．计算机语言的发展，经历了从＿＿＿＿＿、＿＿＿＿＿到＿＿＿＿＿的历程。计算机能唯一识别的语言是＿＿＿＿＿。

2．C语言程序有且只有一个＿＿＿＿＿函数，且它是程序的入口和＿＿＿＿＿。

3. 应用 C 语言库函数，一般要用_____预处理命令将其头文件包含进来。

4. C 语言程序允许使用注释，其注释格式为_____。

5. 程序设计过程分为两个大的阶段，即_____和_____。

6. 编写一个 C 语言程序需要经历_____、_____、_____和_____四个基本步骤。

7. C 语言简洁，运算符丰富，一共只有_____个关键字，_____种控制语句，_____个运算符。

8. 标准 C 语言程序的语句都以_____结尾，源程序文件名扩展名为_____，编译后生成的文件名扩展名为_____，连接后生成的文件名扩展名为_____。

## 三、简答题

1. 什么是高级语言？什么是低级语言？

2. 什么是面向过程的程序设计方法？什么是面向对象的程序设计方法？

3. 什么是关键字？什么是标识符？标识符的定义规则是什么？

4. C 语言中的字符集有哪些？

5. 运行一个 C 语言程序的过程是怎样的？

6. 简述 C 语言程序的结构特点与编码风格。

## 四、编程题

1. 在 Visual C++ 6.0 中输入以下程序代码进行编译，在输出子窗口中观察错误原因，并试着修改错误直到编译成功。

```c
#include <stdio.h>
void main()
{
    int iTmp;
    scanf("%d,%d,%d", &iNum1, &iNum2);
    printf("Raw: iNum1=%d, iNum2=%d\n", iNum1,iNum2);
    int iNum1,iNum2;
    f(iNum1>iNum2)
    {
        iTmp=iNum1; iNum1=iNum2; iNum2=iTmp;
    }
    printf("Now: iNum1=%d, iNum2=%d\n", iNum1,iNum2)
}
```

2. 参照例 1-1 编写程序，计算 1+2+3+…+10 的和。

# 第2章 基本数据类型和表达式

计算机的应用之一便是进行数据处理，为了方便处理不同类型的数据，包括数值型数据和非数值型数据，在程序设计语言中，往往将数据划分为不同的数据类型，并为每一种数据类型的数据规定在内存中的存储空间大小、取值范围及所能进行的运算操作。数据类型就是一组性质相同的值的集合，以及定义于这个集合之上的一组操作的总称。数据类型是按被定义数据的性质、表示形式、占据存储空间的大小及构造特点来划分的。

C 语言提供了丰富的数据类型，图 2-1 是对 C 语言数据类型的一个概括，本章仅介绍其中的基本数据类型，其他数据类型将在后续章节中详细介绍。

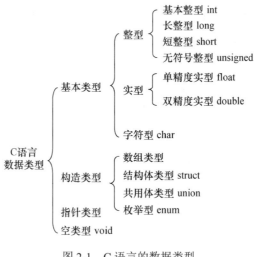

图 2-1　C 语言的数据类型

## 2.1　基本数据类型

基本数据类型分为整型、实型（浮点型）、字符型和枚举型。基本数据类型最主要的特点是，其值不可以再分为其他类型。在 C 语言程序设计中，基本数据类型是自我说明的。

### 2.1.1　整型数据

整型数据即不带小数部分的数值型数据。整型数据分为基本整型、长整型、短整型和无符号整型四种。

ANSI C 没有具体规定各类整型数据在内存中所占字节数，但要求长整型数据长度（存储数据所占的位数）不短于基本整型，基本整型不短于短整型。因此，对各类整型数据的长度的处理，因具体计算机系统的不同而不同。这里所说的计算机系统不同是指机器 CPU 类型（如 CPU 的字长）的不同及所使用的编译器（C 语言编译系统）的不同。一般情况下，基本整型数的长度与 CPU 的字长相对应，对于 16 位机，整型数的最大长度只能为 2 字节（16bit）；对于 32 位机，整型数的最大长度只能为 4 字节（32 bit）。但是，并不是所有的 32 位机器上整型数据的最大长度都能达到 4 字节，因为有些编译器（如 Turbo C 2.0、Microsoft C 等）所给定的基本整型数的最大长度只有 2 字节，所以程序中的基本整型数据的长度与所使用的编译器和机器类型有关，用户在使用 C 语言时应注意。表 2-1 列出了各类整型数据在内存中所占字节数和取值范围。

表 2-1　C 语言各类整型数据的长度和值域

| 数据类型 | 类型说明关键字 | 所占字节数 | 取值范围 |
|---|---|---|---|
| 有符号短整型 | [signed]short[int] | 2 | $-32\,768 \sim 32\,767$，即 $-2^{15} \sim (2^{15}-1)$ |
| 无符号短整型 | unsigned short[int] | 2 | $0 \sim 65\,535$，即 $0 \sim (2^{16}-1)$ |
| 有符号基本整型 | [signed]int | 2 或 4 | $-32\,768 \sim 32\,767$，即 $-2^{15} \sim (2^{15}-1)$ 或<br>$-2\,147\,483\,648 \sim 2\,147\,483\,647$，即 $-2^{31} \sim (2^{31}-1)$ |
| 无符号基本整型 | unsigned[int] | 2 或 4 | $0 \sim 65\,535$，即 $0 \sim (2^{16}-1)$ 或<br>$0 \sim 4\,294\,967\,295$，即 $0 \sim (2^{32}-1)$ |
| 有符号长整型 | [signed]long[int] | 4 | $-2\,147\,483\,648 \sim 214\,7483\,647$，即 $-2^{31} \sim (2^{31}-1)$ |
| 无符号长整型 | unsigned long[int] | 4 | $0 \sim 4\,294\,967\,295$，即 $0 \sim (2^{32}-1)$ |

说明：

1）表中出现在方括号"[ ]"中的关键字可以省略。

2）表中的基本整型（int）数据占用内存空间因系统而异，在 16 位机器系统（如 Turbo C 2.0）中占 2 字节；在 32 位机器系统（如 Visual C++ 6.0）中占 4 字节。

3）可以用 short（短型）、long（长型）、signed（有符号型）、unsigned（无符号型）来修饰 int，这样便形成六种整型数据类型。

4）有符号数与无符号数的区别在于，数据在内存中以所占字节数存储时，其最高位是作为符号位还是作为数值位。以整数 11 为例，signed int 型与 unsigned int 型数据在内存中的存储示意图如图 2-2 所示，为了简化，本例以 2 字节表示，图 2-2（a）中符号位为 0，表示正数，即+11；图 2-2（b）中最高位为 0 并不代表数符为"+"，仅表示该位的值为 0，表示无符号数 11。

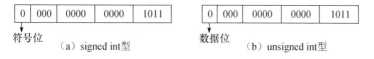

图 2-2　signed int 型与 unsigned int 型数据在内存中的存储示意图

5）各类整型数据因其占用内存字节数不同，所以其取值范围也不同。

在 C 语言中，整型数据一般可用以下三种形式表示：

1）用十进制表示整型数据。这与日常表示相同。例如，128、97、0、-97 等。

2）用八进制表示整型数据。书写时以数字 0 开头，即加前缀 0。例如，053 即$(53)_8$，0231 即$(231)_8$。

3）用十六进制表示整型数据。书写时以 0x 或 0X 作前缀（x 或 X 前面是数字 0）。例如，0x53 即$(53)_{16}$，0x231 即$(231)_{16}$，0x2F3D 即$(2F3D)_{16}$。

如果在一个整型数据后面以 L 或 l 作后缀，则认为是长整型（long int）数据，如 128L、0x8a2fL 等，意味着它们以 32bit 存储。如果在一个整型常量后面以 U 或 u 作后缀，则认为是无符号整型常量，如 2998u、0533u 等。

### 2.1.2 实型数据

实型数据也称浮点型数据。实型数据分为单精度实型（float 型）和双精度实型（double 型）两种，表 2-2 列出了 C 语言中实型数据的长度、值域和精度。

表 2-2 C 语言中实型数据的长度、值域和精度

| 数据类型 | 类型说明关键字 | 所占字节数 | 取值范围 | 精度/bit |
|---|---|---|---|---|
| 单精度实型 | float | 4 | $\pm(3.4\times10^{-38}\sim3.4\times10^{38})$ | 7 |
| 双精度实型 | double | 8 | $\pm(1.7\times10^{-308}\sim1.7\times10^{308})$ | 15 |

在 C 语言中，实型数据有两种表示形式：十进制小数形式和指数形式。

1）十进制小数形式表示。它由数字和小数点组成，如.32、198.、9.8、0.718 等都是十进制小数形式。

2）指数形式表示。它由数符、十进制数、阶码标志 E 或 e，以及阶符和阶码组成，如 139.786E3 或 139.786e3，其对应的数学表示为 $139.786\times10^3$。指数形式表示的一般形式如图 2-3 所示。

[±]尾数E [±]阶码    或    [±]尾数e [±]阶码

图 2-3 指数形式表示的一般形式

❗ 注意：

字母 E（或 e）之前必须有数字，阶码只能为整数，如 E3、.E3、E、4.0E-2.8 等都是不合法的指数表示形式。

另外，一个实数可以有多种指数表示形式，如数值为 $139.786\times10^3$ 的指数表示可有 0.139786E6、1.39786E5、13.9786E4、139.786E3、1397.86E2 等多种，我们将其中的 1.39786E5 表示形式称为规范化的指数形式，即尾数部分中小数点左边有且只能有一位非零的数字。计算机用指数形式输出一个实数时，是按规范化的指数形式输出的。

### 2.1.3 字符型数据

1. 字符

C 语言的字符型数据是由一对单引号括起来的一个字符组成的，如 'A'、'a'、'w'、'+'、

'*'、'&' 等都是 C 语言的字符常量。

说明：

1）单引号只是字符常量的定界符，而非字符常量的内容。

2）大小写字母是有区别的，如 'A' 和 'a' 是不同的字符常量。

3）如果要表示单引号或反斜杠这两个字符常量，则不能写成 ''' 或 '\'，而要用转义字符来表示。

一个字符在计算机的内存中占据 1 字节，如表 2-3 所示，存储的值就是该字符的 ASCII 码值。因此，1 字节的字符实际上就是 1 字节的整型数据。所以，字符可以参与整型数据类型的各种运算，即字符型数据与整型数据之间可以通用。

表2-3　C 语言中字符型的长度和值域

| 数据类型 | 类型说明关键字 | 所占字节数 | 取值范围 |
| --- | --- | --- | --- |
| 字符型 | char | 1 | −128～127 |
| 有符号字符型 | [signed]char | 1 | −128～127 |
| 无符号字符型 | unsigned char | 1 | 0～255 |

例如：

```
char cCh;              /*定义 cCh 为字符型变量*/
cCh='A'+3;             /*cCh 被赋值为字母 D*/
```

说明：字符 'A' 的 ASCII 码值为 65，表达式 'A'+3 的值为 68，而字符 'D' 的 ASCII 码值为 68，所以字符变量 cCh 的值即为 'D'。

C 语言中，还允许用反斜杠 "\" 开始，后跟一个字符或一个数字序列来表示一个字符。这种以反斜杠 "\" 引导的字符称为转义字符。例如，'\n' 代表换行符，而不代表字符 'n'。

在程序设计时，某些特殊字符无法用一个一般的字符形式来表示，如控制字符，因而可用转义字符表示它们。例如，'\r'、'\013' 均代表回车符，'\101'、'\x41' 均代表字符 'A'。

表 2-4 列出了常用的转义字符及其含义。广义地讲，C 语言字符集中的任何一个字符均可用转义字符 '\ddd' 和 '\xhh' 的形式来表示。

表 2-4　常用的转义字符及其含义

| 转义字符 | 转义字符的含义 | ASCII 码 |
| --- | --- | --- |
| \n | 换行 | 10 |
| \t | 横向跳到下一制表位置 | 9 |
| \b | 退格 | 8 |
| \r | 回车，但不换行 | 13 |
| \f | 走纸换页 | 12 |
| \\ | 反斜杠 | 92 |
| \' | 单引号 | 39 |

| 转义字符 | 转义字符的含义 | ASCII 码 |
|---|---|---|
| \" | 双引号 | 34 |
| \a | 蜂鸣 | 7 |
| \0 | 空字符（NULL） | 0 |
| \ddd | 1～3 位八进制数所代表的字符 | — |
| \xhh | 1～2 位十六进制数所代表的字符 | — |

2. 字符串

在 C 语言中，字符串是由一对双引号括起来的一串字符序列。例如，"China"、"Visual C++"、"Visual Basic 6.0" 等都是合法的字符串。

⚠ 注意：

1）不要将字符串与字符相混淆，如 "A" 和 'A' 是有区别的，前者是字符串，后者是字符型数据。

2）可以将字符常量赋值给字符型变量，但不能将字符串赋值给字符型变量。例如，假设 cH 已被定义为字符型变量，则赋值语句 cH="Visual C++";是错误的。

【例 2-1】 用 sizeof 运算符测定 Visual C++ 6.0 系统中各种基本数据类型的字节长度。

```
/*源程序名：prog02_01.c;功能:测定 Visual C++ 6.0 中数据类型的字节长度*/
#include <stdio.h>
void main()
{
    printf("short int: %d bytes\n",sizeof(short));
    printf("      int: %d bytes\n",sizeof(int));
    printf(" long int: %d bytes\n",sizeof(long));
    printf("    float: %d bytes\n",sizeof(float));
    printf("   double: %d bytes\n",sizeof(double));
    printf("     char: %d bytes\n",sizeof(char));
}
```

程序运行结果：
```
short int: 2 bytes
      int: 4 bytes
 long int: 4 bytes
    float: 4 bytes
   double: 8 bytes
     char: 1 bytes
```

## 2.2 常量与变量

在程序运行过程中，基本数据类型的运算量按其值是否可以改变分为常量和变量两种。常量和变量按数据类型不同，可分为整型常量、整型变量、实型常量、实型变量、字符型常量、字符型变量、枚举型常量、枚举型变量等。本节着重介绍常量和变量的基本特性。

### 2.2.1　常量

常量是指在程序运行过程中其值不能被改变的量。C 语言中的常量可分为直接常量和符号常量。直接常量是指直接用具体数据表达的常量，直接常量又分为整型常量、实型常量、字符型常量和字符串常量。符号常量则是指用 C 语言标识符定义的常量。

#### 1.　整型常量

整型常量就是整常数。整型常量有八进制、十六进制和十进制三种表示形式。八进制整常数在书写时以数字 0 作前缀，十六进制整常数在书写时以 0x 作前缀，十进制整常数在书写时没有前缀。C 语言程序中根据整型常量的前缀来区分是哪一种进制的数。因此，在书写时应注意它们的区别。下面举例说明。

以下是合法的整型常量：

10、66、255、-57（十进制整型常量）。

012、0102、0377、035（八进制整型常量）。

0x0A、0x42、0xFF、0x3D（十六进制整型常量）。

以下是不合法的整型常量：

266D（含有非十进制数码，即在 C 语言中不能用字母 D 来说明十进制数）。

086（含有非八进制数码）。

2F3B（十六进制数前缺 0x 前缀）。

0x2HB（含有非十六进制数码）。

#### 2.　实型常量

实型常量也称浮点型常量。实型常量只采用十进制小数形式和指数形式表示，而不用八进制和十六进制形式表示。例如，3.14159、99.0、100.、1.03245E5、23.678E-5 都是合法的实型常量，而 34、1.8E、-E5、E-5、29.300E2.5 都是不合法的实型常量。

#### 3.　字符型常量

字符型常量必须用单引号括起来。可以使用转义字符表示一个特殊的字符，如 ASCII 码表中的控制字符、单引号、双引号、反斜杠等。例如，'M'、'm'、'6'、'-'、'\n'、'\\'、'\"'、'\101' 等都是合法的字符型常量。

#### 4.　字符串常量

字符串常量应使用双引号括起来。例如，"programming"、"$98"、""、" "是合法的字符串常量。

**！注意：**

上述""是空串，而" "是含空格字符的空格串。

字符串常量和字符常量是两种不同类型的数据，它们之间的主要区别如下：

1）字符常量用单引号括起来，而字符串常量用双引号括起来。

2）字符常量只能是单个字符，而字符串常量可以含有一个或多个字符。

3）字符常量在内存中占 1 字节存储空间。字符串常量所占内存空间的字节数等于字符串中所包含的字符个数加 1。添加的这一字节用于在字符串的尾部存放字符 '\0'（作为字符串结束标志），表示字符串的结束，以便对字符串的运算处理。例如，字符串 "programming" 在内存中共占 12 字节，其存储形式如下：

| 'p' | 'r' | 'o' | 'g' | 'r' | 'a' | 'm' | 'm' | 'i' | 'n' | 'g' | '\0' |
|-----|-----|-----|-----|-----|-----|-----|-----|-----|-----|-----|------|

字符 'A' 在内存中共占 1 字节，而字符串 "A" 在内存中共占 2 字节。

4）可把一个字符型常量赋值给一个字符变量，但不能把一个字符串常量赋值给一个字符型变量，而字符串常量是用字符型数组（在第 5 章中介绍）存储的。

5. 符号常量

常量除了用上述直接常量表示外，还可用符号常量表示，即用标识符代表一个常量。符号常量在使用之前必须先定义。下面介绍两种定义符号常量的方法。

（1）使用#define 定义宏

定义宏的格式如下：

　　　**#define　标识符　常量**

例如：

```
#define  PI  3.14159        /*定义符号常量 PI,代表 3.14159*/
#define  MAX  500           /*定义符号常量 MAX,代表 500*/
#define  STAR  '*'          /*定义符号常量 STAR,代表'*'*/
```

上述宏定义中，#define 是宏定义命令，标识符 **PI**、**MAX**、**STAR** 等称为宏名（此处可称为符号常量），宏名习惯用大写字母表示，宏名的后面是宏体（如例中的 3.14159、500 等），宏体的形式是一个串。宏定义的功能是把该标识符定义为其后的串。在进行编译预处理时，程序中凡是遇到标识符的地方，都将被替换成对应的串。

在程序设计中，对于在表达式中出现次数较多的常量，使用符号常量可带来极大的方便。例如，可以避免书写常量时出错，当要修改程序中的常量时，只需在符号常量定义之处修改符号常量对应的串即可。

（2）使用 const 限定词修饰常量

可以使用 const 限定词将一个标识符限定为常量。例如，在定义变量时，如果在其前面加上 const 限定词，则该变量的值是只读的，是不可改变的，因而可认为使用 const 修饰的量是一个常量。用 const 限定的变量在定义时可通过初始化方法赋初值，但是不允许通过程序中的赋值语句修改它的值。例如：

```
const float PI=3.1415926;        /*PI 可认为是用 const 定义的符号常量*/
const int SINT_MAX=65535;        /*SINT_MAX 可认为是用 const 定义的符号常量*/
```

使用#define 定义宏和使用 const 限定词修饰常量是有区别的：用#define 定义的只是一个宏名，它在编译前的编译预处理阶段用字符串替换该宏名而得到常量，这个常量在编译以后将位于只读程序存储区；而用 const 修饰的量是一个常量，它有相应的名称，且位于数据存储区。

### 2.2.2　变量

变量是指在程序运行过程中其值可以被改变的量。为使引用变量方便，变量应有一个名称，即变量名，变量名即为某一标识符。

#### 1. 变量的命名

变量的命名规则与标识符的命名规则相同。在为变量命名时，还应注意以下几点：

1) 必须是以字母或下划线开头的一串由字母、数字或下划线组成的字符序列。例如，price2、_sunday、personal_letter 等都是合法的变量名；而 3rd、personal-letter、M.D.John 等是非法的变量名。

2) 大写字母和小写字母被认为是两个不同的字母，因此，max 和 MAX 是两个不同的变量。C 语言的变量名习惯用小写字母表示。

3) 变量名的长度不受限制。

4) 不能用 C 语言的关键字作为变量名，如 float 不能作为变量名。

5) 变量的命名应尽量能表达该变量的含义，即见名知义，如 year、students 等。

**❗ 注意：**

变量的命名规则和风格是良好的程序代码风格的重要体现之一。本书的所有例题中尽可能使用统一风格的变量名，这些变量名的命名规则请参阅附录 E，并请读者阅读 1.3.3 节中代码编写风格的相关内容。

#### 2. 变量的定义

在 C 语言中，所有的变量在引用之前都必须加以说明，变量说明也称变量声明或定义变量。变量说明主要是定义变量名、说明变量的数据类型和存储类型等。当变量的数据类型被定义以后，该变量在内存所占存储空间的字节数及其取值范围即可确定。

定义变量的一般格式如下：

　　数据类型　变量名 1,变量名 2,…;

例如：

```
int iMax,iMin;              /*定义了两个整型变量 iMax,iMin*/
char cVar1,cVar2;           /*定义了两个字符型变量 cVar1,cVar2*/
```

```
float fX,fY,fZ;              /*定义了三个浮点型变量 fX,fY,fZ*/
```

表 2-5 列出了 C 语言中基本数据类型的所有组合及其占用的最小字节数和取值范围，在定义变量时可根据情况选用其中任意一种数据类型。

表 2-5　C 语言中基本数据类型的所有组合及其占用的最小字节数和取值范围

| 数据类型 | 类型说明关键字 | 所占字节数 | 取值范围 |
|---|---|---|---|
| 短整型 | short int | 2 | −32 768～32 767 |
| 有符号短整型 | signed short int | 2 | −32 768～32 767 |
| 无符号短整型 | unsigned short int | 2 | 0～65 535 |
| 基本整型 | int | 2 或 4 | −32 768～32 767 或−2 147 483 648～2 147 483 647 |
| 有符号基本整型 | signed int | 2 或 4 | −32 768～32 767 或−2 147 483 648～2 147 483 647 |
| 无符号基本整型 | unsigned int | 2 或 4 | 0～65 535 或 0～4 294 967 295 |
| 长整型 | long int | 4 | −2 147 483 648～2 147 483 647 |
| 有符号长整型 | signed long int | 4 | −2 147 483 648～2 147 483 647 |
| 无符号长整型 | unsigned long int | 4 | 0～4 294 967 295 |
| 单精度实型 | float | 4 | $\pm(3.4\times10^{-38}～3.4\times10^{38})$（精度 7 位） |
| 双精度实型 | double | 8 | $\pm(1.7\times10^{-308}～1.7\times10^{308})$（精度 15 位） |
| 字符型 | char | 1 | −128～127 |
| 有符号字符型 | signed char | 1 | −128～127 |
| 无符号字符型 | unsigned char | 1 | 0～255 |

在 C 语言程序中，可以在一个函数的内部或一条复合语句的内部定义变量，这种变量称为局部变量；也可以在所有函数的外部定义变量，这种变量称为全局（全程）变量；还可以在定义函数的参数时定义变量，这种变量称为函数的形式参数。

当在程序中引用变量时，必须先定义，后引用。凡未被定义的标识符，均不得作为变量名使用。例如：

```
int iMonth;              /*定义 iMonth 为整型变量*/
……
iMenth=10;               /*引用未经定义的变量 iMenth*/
```

上述程序段中，由于将 iMonth 错输入为 iMenth，在编译时将检查出标识符 iMenth 未被定义，因而不能通过编译。

在同一程序中，同一变量不允许被重复定义。例如：

```
int i,j,k;
float k;                 /*变量名 k 被重复定义,不允许*/
```

3. 变量赋初值

一个变量代表计算机内存中的某一存储空间，该存储空间首字节的地址就是该变量的地址，而该存储空间的内容（存储空间内存放的数据）就是该变量的值。

为变量赋初值就是对变量进行初始化。可在定义变量名时为变量赋初值。例如：

```
int iMax=150,iMin=10;
float fPi=3.14159;
```

赋初值时必须保证赋值运算符（=）右面的常量与左面的变量类型一致。例如：

```
#include<stdio.h>
void main()
{
    short nVal=2.6,nData=32768;              /*对变量赋初值,但类型不一致*/
    printf("nVal=%d nData=%d\n",nVal,nData); /*输出变量 nVal,nData 的值*/
}
```

程序运行后，输出结果：

```
nVal=2  nData=-32768
```

**nData** 的输出值显然有误，出错的原因是在为变量赋初值时，数据超出了变量的值域范围。这种情况在编译时不会出错，但得不到原值，这种现象称为溢出。

另外，在定义变量时，变量不能连续赋值。例如：

```
int i=j=k=23;              /*非法初始化,变量 j,k 未定义*/
```

但如果先定义变量 i、j、k，然后在程序中对变量连续赋值是允许的。例如：

```
int i,j,k;
i=j=k=23;
……
```

**【例 2-2】**　验证字符型数据与其对应的 ASCII 码的通用关系。

```
/*源程序名:prog02_02.c;功能:验证字符型与其对应的 ASCII 码通用关系*/
#include <stdio.h>
void main()
{
    int iCode=65;                        /*定义并初始化整型变量 iCode*/
    char cChr='A';                       /*定义并初始化字符型变量 cChr*/
    printf("iCode:%c=%d\n",iCode,iCode); /*整型数据按字符输出*/
    printf("cChr:%c=%d\n",cChr,cChr);    /*字符型数据按整数输出*/
    iCode=cChr+32;                       /*字符型数据参与整型数据运算*/
    cChr=cChr+32;
    printf("iCode:%c\n",iCode);          /*将整型数据按字符输出*/
    printf("cChr:%d\n",cChr);            /*将字符型数据按整数输出*/
}
```

程序运行结果：

```
iCode: A = 65
cChr: A = 65
iCode: a
cChr: 97
```

例 2-2 中，iCode=cChr+32;和 cChr=cChr+32;这两条语句的作用是将大写字母 A
（ASCII 码值为 65）转换为小写字母 a（ASCII 码值为 97）。程序运行结果还说明，C 语
言允许为整型变量赋予字符值，也允许为字符型变量赋予整型值。允许字符量与整型量进
行混合运算。在输出时，允许将整型变量按字符量输出，也允许将字符变量按整型量输出。

## 2.3 运算符与表达式

运算符用于向编译程序说明数据操作的性质，即操作码。C 语言提供的运算符非常
丰富，它们与运算量相结合可形成多种多样、使用灵活的表达式，为数据处理带来了极
大的方便和极高的灵活性。

表 2-6 归纳了 C 语言中的主要运算符。更详细的内容请参阅本书附录 C。

表 2-6  C 语言中的主要运算符

| 运算符种类 | 运算符形式 | 运算符种类 | 运算符形式 |
|---|---|---|---|
| 算术运算符 | +、-、*、/、% | 条件运算符 | ?: |
| 关系运算符 | >、<、>=、<=、==、!= | 求字节数运算符 | sizeof |
| 逻辑运算符 | !、&&、\|\| | 类型强制转换 | (类型) |
| 赋值运算符 | =、+=、-=、*=、/=、%= | 下标运算符 | [ ] |
| 位运算符 | 、\|、~、^、>>、<< | 指针运算符 | *、& |
| 自增、自减运算符 | ++、-- | 分量运算符 | .、-> |
| 取正、负运算符 | +、- | 逗号运算符 | , |

本节主要介绍算术运算符、关系运算符、逻辑运算符、赋值运算符等，以及由它们
所组成的表达式，其余运算符将在后续相关章节中介绍。

### 2.3.1  算术运算符与算术表达式

1. 算术运算符

C 语言中的算术运算符有五个，它们的含义、结合性、优先级如表 2-7 所示。

表 2-7  C 语言中的算术运算符

| 优先级 | 运算符 | 使用形式 | 结合方向 | 含义 | 举例 |
|---|---|---|---|---|---|
| 1 | * | 双目运算符 | 自左向右 | 乘法运算 | x*y |
| | / | 双目运算符 | 自左向右 | 除法运算 | x/y |
| | % | 双目运算符 | 自左向右 | 求余运算 | x%y |
| 2 | + | 双目运算符 | 自左向右 | 加法运算 | x+y |
| | - | 双目运算符 | 自左向右 | 减法运算 | x-y |

说明：

1）根据运算符所要求的运算对象（操作数）的个数，C 语言中的运算符分为单目运算符、双目运算符和三目运算符。单目运算符只有一个运算对象，双目运算符要求有两个运算对象，三目运算符要求有三个运算对象。

2）运算符的优先级决定了一个表达式中计算的先后顺序。和数学中一样，算术运算应遵循"先乘除，后加减"的顺序，所以，*、/、%的优先级高于+、−。

3）C 语言的运算符具有结合性的特点。结合性是指运算符在与运算量（运算对象）组合时的结合方向。在对表达式求值时，根据运算符优先级的高低确定运算顺序；若一个运算量两侧的运算符的优先级相同，则按 C 语言规定的运算符的结合性来处理。若规定先计算左侧的运算符，则称此运算符的结合方向为左结合；若规定先计算右侧的运算符，则称此运算符的结合方向为右结合。例如，表达式 x+y−z，由于+、−为同一优先级，且结合方向都是自左向右，所以，y 先与+结合，执行 x+y 运算，然后执行减 z 的运算。

4）当+、−作为单目运算符使用时，分别表示取正号和取负号。其结合方向是自右向左。+（取正号）、−（取负号）运算符的优先级高于算术运算符。

算术运算符的运算规则如下：

1）参与算术运算的运算量可以是整型或实型常量、变量及表达式。

2）除法（/）运算的除数不能为 0，否则将出现被 0 除的错误。

3）求余运算符（%）两边的运算量必须为整型，且%后面的运算量不能为 0。求余运算结果的符号与%左边操作数的符号一致。例如：

```
7%-4        /*值为 3*/
-7%-4       /*值为-3*/
4%7         /*值为 4*/
10%5        /*值为 0*/
```

4）当算术运算符的两个运算量的类型相同时，运算结果的类型与运算量相同。例如：

```
12.3+2.7    /*值为浮点型 15.0*/
13/5        /*值为整型 2,舍弃小数部分*/
-13/5       /*值为整型-2,向零取整*/
```

5）当算术运算符的两个运算量中有一个为实型时，运算结果的类型为双精度实型。例如：

```
12.3+3      /*值为双精度实型 15.3*/
```

2. 算术表达式

算术表达式是由算术运算符、括号和运算量所组成的符合 C 语言语法规则的式子。参与运算的运算量可以是常量、变量和带返回值的函数等。例如：

```
'a'-32+4
```

```
a*x*x+b*sin(x)+c
(a+b)/(c-d)            /*注意分子、分母加括号与不加括号的区别*/
```

以上各式都是合法的算术表达式。a*x*x+b*sin(x)+c 对应的数学式为 $ax^2+b\sin x+c$，(a+b)/(c-d)对应的数学式为 $\dfrac{a+b}{c-d}$。

一个算术表达式中，int 型、float 型、double 型及 char 型数据之间可以进行混合运算（因为字符型数据在计算机内部是用 1 字节的整型数表示的）。当进行算术运算时，如果一个运算符两侧的数据类型不相同，则先自动进行类型转换，使两者具有同一种类型，再进行运算，如表达式 'n'-32+128.56/'a'*2 是合法的。由于 128.56 是实型，而所有的实型都按 double 型进行运算，因此在运算时，int 型、char 型都要转换成 double 型，即先自动进行类型转换后，再进行运算。

在对算术表达式进行运算时，要按运算符的优先级进行，如 'n'-32+128.56/'a'*2 的运算顺序应为①→②→③→④。

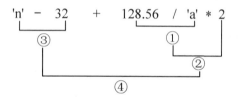

### 2.3.2 自增与自减运算

C 语言的自增、自减运算符分别为++、--。它们是单目运算符，即运算符只有一个操作数。自增、自减运算符的作用是使变量的值加 1 或减 1。例如，执行语句 n++;其作用是将变量 n 的值加 1 后，再将结果值放入变量 n 中保存，即相当于执行语句 n=n+1;。

#### 1. 自增、自减运算符的使用形式

在使用++和--运算符时，它们都有两种形式：前置运算和后置运算。若运算符在变量之前，则称为前置运算，如++i,--i; 若运算符在变量之后，则称为后置运算，如 i++,i--。

前置运算的作用是，在使用变量的值之前，使变量的值加 1 或减 1。后置运算的作用是，在使用变量的值之后，使变量的值加 1 或减 1。

【例 2-3】 了解前置运算与后置运算的作用。

```
/*源程序名:prog02_03.c;功能:理解前置运算与后置运算的作用*/
#include <stdio.h>
void main()
{
    int i=2,j=2,iVarM,iVarN;
    iVarM=++i;              /*前置运算,等价于i=i+1;iVarM=i;两条语句*/
    iVarN=j++;              /*后置运算,等价于iVarN=j;j=j+1;两条语句*/
    printf("m=%d i=%d\n",iVarM,i);
```

```
    printf("n=%d j =%d\n",iVarN,j);
}
```

程序运行结果：

```
m = 3   i = 3
n = 2   j = 3
```

自增、自减运算符只能作用于变量，不能作用于常量和表达式。例如，++10;和(a+b)++;这两条语句都是错误的，因为将语句++10;解释为 10=10+1;是说不通的，且 10 是一个常量，对一个常量是不能赋值的。(a+b)是一个算术表达式，对表达式是不分配内存空间的，因此(a+b)加 1 后的结果值没有存储空间存放。所以，这两条语句在编译时都将出错。

2. 自增、自减运算符的优先级和结合性

自增、自减运算符的优先级与取正值（+）、取负值（-）运算符处于同一级，但高于算术运算符。其结合方向为自右向左。运算符的优先级和结合方向请参阅本书附录 C。例如：

```
i=3;
n=-i++;
```

对于表达式-i++，编译时该如何处理呢？由于-和++为同一优先级，且结合方向都是自右向左的，因此，表达式-i++相当于-(i++)。所以，执行 n=-i++;的过程：①先计算表达式 i++的值，表达式取 i 的值为 3，然后 i 加 1；②引用表达式 i++的值 3，然后取负值运算，得到表达式-i++的值-3；③将-3 赋值给变量 n。所以，程序段被执行后的结果是 n=-3，i=4。

**⚠ 注意：**

++、--是程序中使用较多的两个运算符，但是当++、--运算符与+、-运算符一起构成表达式进行混合运算时，往往对语句的语法判断不是很直观。例如，对于表达式-x+++x，可以认为与其等价的形式有两种：-(x++)+x 或(-x)+(++x)。究竟哪一种理解才是正确的呢？C 语言规定，自左向右将尽可能多的算符组成运算符。因此，下列一些常见的表达式就可这样理解：

i+++j 与(i++)+j 等价；

i---j 与(i--)-j 等价；

-i++与-(i++)等价；

-i--与-(i--)等价；

-i+++j 与-(i++)+j 等价；

-i---j 与-(i--)-j 等价。

### 2.3.3　关系运算符与关系表达式

1. 关系运算符

C 语言中的关系运算符有六种：>（大于）、<（小于）、==（等于）、!=（不等于）、>=

（大于等于）、<=（小于等于）。

关系运算符都是双目运算符。参与关系运算的运算量可以是数值类型数据或字符类型数据。关系运算符用于对两个运算量进行比较，所以，关系运算的结果是一个逻辑值。由于 C 语言中没有提供逻辑类型数据，因此 C 语言规定用数值 1 代表运算结果为真，用数值 0 代表运算结果为假。因此，关系运算规则如下：

1）当关系成立时，关系运算的值为 1（表示逻辑真）。

2）当关系不成立时，关系运算的值为 0（表示逻辑假）。

例如：

```
100>=20            /*值为1*/
7==3               /*值为0*/
'a'<'A'            /*值为0*/
```

在使用关系运算符时应注意如下几点：

1）不要将关系运算符的等于"=="错写为"="。

2）对字符的比较是比较字符对应的 ASCII 码，ASCII 码大则该字符就大。

3）使用"=="比较两个浮点数时，由于存储误差，有时会得出错误的结果。

例如，1.0/7.0*7.0==1.0，由于 1.0/7.0 的结果值是实型值，且在内存中用有限位存储，因此，其值是一个近似值，即 1.0/7.0*7.0!=1.0。在程序设计中，判断两个实数是否相等一般采用如下方法：

```
fabs(1.0-1.0/7.0*7.0)<1E-5
```

### 2. 关系表达式

关系表达式是用关系运算符将两个运算量连接起来的式子。被连接的运算量可以是常量、变量和表达式。例如，x+y>100-z 和 m%n==0 都是合法的关系表达式。

关系表达式和逻辑表达式（将在 2.3.4 节中介绍）主要用来在流程控制中描述条件，其应用将在第 3 章中介绍。

关系运算符的优先级：>、<、>=、<=为同一级，==、!=为同一级，且前者高于后者。关系运算符的优先级低于算术运算符。例如：

x+y>100-z 等价于(x+y)>(100-z)，即先算术运算，后关系运算。

m%n==0 等价于(m%n)==0。

关系运算符的结合方向是自左向右。例如，x>y<z 等价于(x>y)<z。

### 2.3.4 逻辑运算符与逻辑表达式

### 1. 逻辑运算符

C 语言的逻辑运算符有三个：&&（逻辑与）、||（逻辑或）、!（逻辑非）。其中，&&、||是双目运算符；!是单目运算符。

由于 C 语言没有提供逻辑类型数据，在进行逻辑运算时，要依据参与逻辑运算的运算量的值是 0 或非 0 来判断其代表逻辑假还是逻辑真。若运算量的值为 0，则代表逻辑假；若运算量的值为非 0，则代表逻辑真。所以，逻辑运算的运算量可以为任何基本数据类型，如整型、实型或字符型等。

逻辑运算符的运算规则如表 2-8 所示。

表 2-8　逻辑运算符的运算规则

| A | B | !A | !B | A&&B | A\|\|B |
|---|---|----|----|------|------|
| 非 0 | 非 0 | 0 | 0 | 1 | 1 |
| 非 0 | 0 | 0 | 1 | 0 | 1 |
| 0 | 非 0 | 1 | 0 | 0 | 1 |
| 0 | 0 | 1 | 1 | 0 | 0 |

由表 2-8 可看出，只有当逻辑运算的两个操作数均为真时，逻辑与的结果才为真；只有当逻辑运算的两个操作数均为假时，逻辑或的结果才为假。

为了提高程序运行的速度，根据上述逻辑运算规则，在处理逻辑运算时规定：对于逻辑与运算，若&&左边表达式值为 0（逻辑假），则无须计算&&右边表达式的值即可得出逻辑表达式的结果值为 0；对于逻辑或运算，若||左边表达式值为 1（逻辑真），则无须计算||右边表达式的值即可得出逻辑表达式的结果值为 1。例如：

```
int a=9,b=7;
!a                    /*结果为 0*/
!(a<b)                /*结果为 1*/
a&&b                  /*结果为 1*/
(a<b)&&(b>0)          /*结果为 0,因为 a<b 的值为 0,所以不必判断 b>0 的值*/
a||b                  /*结果为 1*/
(a>b)||(b<0)          /*结果为 1,因为 a>b 的值为 1,所以不必判断 b<0 的值*/
```

2. 逻辑表达式

逻辑表达式是用逻辑运算符与表达式按一定规则连接起来的式子。例如：

```
!(a<b)&&(b>0)
year%4==0&&year%100!=0||year%400==0
```

这两个逻辑表达式都是合法的。

逻辑表达式的值为整型值，当逻辑表达式的运算结果为真时，其值为 1；当逻辑表达式的运算结果为假时，其值为 0。

逻辑运算符的优先级规定如下。

1）逻辑运算符的优先级由高到低为!→&&→||。

2）优先级依次由高到低为 !→算术运算符→关系运算符→&&→||。例如：

x==y&&min<50 计算顺序为(x==y)&&(min<50)。

C 语言的逻辑运算符中，逻辑非（!）是自右向左结合的；逻辑与（&&）和逻辑或（||）是自左向右结合的。例如，x&&y&&z，由于 y 两边的运算符的优先级相同，因此计算顺序为(x&&y)&&z。

### 2.3.5 赋值运算符与赋值表达式

赋值运算的功能是将一个数据赋给一个变量。C 语言的基本赋值运算符为=，而=又可与算术运算符（+、−、*、/、%）及位运算符（&、|、^、<<、>>）结合组成多个复合赋值运算符。

1. 基本赋值运算符与赋值表达式

基本赋值运算符（=）是一个双目运算符。由基本赋值运算符或复合赋值运算符将一个变量和一个表达式连接起来的具有合法语义的式子称为赋值表达式。赋值表达式的结果类型是左边变量的类型。

赋值表达式的一般形式如下：

　　变量　赋值运算符　表达式

例如：

```
a=2                         /*将 2 赋给变量 a*/
d=b*b-4*a*c                 /*计算右边表达式的值并赋给变量 d*/
i=j=k=10                    /*赋值表达式的值为 10;i,j,k 的值均为 10*/
q=m>n                       /*将关系表达式 m>n 的结果值(1 或 0)赋给 q*/
a=(b=15)/(c=3)              /*赋值表达式的值为 5,b 的值为 15,c 的值为 3*/
```

赋值运算符的优先级低于算术运算符、关系运算符和逻辑运算符，仅高于逗号运算符。例如，q=m>n 运算顺序为 q=(m>n)。

赋值运算符按自右向左顺序结合。例如，i=j=k=10/2 运算顺序为 i=(j=(k=10/2))，即先计算 10/2，结果为 5；将 5 赋给 k，表达式 k=10/2 的值即为赋值后 k 的值 5；再将 5 赋给 j，表达式 j=k=10/2 的值为 5；最后将 5 赋给变量 i。

2. 复合赋值运算符

在赋值运算符=前面加上算术运算符或位运算符，便可构成复合赋值运算符。C 语言中的复合赋值运算符有+=、−=、*=、/=、%=、&=、|=、^=、<<=、>>= 10 种。

由复合赋值运算符构成的赋值表达式一般形式如下：

　　变量　复合赋值运算符　表达式

例如：

```
a+=a*10                     /*等价于 a=a+a*10*/
x*=y-3                      /*等价于 x=x*(y-3)*/
n%=5                        /*等价于 n=n%5*/
```

```
m<<=2                              /*等价于 m=m<<2*/
```

### 2.3.6　条件运算符与求字节运算符

**1.　条件运算符**

C 语言的条件运算符（?:）是一个三目运算符。由条件运算符与操作数构成的表达式称为条件表达式。其一般形式如下：

**表达式 1？表达式 2：表达式 3**

条件表达式的运算过程：先计算表达式 1 的值，如果其值为真（值为非 0），则求解表达式 2 的值，并将表达式 2 的值作为整个条件表达式的值。如果表达式 1 的值为假（值为 0），则求解表达式 3 的值，并将表达式 3 的值作为整个条件表达式的值。

例如，max>100?x+100:100，该条件表达式的值是这样确定的：当给定条件 max>100 为真时，条件表达式的值为 x+100；否则，条件表达式的值为 100。

条件表达式中，表达式 2 和表达式 3 可以具有不同的数据类型，整个表达式的结果类型将依据类型转换规则来确定，即取决于表达式 2 和表达式 3 中类型最高的一个。类型最高是指该类型变量在内存中占字节数最多。

C 语言中条件运算符的优先级高于赋值运算符，低于算术运算符、关系运算符和逻辑运算符。

条件运算符按自右向左的顺序结合。例如，y=x>0?1:x==0?0:-1 等价于 y=x>0?1:(x==0?0:-1)。

实际上，这是一个嵌套的条件表达式。它的作用是若 x>0，则条件表达式的值为 1，然后给 y 赋值 1。否则，条件表达式的值为内层条件表达式(x==0?0:-1)的值，若 x==0 成立，则给 y 赋值 0；若 x==0 不成立（即 x<0），则给 y 赋值-1。

通过上述内容可知，使用条件表达式可以简化某些选择结构的编程。例如：

```
if(m>n)
    max=m;
else
    max=n;
```

该 if 语句可简化为语句

```
max=m>n?m:n;
```

**2.　求字节运算符**

C 语言的求字节运算符为 sizeof()，它是一个单目运算符。其一般形式如下：

**sizeof(变量名)**
**sizeof(类型名)**

求字节运算符的功能是计算并返回括号中变量或类型说明符的字节数。例如：

```
int i,j;
float x;
i=sizeof(x);            /*sizeof(x)的值为4,i的值为4*/
j=sizeof(int);          /*sizeof(int)的值为4,j的值为4*/
```

### 2.3.7 逗号运算符与逗号表达式

C语言的逗号运算符（,）是一个双目运算符。可以利用逗号运算符将几个表达式连接起来构成逗号表达式。其形式如下：

**表达式 1,表达式 2,…,表达式 n**

逗号运算符的每个表达式的求值是分开进行的，逗号运算符的表达式不进行类型转换。逗号表达式求解过程：先计算表达式 1 的值，然后依次计算表达式 2、表达式 3 等的值，最后计算表达式 n 的值，且表达式 n 的值就是整个逗号表达式的值。例如：

```
int n,i =10;
n=i++,i%3;
```

先求表达式 n=i++的值，结果为 10，同时计算 i++，i 的值为 11；然后求表达式 i%3 的值，结果为 2，则整个逗号表达式的值为 2。

逗号运算符的优先级最低。请注意如下两个表达式的区别。

```
n=i++,i%3
n=(i++,i%3)
```

逗号表达式常用于简化程序的编写。

## 2.4  数据类型转换

C语言中大多数运算符对运算量的数据类型有严格的要求，如求余运算符%只能用于两个整型数据的运算。但是，算术四则运算符可适用于所有的整型、单精度实型、双精度实型和字符型数据，即它们可以进行混合算术运算。那么，不同类型的数据混合运算后，怎样确定其结果的数据类型呢？

C语言规定，不同类型的数据在参加运算时，要先转换成相同的类型，再进行运算。运算结果的类型是转换后的类型。而类型转换的规则可归纳为三种转换方式，即算术运算时的自动类型转换、赋值运算时的类型转换和强制类型转换。

### 2.4.1 自动类型转换

自动类型转换的规则：双目运算符的两个运算量中，值域较窄的类型向值域较宽的类型转换，如图 2-4 所示。

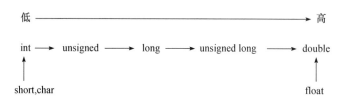

图 2-4　自动类型转换示意图

说明：

1）有符号和无符号 short 型及 char 型均转换为 int 型。

2）int 型与 unsigned 型数据运算，直接将 int 型转换成 unsigned 型。

3）int 型与 long 型数据运算，直接将 int 型转换成 long 型。

4）int 型与 double 型数据运算，直接将 int 型转换成 double 型。

5）float 型数据自动转换成 double 型。

 🔲 注意：

类型由低级向高级转换时，不要错误地理解为先将 short 型或 char 型转换为 int 型，然后转换为 unsigned 型，再转换为 long 型，直至转换为 double 型。

例如：

```
int iA=10;
char cCh='b';
float fR=9.87;
double dSum,dE=3.18E-5;
dSum=cCh+fR+iA*dE;
```

运算时类型转换过程：先将 cCh 转换成 int 型，fR 转换成 double 型，iA 转换成 double 型之后，计算 iA*dE，结果为 double 型；然后将 cCh 转换成 double 型，计算 cCh+fR，结果为 double 型；最后将 cCh+fR 的结果与 iA*dE 的结果相加，整个运算结果为 double 型。

### 2.4.2　赋值运算时的类型转换

对于赋值运算，C 语言规定：当赋值运算符右边表达式结果的类型与左边变量的类型不一致时，首先将右边表达式结果的类型转换为左边变量的类型，然后将转换后表达式的结果值赋给左边变量，整个赋值表达式的结果类型是左边变量的类型。

赋值类型转换具体规则如下：

1）将 int 型数据赋给 float 型、double 型变量时，数值不变，但以 float 型、double 型数据形式存储到变量中。例如：

```
float fX;
fX=9;              /*fX 的值为 9.000000*/
```

2）将 float 型、double 型数据赋给 int 型变量时，舍去实数的小数部分，执行赋值后，结果数据在内存中存储形式为 int 型，但要注意 int 型变量的数值范围不能溢出。例如：

```
int iNum;
iNum=3.14159;      /*iNum 的值为 3*/
```

这种将高类型的 float 型、double 型数据赋给低类型的 int 型变量时，数据的精度可能会受到损失，这样的数据类型转换称为不保值类型转换。这样的表达式可能会引起警告，但依然是合法的。在 Visual C++ 6.0 编译系统中，对类型要求比较严格，凡不保值类型转换都要加上强制类型转换运算符，以进行强制类型转换。

3）char 型数据赋给 int 型变量时，由于 char 型数据只占 1 字节，因此，将 char 型数据（字符所对应的 ASCII 码值）存放到 int 型变量低 8 位中，而在高位中全补 0。

4）short int 型赋给 int 或 long int 型变量时，数据直接赋给低 16 位，而高 16 位要进行符号扩展（即全补 0 或全补 1）。

5）unsigned int 型数据赋给 int 或 long int 型变量时，直接传送数值即可。

6）int 型或 long 型数据赋给 short int 型变量时，截断低 16 位赋值。

7）signed 型数据赋给位数相同的 unsigned 型变量时，直接传送数值即可。

### 2.4.3　强制类型转换

在程序中可以使用强制类型转换操作符来实现数据类型的转换。强制类型转换也称显式转换；而自动类型转换也称隐式转换。

强制类型转换的一般形式如下：

**(类型说明符)(表达式)**

其功能是把表达式的运算结果强制转换成类型说明符所表示的数据类型。例如：

```
(float)(7%4)              /*将表达式 7%4 的结果转换为实型*/
(int)(x+y)                /*将表达式 x+y 的结果转换为整型*/
```

**注意：**

1）类型说明符和表达式都必须加括号（单个变量可以不加括号）。若将(int)(x+y)写为(int)x+y，则只将 x 的值转换成 int 型之后再与 y 相加。

2）无论是强制类型转换或是自动类型转换，都只是为了本次运算的需要而对常量或变量的值的类型进行临时性转换，常量或变量本身的数据类型和值并不改变。

# 习　题　2

## 一、选择题

1. 下列符合 C 语言语法的字符型常量是（　　）。
   A. 'cba'　　　　B. "b"　　　　C. '\102'　　　　D. 0x12

2．下列符合 C 语言语法的实型常量是（      ）。

    A．E13            B．6E−5           C．2.358E4.5    D．1.5E

3．下列符合 C 语言语法的整型常量是（      ）。

    A．98L            B．23.0            C．15.0E12     D．−23.0

4．下列符合 C 语言语法的变量名是（      ）。

    A．3com         B．for             C．fabs         D．_007

5．'\x62'在内存中所占字节数为（      ）。

    A．1              B．2               C．3             D．4

6．"b"在内存中所占字节数为（      ）。

    A．4              B．3               C．2             D．1

7．字符常量在内存中存放的是（      ）。

    A．十进制代码值               B．八进制代码值

    C．BCD 码值                 D．ASCII 码值

8．字符串"\\\'ABC\'0"的长度是（      ）。

    A．3              B．4               C．7             D．10

9．C 语言中，下列要求运算对象必须是整型的运算符是（      ）。

    A．/              B．%               C．&&           D．!

10．以下不合法的八进制数是（      ）。

    A．0              B．01              C．028          D．077

11．若变量已正确定义，则正确的赋值语句为（      ）。

    A．1+3=x1;     B．x2=0x13;    C．x3=12.5%3;   D．x4=3+7=10;

12．下列叙述中正确的是（      ）。

    A．实型变量中允许存放整型值

    B．在 C 语言程序中无论是整数还是实数，只要在允许的范围内都能准确无误地
       表示出来

    C．在赋值表达式中，赋值运算符右边可以是变量，也可以是任意表达式

    D．执行表达式 a=b 后，在内存中 a 和 b 存储单元中的原有值都将被改变

13．设有以下定义：

```
#define k 35
int i=0;char c='a';float x=2.58;
```

则下面语句中错误的是（      ）。

    A．k++;         B．i−−;             C．c++;          D．++x;

14．设整型变量 a 的值为 5，则使整型变量 b 的值不为 2 的表达式为（      ）。

    A．b=a/2     B．b=a%2     C．b=6−(−−a)   D．b=a>8?1:2

15．设单精度实型变量 f 和 g 均为 5.0，则使 f 为 10.0 的表达式是（      ）。

    A．f+=g      B．f−=g+5    C．f*=g−15    D．f/=g*5

16. 下列运算符中优先级最高的是（　　）。

    A．%        B．>=        C．!        D．||

17. 能表示代数关系 $x \geq y \geq z$ 的 C 语言表达式为（　　）。

    A．x>=y>=z        B．(x>=y)&(y>=z)

    C．(x>=y)AND(y>=z)        D．(x>=y)&&(y>=z)

18. 设有定义：int a=3,b=4,c=5;，则以下表达式中值为 0 的是（　　）。

    A．a<=b        B．a||b+c&&b-c

    C．a&&b        D．!((a<b)&&!c||1)

19. 表达式 1?(0?3:2):(10?1:0)的值为（　　）。

    A．1        B．2        C．3        D．0

20. 设实型变量 f1、f2、f3、f4 的值均为 2，整型变量 n1、n2 的值均为 1，则表达式(n1=f1>=f2)&&(n2=f3<f4)的值是（　　）。

    A．0        B．1        C．2.0        D．出错

二、填空题

1. 已知字符 a 的 ASCII 码值为 97，则以下语句输出的结果是_____。

```
char cChr='a';
printf("%c %d\n",cChr,cChr);
```

2. 以下程序运行后，输出结果为_____。

```
#include <stdio.h>
void  main()
{
    int iA=8,iB=10;
    printf("%d,%d,%d,%d\n",iA,iB,++iA,iB++);
}
```

3. 以下程序运行后，输出结果为_____。

```
#include <stdio.h>
void main()
{
    int iA=4,iB=3,iC=2,iD=1;
    printf("%d\n",(iA<iB?iA:iD<iC?iD:iB));
}
```

4. 以下程序运行后，输出结果为_____。

```
#include <stdio.h>
void main()
{
```

```
int iX=1,iY=2,iZ=3;
printf("%d,%d,%d,%d\n",iX=iY=iZ,iX=iY==iZ,iX==(iY=iZ),iX==(iY==iZ));
}
```

5. 以下程序运行后，输出结果为_____。

```
#include <stdio.h>
void main()
{
    int iA=10,iB=20,iC=30,iD;
    iD=++iA<=10||iB-->=20||iC++;
    printf("%d,%d,%d,%d\n",iA,iB,iC,iD);
}
```

## 三、计算下列各表达式的值

1. 设有定义：int i=10,j=5;，分别计算以下各表达式的值。

（1）++i-j--;　　　　　　（2）i=i%=j;

（3）i=3/2*(j=3-2);　　　（4）++j,i=15,i+j。

2. 设有定义：int a=5,b=3;，分别计算以下各表达式的值和变量 a、b 的值。

（1）!a||b+4&&a*b;　　　（2）a=1,b=2,(a>b)?++a:++b;

（3）a+=b%=a+b；　　　（4）a!=b>2<=a+1。

3. 设 a=10,b=4,c=5,x=2.5,y=3.5，计算以下各表达式的值。

（1）++a-c+++b;　　　　（2）(float)(a+c)/2+(int)x%(int)y;

（3）a<b?a:c<b?c:b;　　（4）x+a%3*(int)(x+y)%2/4+sizeof(int)。

## 四、完成表格

将表 2-9 中提供的数据赋值给其他类型的变量，并将赋值后的结果填于表中空格处（实数保留到小数点后两位）。

表 2-9　数据表

| int | 99 | | | | −1 |
|---|---|---|---|---|---|
| char | 'h' | | | | |
| unsigned int | | 66 | | | |
| float | | | 55.78 | | |
| long int | | | | 68 | |

# 第3章 程序的控制结构

结构化程序设计有三种基本的流程控制结构，即顺序结构、选择结构（也称分支结构）和循环结构。它们用于控制计算机程序的执行流程，通过这三种基本结构的相互嵌套、合理组合可实现复杂控制结构的流程控制。C语言是结构化程序设计语言，提供了相应的控制语句来实现程序的流程控制。不同的语句具有不同的语法形式，用来完成不同的操作，而语句的执行顺序则由程序的流程控制来决定。

## 3.1 算法与语句

程序设计需解决两个主要问题：一是程序按什么顺序或步骤来执行；二是使用什么语句来实现，即设计算法和实现算法。下面的叙述将围绕这两个问题展开。

### 3.1.1 算法及其特征

1976年，著名的瑞士计算机科学家 Niklaus Wirth 教授提出了一个经典公式：

程序=数据结构+算法

他认为，程序就是在数据的某些特定表示方式和结构的基础上对抽象算法的具体表述。这说明一个计算机程序主要包括以下两方面的内容。

1）数据的描述和组织形式。在程序中要指定数据的类型和数据的组织形式，即数据结构（data structure）。

2）对操作的描述，即操作步骤，也就是算法（algorithm）。算法是指为解决一个具体问题而采用的方法和有限的操作步骤。算法描述了程序要执行的操作、操作的步骤及程序的功能。算法是程序的核心。

利用计算机程序控制解决具体问题时，往往要先设计解决问题的算法，然后在算法基础上编制程序，最后由计算机来执行。这是计算机求解问题的基本方法。

为了设计一个正确的、严谨的算法，就要考虑算法的基本性质或算法的特征。通常认为算法有以下特征：

（1）有穷性

一个算法必须对任何合法的输入值均可在执行有限操作步骤之后结束，且每一步都可在有限时间内完成。

（2）确定性

算法中的每一步操作的内容和顺序必须含义确切，不能有歧义性。在任何条件下，算法只有唯一的一条执行路径，即对于相同的输入只能得出相同的输出。

（3）有效性

算法中的每一步操作都必须是可执行的，即算法中描述的操作都可以通过已经实现的基本运算经过有限次执行来实现。

（4）输入

每一个算法应有零个或多个输入。这些输入取自于某个特定的对象的集合，应在算法操作前提供。

（5）输出

每一个算法都应有一个或多个输出。这些输出是同输入有着某些特定关系的数据。

对一个程序员而言，不仅要学会设计算法，而且要学会根据算法编写程序。

### 3.1.2　算法与程序结构

算法含有以下两大组成要素。

（1）操作

每个操作的确定不仅取决于问题的需求，还取决于它们取自哪个操作集，它与使用的工具系统有关。在 C 语言中所描述的操作主要包括算术运算、逻辑运算、关系运算、函数运算、位运算和 I/O 操作等。

（2）控制结构

控制结构用于控制算法所描述的各种操作的执行顺序。1966 年，Bobra 和 Jacopini 提出了以下三种基本结构用于描述一个良好算法的结构单元：

1）顺序结构。顺序结构中程序的执行是按语句书写的先后顺序依次执行的，即语句的执行顺序与书写顺序一致。这是一种简单的结构，但仅有这样的结构是不可能处理复杂问题的。

2）选择结构。选择结构要求根据给定的条件进行判断，从而选择执行哪个操作。选择结构为程序注入了最简单的智能。

3）循环结构。这种结构是将程序中的某一部分操作（一条或多条语句）重复地执行若干次，直到某种条件不满足时才结束该重复执行过程。被重复执行的部分称为循环体。循环结构也称重复结构。

这三种基本结构具有以下特点：

1）只有一个入口。

2）只有一个出口。

3）结构内的每个部分都有可能被执行到，即没有死语句。

4）结构内没有死循环。

在算法设计中，由顺序结构、选择结构和循环结构这三种基本结构即可组成任何复杂结构的算法。

### 3.1.3　算法的描述

算法的描述方法通常有自然语言、流程图（flow chart）、N-S 图、问题分析图（problem analysis diagram，PAD）、伪代码（pesudo code）等。流程图、N-S 图和 PAD 是表示算法的图形工具，具有直观性强、便于阅读、不易产生歧义性等特点。其中，流程图是最早提出的用图形表示算法的工具，所以也称传统流程图。N-S 图和 PAD 符合结构化程序设计要求，是软件工程中强调使用的图形工具。

### 1. 用自然语言描述算法

自然语言就是人们日常使用的语言，可以是能用文字表述的任何语种。用自然语言表示算法通俗易懂、简单易行，缺点是文字冗长、容易产生歧义。

**【例 3-1】** 用自然语言描述求 5! 的算法。

（1）原始方法

原始方法：①求 1×2，得到结果 2；②将①中的结果 2 乘以 3，得到结果 6；③将②中的结果 6 乘以 4，得到结果 24；④将③中的结果 24 乘以 5，得到最后的结果 120。

（2）改进的方法

求阶乘是一个累乘的过程，因此可以定义 fac 和 i 两个变量来分别代表被乘数和乘数的累乘，并且将每一步累乘的结果保存在变量 fac 中。算法描述：①定义一个整型变量 fac，且 fac 的初始值置为 1；②定义一个整型变量 i，且 i 的初始值置为 2；③使 fac×i，将乘积赋值给变量 fac；④使 i+1，将结果赋值给变量 i；⑤判断 i 的值是否小于或等于 5，如果是，则返回③并重复③和④，否则，输出 fac 的值。

从上述算法描述中可看出，使用自然语言描述算法比较容易掌握，表达通俗易懂、简单易行。但是，这种方法不够简洁、清晰，只适合用来描述逻辑结构简单的算法，对于较复杂的算法就很难表述清楚，甚至有可能因对语言表达的理解角度不同而产生歧义。因此，一般不提倡采用自然语言来描述算法。

### 2. 用传统流程图描述算法

流程图就是对给定算法的一种图形解法。流程图也称框图，它用规定的一系列图形、流程线及文字说明来表示算法中的基本操作和控制流程，其优点是形象直观、简单易懂、便于修改和交流。ANSI 规定了一些常用的流程图符号，这些符号已被世界各国的广大程序设计工作者普遍接受和采用。常用流程图符号的名称、表示和功能如表 3-1 所示。

表 3-1 常用流程图符号的名称、表示和功能

| 符号名称 | 符号 | 功能 |
| --- | --- | --- |
| 起止框 | | 表示算法的开始或结束。每个独立的算法只有一对开始/结束框 |
| 输入/输出框 | | 表示算法的输入/输出操作。框内填写需输入或输出的各项 |
| 处理框 | | 表示算法中的各种处理操作。框内填写处理说明或表达式语句 |
| 判断框 | | 表示算法中的条件判断操作。框内填写判断条件 |
| 注释框 | | 表示算法中某操作的说明信息。框内填写文字说明 |

续表

| 符号名称 | 符号 | 功能 |
|---|---|---|
| 流程线 | ← → ↓ ↑ | 表示算法中处理流程的走向。流程线用于连接其他框图，并且必须带箭头 |
| 连接点 | ○ | 表示流程图的延续。圆圈内填写数字与下一处数字符号对接 |

一般来说，用传统流程图描述算法，就是用表 3-1 中的流程线将其他流程图符号连接起来构成结构化程序设计的三种基本控制结构框图，然后通过这三种基本控制结构框图的相互嵌套、有序组合从而构成各种不同的、复杂的算法描述。

结构化程序的三种基本控制结构用流程图分别表示如下：

（1）顺序结构

顺序结构如图 3-1 所示。框图中的 A、B 可以是一条语句，也可以是多条语句。顺序结构的执行流程是自上而下的，先执行完 A 操作，然后执行 B 操作。顺序结构是一种简单的流程结构。

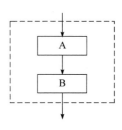

（2）选择结构

选择结构由判断框、处理框和流程线组成，其基本形态有两种，如图 3-2（a）、（b）所示。选择结构的流程控制是先判断给定的条件，然后根据条件是否为真（或是否满足）来选择执行两个操作中的哪一个。

图 3-1 顺序结构

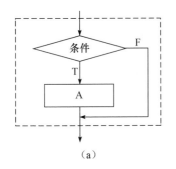

（a）

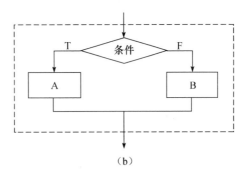

（b）

图 3-2 选择结构

（3）循环结构

循环结构也是由判断框、处理框和流程线组成的。循环结构又分为当型循环结构和直到型循环结构两种。

当型循环结构如图 3-3 所示，其流程控制是先判断条件，如果结果为真，则执行循环体 A，然后进行条件判断，从而构成一个循环；当某次判断条件为假时，则结束循环。

直到型循环结构如图 3-4 所示，其流程控制是先执行循环体 A，然后判断条件，如果结果为真，则再次执行循环体 A，然后进行条件判断，当某次判断条件为假时，结束循环。

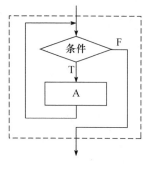

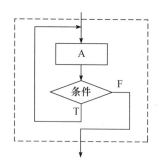

图 3-3 当型循环结构

图 3-4 直到型循环结构

在上述算法描述中，虚线框内表示一个结构。也可以将外层虚线框看作一个整体的执行框，不允许有其他流程线穿过虚线框直接进入其内部。这样的算法设计能更好地体现结构化的思想。

【例 3-2】 用流程图描述求 5!的算法。

**算法分析**：可定义变量 fac 作为累乘器，fac 用于存放阶乘，其初始值置为 1；再定义变量 i 作为计数器，其初始化值为 2，i 在每次累乘之后其值加 1。其算法流程图如图 3-5 所示。

【例 3-3】 从键盘输入三个整数，找出其中的最大数并输出，用流程图描述其算法。

**算法分析**：可定义三个变量 num1、num2、num3 分别存放这三个数，另定义变量 max 保存最大数。首先比较 num1 和 num2，将其中的大数存放在 max 中；然后用 num3 与 max 的当前值比较，便可找出三个数中的最大数。其算法流程图如图 3-6 所示。

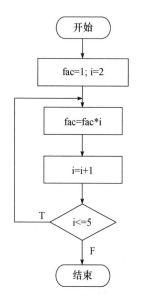

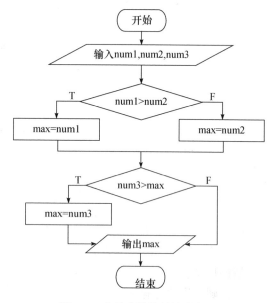

图 3-5 求 5!的算法流程图

图 3-6 求最大数的算法流程图

3．用 N-S 图描述算法

N-S 图是由美国学者 I.Nassi 和 B.Shneiderman 提出的一种流程图形式。在这种流程图中摒弃了流程线，算法描述在一个矩形框内，框内有用来描述选择结构、循环结构的基本表示形态。

用 N-S 图描述三种基本结构分别如下：

1）顺序结构，如图 3-7 所示。

2）选择结构，如图 3-8 所示。

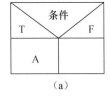
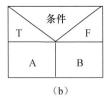

图 3-7　顺序结构　　　　　　　　　　图 3-8　选择结构

3）循环结构。循环结构包括两种形式：当型循环结构，如图 3-9 所示；直到型循环结构，如图 3-10 所示。

图 3-9　当型循环结构　　　　　　　　图 3-10　直到型循环结构

对于例 3-2 和例 3-3，用 N-S 图来描述其算法分别如图 3-11 和图 3-12 所示。

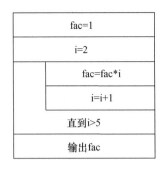
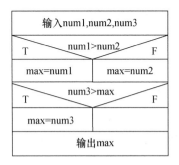

图 3-11　例 3-2 求 5!的 N-S 图　　　　图 3-12　例 3-3 求最大数的 N-S 图

4．用伪代码描述算法

伪代码是介于自然语言和计算机语言之间的文字和符号。这种描述方法无固定的、严格的语法规则，通常使用一种类似于高级语言的控制结构，在结构中可以灵活地使用自然语言和符号来描述要执行的操作。伪代码不用图形符号，因此书写方便、格式紧凑，也容易理解，便于转换过渡到计算机语言程序。

对于例 3-2 求 5 的阶乘问题，用伪代码描述其算法如下：

```
Begin(算法开始)
    fac<=1                      /*将 1 赋给变量 fac,即 fac=1*/
    i<=2
    while i<=5
    {
        fac<=fac*i
        i<=i+1
    }
    Print fac                   /*输出 fac 的值,即 5!*/
End                             /*算法结束*/
```

### 3.1.4  C 语言的语句分类

算法设计完成以后，就要考虑如何实现算法。实际上，实现算法的过程就是利用计算机语言编写程序的过程，而程序就是用语句表达的一组指令序列。所以，任何一个算法都是由语句来实现的。C 语言中，语句分为以下五大类。

#### 1. 说明语句

说明语句是对变量或被调用函数的声明，不产生机器指令，其作用是描述程序中被处理数据（变量或函数）的名称和类型，供编译程序使用。说明语句可以出现在程序中任何块（函数或复合语句）的外面（称为外部说明）或块中（称为局部说明）。例如：

```
int iA;                 /*定义变量 iA 为整型*/
float fX;               /*定义变量 fX 为实型*/
float add(float x,float y);  /*函数的声明*/
```

#### 2. 表达式语句

由表达式加上分号 ";" 组成的语句称为表达式语句。表达式语句常用来描述算术运算、逻辑运算或产生某种特定动作的语句。C 语言程序中，最常用的表达式语句是赋值表达式语句和函数调用语句。例如：

```
x=10                    /*后面无分号,是赋值表达式,但不是语句*/
x=10;                   /*后面有分号,是赋值表达式语句*/
y+z;                    /*算术表达式语句,但计算结果不能保留,无实际意义*/
i++;                    /*自增语句,使 i 的值加 1*/
printf("max=%d\n",max); /*函数调用语句*/
```

3. 控制语句

控制语句用于控制程序的执行流程，实现各种控制结构。C 语言提供了九种控制语句，这九种语句可划分为三类，如表 3-2 所示。

表 3-2　流程控制语句的分类

| 分类 | 控制功能 | 控制语句 | 可以搭配的跳转控制语句 |
| --- | --- | --- | --- |
| 条件控制 | 条件分支 | if…else | break、return |
| | 开关分支 | switch…case | break、return |
| 循环控制 | 当型循环 | while | break、continue、return |
| | 直到型循环 | do…while | break、continue、return |
| | for 循环 | for | break、continue、return |
| 跳转控制 | 跳出 switch 结构，或循环结构 | break | |
| | 提前结束本次循环 | continue | |
| | 无条件转向 | goto | |
| | 返回调用者 | return | |

4. 复合语句

把多条语句用一对大括号"{}"括起来组成的一条语句称为复合语句，也称块。在程序中应把复合语句看作单条语句，而不是多条语句。例如：

```
{
    int x,a=3,b=5;
    x=a;
    a=b;
    b=x;
}
```

这是一条复合语句，其功能是实现 a、b 两个变量值的交换。

⚠ 注意：

1）复合语句内的各条语句都必须以分号结尾，在括号"}"外不能再加分号。

2）一条复合语句在语法上等价于一条语句，凡是单条语句能够使用的地方都可以使用复合语句。复合语句作为一条语句也可出现在其他复合语句内部。

3）在复合语句内部可以定义局部变量，如上述复合语句中定义的变量 x、a、b。

5. 空语句

仅由一个分号（;）构成的语句称为空语句。空语句是不产生任何执行动作的语句，即什么都不做。空语句常用于循环语句中，构成空循环。

# 3.2 基本输入/输出函数

在程序设计中，数据的输入/输出是最基本的操作。C 语言本身并不提供输入/输出语句，数据的输入/输出操作是通过调用系统库函数来实现的。C 语言有丰富的输入/输出库函数，有用于键盘输入和显示器输出的输入/输出库函数，用于磁盘文件读写的输入/输出库函数，用于硬件端口操作的输入/输出库函数等。调用系统库函数时，需要用到编译预处理命令 include，其作用是将输入/输出库函数所在的头文件（如 stdio.h）包含到用户所编写的源文件中。本节先介绍其中四个基本、常用的输入/输出库函数：getchar()、putchar()、scanf()和 printf()。

## 3.2.1 字符输入/输出函数

### 1. 字符输入函数 getchar()

调用格式：**getchar()**

函数功能：从键盘上读入一个字符。

函数返回值：如果读入成功，函数的返回值是该读入字符的 ASCII 码值；否则，返回 EOF(−1)。

getchar()函数不带参数。执行 getchar()函数时，以 Enter 键结束输入，且每调用一次只能接收一个字符，即使从键盘输入多个字符，也只接收其中的第一个字符。空格符和转义字符都作为有效字符接收。

通常把输入的字符赋值给一个字符变量或整型变量，也可以不赋值给任何变量，仅仅作为表达式出现在语句中。

【例 3-4】 调用 getchar()函数，从键盘上输入字符。

```
/*源程序名:prog03_04.c;功能:了解函数 getchar()的使用*/
#include <stdio.h>
void main()
{
  char cVar1,cVar2,cVar3;
  cVar1=getchar();                 /*把输入的字符赋给字符变量 cVar1*/
  cVar2=getchar();
  cVar3=getchar();
  putchar(cVar1);
  putchar(cVar2);
  putchar(cVar3);
  putchar('\n');
}
```

当从键盘上依次输入字符 O、水平制表符、K 并按 Enter 键后，程序运行结果：

```
O       K
O       K
```

2. 字符输出函数 putchar()

调用格式：**putchar(参数)**

函数功能：向屏幕输出一个字符。

函数返回值：如果输出成功，则返回输出字符的 ASCII 码值；否则，返回 EOF(-1)。

函数的参数可以是字符常量（包括转义字符）、字符型变量或整型表达式，如果是整型表达式，则要求表达式的值对应 ASCII 码字符。

【例 3-5】　调用 putchar()函数，在屏幕上输出字符。

```c
/*源程序名:prog03_05.c;功能:了解函数 putchar()的使用*/
#include <stdio.h>
void main()
{
    char cVar1='V',cVar2='b',cVar3='+';
    putchar('\n');              /*输出换行符*/
    putchar('\x20');            /*输出一个空格*/
    putchar(cVar1);
    putchar(67);                /*输出 ASCII 码值为 67 所对应的字符*/
    putchar(cVar3);
    putchar(cVar3);
    putchar('\t');              /*跳到下一个制表位*/
    putchar(cVar1);
    putchar(cVar2-32);          /*将小写'b'转换成大写'B'后输出*/
    putchar('\n');
}
```

程序运行结果：

```
 VC++    VB
```

### 3.2.2　格式化输入/输出函数

1. 格式化输入函数 scanf()

调用格式：**scanf("格式控制字符串",地址表列)**

函数功能：按格式控制字符串指定的格式，从标准输入设备（键盘）输入数据，并存入地址表列指定的内存单元中。

函数返回值：返回输入数据个数。

例如：

```c
scanf("%d %f",&iNum,&fScore);
```

说明：

1）地址表列由一个或多个地址组成，若有多个则以逗号分隔。地址可以是变量的地址或其他内存单元的地址（如数组的起始地址）。在 C 语言中，可以通过取地址运算符&得到变量的地址，表达式形式为&变量名。例如，该例中的&iNum、&fScore 分别表示变量 iNum 和 fScore 的地址。

2）格式控制字符串的形式与 printf()函数中的类似，由格式说明符和普通字符组成。普通字符要求在输入数据时原样输入。

3）格式说明符的表示形式与 printf()函数中的相似，具体参考 printf()函数中的相关叙述。scanf()函数常用格式控制字符和附加格式修饰符的含义分别如表 3-3 和表 3-4 所示。

表 3-3  scanf()函数常用格式控制字符的含义

| 格式控制字符 | 说明 |
| --- | --- |
| d | 以十进制形式输入有符号整数 |
| o | 以八进制形式输入无符号整数（前缀 0 无须输入） |
| x 或 X | 以十六进制形式输入无符号整数（前缀 0x 无须输入） |
| u | 以十进制形式输入无符号整数 |
| c | 以字符形式输入单个字符 |
| s | 以字符串形式输入字符串 |
| f | 以小数形式输入单、双精度实数 |
| e 或 E | 以标准指数形式输入单、双精度实数 |
| g 或 G | 与格式字符 f 作用相同，g 与 e、f 可以相互替换 |

表 3-4  scanf()函数常用附加格式修饰符的含义

| 附加格式修饰字符 | 说明 |
| --- | --- |
| l | 输入长整型数据（%ld、%lo、%lx、%lu）和双精度实数（%lf、%le） |
| h | 输入短整型数据（%hd、%ho、%hx、%hu） |
| m（代表一个整数） | 指定输入数据所占的宽度为 m |
| * | 表示相应的输入项在读入后不赋给对应的变量，跳过该输入 |

**【例 3-6】**  格式化输入函数 scanf()的应用示例。

```
/*源程序名:prog03_06.c;功能:了解函数 scanf()的输入格式控制*/
#include <stdio.h>
void main()
{
    int iA,iB,iC,iD;
    char cCh1,cCh2;
    double dX,dY;
    printf("\n");
    scanf(" %c%c",&cCh1,&cCh2);
    scanf(" %d%*d%d",&iA,&iB);
```

```
        scanf(" %3d",&iC);
        scanf(" %5d",&iD);
        scanf(" %lf,%5lf",&dX,&dY);
        printf(" =========================\n");
        printf(" cCh1=%c,cCh2=%c\n",cCh1,cCh2);
        printf(" iA=%d,iB=%d\n",iA,iB);
        printf(" iC=%d,iD=%d\n",iC,iD);
        printf(" dX=%lf,dY=%lf\n",dX,dY);
    }
```

程序运行结果：

```
ok
1 2 3
1234567
123.45678,123.45678
=========================
cCh1=o,cCh2=k
iA=1,iB=3
iC=123,iD=4567
dX=123.456780,dY=123.400000
```

从程序输出结果可以看出，最先输入的 ok 两个字符分别赋给了变量 cCh1 和 cCh2；当为变量 iA、iB 输入数据时，因为格式说明符中的"*"号标记，所以输入的数值 2 只读入但并不赋给任何变量即被跳过，实际上为变量 iA 赋值 1，为变量 iB 赋值 3；然后输入的 1234567，由于为变量 iC 指定输入宽度 3，因此只将 123 赋给变量 iC，其余部分被截取后赋给变量 iD；最后为变量 dX 和 dY 输入数据时，虽然输入的数据同为 123.45678，但由于为后者指定了宽度为 5 位，系统自动取前 5 位，因此只将 123.4 赋给变量 dY。

⚠ 注意：

1）从键盘上输入数据时，要根据 scanf() 中的具体格式控制字符串的形式采取相应的方式，且格式控制字符串中的普通字符必须原样输入。例如：

```
    scanf("%d%d",&iA,&iB);
```

输入时，两个数据之间可以用空格符、制表符或换行符作为间隔。例如：

```
10  15↙
    scanf("%d,%d",&iA,&iB);
```

输入时，两个数据之间要输入一个逗号","（普通字符必须原样输入）。例如：

```
10,15↙
```

2）scanf() 函数中，地址表列部分的每一项必须为地址，不能是变量名，这是初学者需特别注意的地方。

3）输入数据时不能指定精度，如 scanf("%8.3f",&fZ); 是不允许的。

4）当用%c为字符变量输入数据时，空格符和转义字符都作为有效字符输入。例如：

```
scanf("%c%c",&cCh1,&cCh2);
```

若输入"o k↙"，则将字符 'o' 赋给 cCh1，空格符赋给 cCh2；只有输入"ok↙"，才会将字符 'o' 赋给 cCh1，字符 'k' 赋给 cCh2。

2. 格式化输出函数 printf()

调用格式：**printf("格式控制字符串",输出项表列)**

函数功能：按格式控制字符串指定的格式，向标准输出设备（显示器）输出所列出的输出项。

函数返回值：如果输出成功，返回输出字节数；否则，返回 EOF(-1)。

例如：

```
printf("Max=%6d\tMin=%6d\n",iMax,iMin);
```

说明：

1）输出项表列中的各输出项可以是常量、变量或表达式。例如，该例中的 iMax、iMin 即为两个变量。输出项的个数与类型必须与格式控制字符串中格式控制字符的个数和类型一致，且位置一一对应。若有多个输出项，则各输出项之间用逗号分隔。

2）格式控制字符串要用双引号括起来，如该例中的 "Max=%6d\tMin=%6d\n"。格式控制字符串一般由普通字符（包括空格符和转义字符）、格式说明字符串（格式说明符）组成。其中，格式说明符用于控制输出项的输出格式，如该例中的%6d。普通字符在输出时原样输出，如该例中的"Max=  \tMin=  \n"。可以看出，在格式控制字符串中适当地加入一些普通字符，可以提高程序输出结果的可读性。

3）格式说明符是由"%"与格式控制字符和附加格式修饰符组成的串。格式说明字符串的一般形式如下：

```
%[flags][width][.prec][F|N|H|L]type
```

或

```
%[标志][输出最小宽度][.精度][长度]类型
```

方括号"[ ]"中的项为附加格式修饰符，可根据输出格式要求进行取舍；类型表示格式控制字符，用来说明对应输出项的输出格式，为必选项。

printf()函数常用格式控制字符和附加格式修饰符的含义分别如表 3-5 和表 3-6 所示。

表 3-5　printf()函数常用格式控制字符的含义

| 格式控制字符 | 说明 |
| --- | --- |
| d | 以十进制形式输出有符号整数（正数前不输出符号+） |
| o | 以八进制形式输出无符号整数（前缀 0 不输出） |
| x 或 X | 以十六进制形式输出无符号整数（前缀 0x 不输出） |

| 格式控制字符 | 说明 |
| --- | --- |
| u | 以十进制形式输出无符号整数 |
| c | 以字符形式输出单个字符 |
| s | 以字符串形式输出字符串 |
| f | 以小数形式输出单、双精度实数，系统默认输出 6 位小数 |
| e 或 E | 以标准指数形式输出单、双精度实数 |
| g 或 G | 以%f 或%e 格式中输出宽度较短的一种格式输出单、双精度实数 |

表 3-6　printf()函数常用附加格式修饰符的含义

| 含义 | 附加格式修饰符 | 说明 |
| --- | --- | --- |
| 标志 | - | 输出数据左对齐，右边填补空格，系统默认为右对齐输出 |
| | + | 输出有符号数的正数时前面显示正号（+） |
| | 空格 | 输出有符号数的正数时前面显示空格代替正号 |
| | 0 | 输出数据时指定左边不使用的空位自动填 0 |
| | # | 在八进制和十六进制数前分别显示前导符 0 和 0x |
| 最小宽度 | m（代表一个整数） | 按宽度 m 输出，若数据长度小于 m，左边补空格，否则按实际输出 |
| 精度 | .n（代表一个整数） | 对于实数，指定小数点后的位数为 n 位（四舍五入） |
| | | 对于字符串，指定截取字符串前 n 个字符 |
| 长度 | l 或 L | 在 d、o、x、u 格式字符前，指定输出精度为 long 型 |
| | | 在 f、e、g 格式字符前，指定输出精度为 double 型 |
| | h 或 H | 在 d、o、x、u 格式字符前，指定输出精度为 short 型 |

【例 3-7】 格式化输出函数 printf()的应用示例。

```
/*源程序名:prog03_07.c;功能:了解函数 printf()的输出格式控制*/
#include <stdio.h>
void main()
{
    int iVar=-123;
    long lVar=9876543;
    char cVar='A';
    float fVar=123.456;
    double dVar=789.12345678;
    printf(" ---按默认格式输出:---\n");
    printf(" iVar=%d\t lVar=%Ld\t cVar=%c\n",iVar,lVar,cVar);
    printf(" fVar=%f\t dVar=%lf\n",fVar,dVar);
    printf(" ---按指定宽度、指定对齐方式输出:---\n");
    printf(" iVar=%-5d\t lVar=%-5ld\n",iVar,lVar);
    printf(" iVar=%+5d\t lVar=%+5ld\n",iVar,lVar);
    printf(" iVar=%5d\t lVar=%5ld\n",iVar,lVar);
    printf(" cVar=%5c\t cVar=%05c\n",cVar,cVar);
```

```
    printf(" ---按指定宽度、指定小数位格式输出：---\n");
    printf(" fVar=%8.2f\t dVar=%+8.2Lf\n",fVar,dVar);
    printf(" dVar=%5.4E\n",dVar);
}
```

程序运行结果：

```
---按默认格式输出：---
iVar=-123        lVar=9876543      cVar=A
fVar=123.456001              dVar=789.123457
---按指定宽度、指定对齐方式输出：---
iVar=-123        lVar=9876543
iVar=  -123      lVar=+9876543
iVar=  -123      lVar= 9876543
cVar=     A      cVar=0000A
---按指定宽度、指定小数位格式输出：---
fVar=  123.46    dVar=  +789.12
dVar=7.8912E+002
```

**!** 注意：

1）格式控制字符必须小写（表 3-5 中列出的几个大写字符除外），否则将起不到控制输出格式的作用。例如：

```
printf("%D",65);        /*输出结果为D，D作为普通字符原样输出*/
printf("%F",65.8);      /*屏幕无输出信息*/
```

2）格式说明符与输出项的对应关系是从左至右一一对应的，格式说明符的个数与输出项的个数应相等。

3）格式说明符与输出项的数据类型要一致，否则得到的输出结果可能不是原值。

4）在格式控制字符串中，若连续用两个%，即%%，则可输出字符%。

# 3.3 顺 序 结 构

顺序结构的特点：程序按照语句编排的先后顺序依次执行。顺序结构是一种基本的、功能非常简单的程序结构，本章中的例 3-4～例 3-7 所给出的程序都是顺序结构程序。顺序结构的程序设计不涉及任何条件判断和循环操作。因此，这样的程序结构其功能是有限的，很难处理复杂的问题。

**【例 3-8】** 编程求一元二次方程 $ax^2+bx+c=0$ 的实数根。

**算法分析：**

1）定义三个实型变量 fA、fB、fC，从键盘上为其输入数据，假设要求输入的数据满足 fA!=0 且 fB$^2$-4*fA*fC>0。

2）根据求根公式，调用求平方根的库函数 sqrt()求方程的根。调用库函数中的数学函数必须要包含头文件 math.h。

3）输出实根。

```
/*源程序名:prog03_08.c;功能:求一元二次方程的根*/
#include <stdio.h>
#include <math.h>
void main()
{
    float fA,fB,fC,fX1,fX2,fDisc;
    printf("\n Please input a,b,c:");
    scanf("%f%f%f",&fA,&fB,&fC);
    fDisc=fB*fB-4*fA*fC;
    fX1=(-fB+sqrt(fDisc))/(2*fA);
    fX2=(-fB-sqrt(fDisc))/(2*fA);
    printf(" x1 =%6.2f\t x2 =%6.2f\n",fX1,fX2);
}
```

程序运行结果:

```
Please input a,b,c: 4 7 3
x1 = -0.75    x2 = -1.00
```

按照上述示例输入数据,这个程序不会出现编译错误,运行结果正确。这是因为在算法分析中有一个假设,即要求输入的数据满足 fA!=0 且 $fB^2-4*fA*fC>0$。而在实际问题中,会出现 fA=0 或 $fB^2-4*fA*fC<0$ 的情况,此时该如何处理呢?显然,这就需要先对输入的数据进行合理性检验,对判别式是否大于 0 进行判断,然后选择相应的处理方法。因此,顺序结构程序往往存在一定的缺陷,程序缺乏完备性和健壮性。

# 3.4　选 择 结 构

选择结构的特点:程序运行时通过对某个给定条件的判断,自动选择要执行的语句,即当符合条件时,执行某一分支程序段;当不符合条件时,执行另一分支程序段或不执行操作。C 语言中用 if 语句或 switch 语句来实现选择结构。

## 3.4.1　if 语句

if 语句有三种基本形式:if 形式、if...else 形式和 if... else if...形式。

### 1. if 形式

语句一般形式如下:

**if(表达式)　语句**

执行流程:先计算表达式,若表达式的值为真(非 0),则执行其后的语句;若表达式的值为假(0),则不执行该语句。if 语句的执行流程如图 3-13 所示。

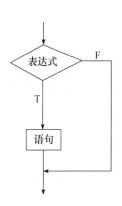

图 3-13　if 语句的执行流程

【例 3-9】 编程实现输入任意三个整数，按由大到小的顺序输出。

**算法分析**：可定义四个整型变量 iA、iB、iC、iTemp。iA、iB、iC 用于保存输入的三个数；通过比较运算，使 iA 中始终保存最大的数，iB 中始终保存次大的数，iC 中保存最小的数，然后按 iA、iB、iC 的排列顺序输出。

```
/*源程序名:prog03_09.c;功能:按由大到小排列三个整数并输出*/
#include "stdio.h"
void main()
{
  int iA,iB,iC,iTemp;
  printf("\n Input integer numbers(a,b,c):");
  scanf("%d%d%d",&iA,&iB,&iC);
  if(iA<iB)                          /*找出 iA,iB 中的较大的数放入 iA*/
  {                                  /*以下程序段是交换变量 iA,iB 的值*/
    iTemp=iA;
    iA=iB;
    iB=iTemp;
  }
  if(iA<iC)
  {                                  /*以下程序段是交换变量 iA,iC 的值*/
    iTemp=iA;
    iA=iC;
    iC=iTemp;
  }                                  /*此时已将三个数中的大数放入 iA*/
  if(iB<iC)                          /*找出剩下两个数中的大数放入 iB*/
  {                                  /*以下程序段是交换变量 iB,iC 的值*/
    iTemp=iB;
    iB=iC;
    iC=iTemp;
  }
  printf(" %d,%d,%d\n",iA,iB,iC);    /*由大到小输出*/
}
```

程序运行结果：

```
Input integer numbers(a,b,c): 56 29 89
89,56,29
```

说明：执行 if 语句时，如果其分支下需要执行多条语句来完成某项功能应怎么办呢？这种情况可用大括号将多条语句括起来构成一条复合语句。例如，例 3-9 在交换两个变量的值时便使用了复合语句形式。请读者分析：假如去掉大括号，将会出现什么情况呢？这是初学者易忽视的问题。

## 2. if…else 形式

语句一般形式如下：

> **if(表达式)**
> 　　**语句 1**
> **else**
> 　　**语句 2**

执行流程：先计算表达式，如果表达式的值为真（非 0），则执行语句 1；否则，执行语句 2。if…else 语句的执行流程如图 3-14 所示。

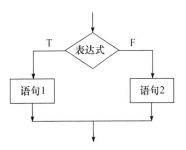

图 3-14　if…else 语句的执行流程

**【例 3-10】** 编程实现从键盘输入三个整数，找出其中的最大数并输出。

**算法分析**：算法流程图见例 3-3 所给出的图 3-6 或图 3-12。

```
/*源程序名:prog03_10.c;功能:找出三个整数中的最大数*/
#include "stdio.h"
void main()
{
    int iNum1,iNum2,iNum3,iMax;
    printf(" Input integer numbers(num1,num2,num3):");
    scanf("%d%d%d",&iNum1,&iNum2,&iNum3);
    if(iNum1>iNum2)
        iMax=iNum1;
    else
        iMax=iNum2;
    if(iMax<iNum3)  iMax=iNum3;
    printf(" Max = %d\n",iMax);
}
```

程序运行结果：

```
Input integer numbers(num1,num2,num3): 46 31 80
Max = 80
```

该程序中用了两个平行的 if 语句，前一个为 if…else 形式，后一个为 if 形式。这两种形式的 if 语句一般用于双分支问题的选择，对于多分支问题的选择，可以使用 if… else if…形式的 if 语句。

## 3. if…else if…形式

语句一般形式如下：

> **if(表达式 1)**

```
    语句 1
else if(表达式 2)
    语句 2
else if(表达式 3)
    语句 3
    ……
else if(表达式 n)
    语句 n
else
    语句 n+1
```

执行流程：依次判断表达式的值，当出现某个值为真（非 0）时，执行其对应的语句，然后流程转到该 if 结构之外的后续程序；如果所有的表达式的值均为假（0），则执行语句 n+1，然后流程转到后续程序继续执行。if…else if…语句的执行流程如图 3-15 所示。

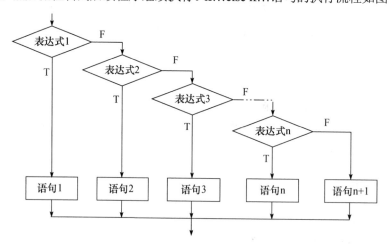

图 3-15  if…else if…语句的执行流程

【例 3-11】  用 if…else if…结构编程实现将百分制成绩转换成五级分制。两者转换关系：90～100 分为 A，80～89 分为 B，70～79 分为 C，60～69 分为 D，0～59 分为 E。

算法分析：这是一个多分支选择的问题，可以直接利用 if…else if…语句来实现。为了保证输入的成绩有效，在输入数据后有必要进行有效性检验。

```
/*源程序名:prog03_11.c;功能:将百分制成绩转换成五级分制*/
#include "stdio.h"
void main()
{
    int iScore;
    char cGrade;
    printf("input score:");
```

```
scanf("%d",&iScore);
if(iScore<0||iScore>100)          /*对输入的成绩进行有效性检验*/
{
    printf("Sorry,you enter a wrong score.\n");
    goto end;                     /* 流程转向程序结束*/
}
if(iScore>=90)
    cGrade='A';
else if(iScore>=80)
    cGrade='B';
else if(iScore>=70)
    cGrade='C';
else if(iScore>=60)
    cGrade='D';
else
    cGrade='E';
printf("The grade of score is %c.\n",cGrade);
end:;
}
```

程序运行结果:

```
input score: 85
The grade of score is B.

input score: 112
Sorry,you enter a wrong score.

input score: 58
The grade of score is E.

input score: -5
Sorry,you enter a wrong score.
```

### 3.4.2　if 语句的嵌套

if 语句可以嵌套,即在一个 if 语句里还可以嵌套另外一个或多个 if 语句。嵌套的位置可以在 if 分支或 else 分支,嵌套的层数原则上不限。

嵌套的 if 语句可以实现嵌套的选择结构,用于解决多分支问题。

【例 3-12】　编程实现符号函数:根据输入 $x$ 的值,计算输出 $y$ 的值。

$$y = \begin{cases} -1 & (x < 0) \\ 0 & (x = 0) \\ 1 & (x > 0) \end{cases}$$

**算法分析**:这是一个三分支问题,可用嵌套的 if 语句实现。其算法流程图如图 3-16 所示。

图 3-16（a）对应的程序如下。

```c
/*源程序名:prog03_12.c;功能:嵌套的 if 语句实现符号函数*/
#include <stdio.h>
void main()
{
    float fX,fY;
    printf("\n Please input x:");
    scanf(" %f",&fX);
    if(fX<0)
       fY=-1;
    else
       if(fX==0)
          fY=0;
       else
          fY=1;
    printf(" x=%2.0f,y=%2.0f\n",fX,fY);
}
```

程序运行结果：

```
Please input x: 7
x= 7,y= 1
Please input x: 0
x= 0,y= 0

Please input x: -7
x=-7,y=-1
```

说明：

1）内层 if 语句的位置可以嵌套在外层 if 语句的 else 分支，如图 3-16（a）所示，也可以内嵌在 if 分支，如图 3-16（b）所示。推荐采用前一种形式，即内嵌 else 分支，这样可使程序结构更加清晰，可读性好。请读者仔细阅读源程序文件 prog03_12.c 的程序，分析其结构。

2）多层嵌套后会出现多个 if 和多个 else，那么，else 到底与哪一个 if 配对呢？这个问题初学者应特别注意。if 和 else 的配对关系应从内层开始，else 总是与其前面最近的并且没有与其他 else 配对的 if 配对。

3）嵌套的 if 语句结构灵活，可以同时在外层 if 语句的 else 分支和 if 分支内嵌其他的 if 语句。因此，嵌套的 if 语句常常用来处理多分支问题。

4）前面介绍的 if...else if...形式，其实质就是 if 语句的嵌套结构，可理解为一种规则的嵌套，这一形式是在每一层的 else 分支下嵌套另一个 if...else 语句。

请读者自己完成图 3-16（b）对应的程序，并与例程 prog03_12.c 比较异同点。

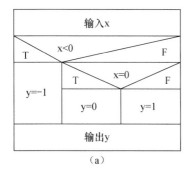
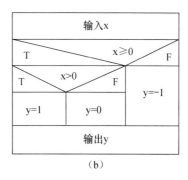

（a）　　　　　　　　　　　　　　（b）

图 3-16　例 3-12 的算法流程图

【例 3-13】　编程求方程 $ax^2+bx+c=0$ 的根。

**算法分析**：根据三个系数可能出现的情形，方程的根有如下几种情况。

1）$a=0$，不是二次方程。

2）$b^2-4ac=0$，有两个相等的实根。

3）$b^2-4ac>0$，有两个不等的实根。

4）$b^2-4ac<0$，有两个共轭复根。

因此，这是一个多分支问题，可采用 if 语句的嵌套结构来实现。

```c
/*源程序名:prog03_13.c;功能:求一元二次方程的根*/
#include <stdio.h>
#include <math.h>
void main()
{
    float fA,fB,fC,fX1,fX2,fDisc,fRealpart,fImagpart;
    printf("\n Please input a,b,c:");
    scanf("%f%f%f",&fA,&fB,&fC);
    if(fabs(fA)<=1e-6)
      printf("The equation is not a quadratic.\n");
    else
    {
      fDisc=fB*fB-4*fA*fC;
      printf("The equation has");
      if(fabs(fDisc)<=1e-6)
        printf("two equal roots:%8.4f\n",-fB/(2*fA));
      else
      if(fDisc>1e-6)
      {
        fX1=(-fB +sqrt(fDisc))/(2*fA);
        fX2=(-fB -sqrt(fDisc))/(2*fA);
        printf("distinct real roots:%8.4f,%8.4f\n",fX1,fX2);
      }
```

```
        else
        {
            fRealpart=-fB/(2*fA);
            fImagpart=sqrt(-fDisc)/(2*fA);
            printf("complex roots:\n");
            printf("%8.4f +%8.4fi\n",fRealpart,fImagpart);
            printf("%8.4f -%8.4fi\n",fRealpart,fImagpart);
        }
    }
}
```

程序运行结果：

```
Please input a,b,c: 2 7 3
The equation has  distinct real roots: -0.5000, -3.0000

Please input a,b,c: 2 4 2
The equation has  two equal roots: -1.0000

Please input a,b,c: 0 4 2
The equation is not a quadratic.

Please input a,b,c: 2 4 3
The equation has  complex roots:
 -1.0000 +   0.7071i
 -1.0000 -   0.7071i
```

在这个程序中，既没有用表达式 fA==0 来判断 fA 是否等于 0，也没有用表达式 fDisc==0 来判断 fDisc 是否等于 0。这是因为实型变量 fA 和 fDisc 都是用于存放实数的，而实数在存储时往往会有一些微小的误差，称为存储误差。如果使用这样的表示方式，就可能会将本来是 0 的量判断为不等于 0 以至于结果出错。因此，判别某个实数是否等于 0，所采用的方法是判断其绝对值（如 fabs(fDisc)）是否小于一个很小的数（如 $10^{-6}$），若小于这个数，则认为这个实数等于 0。同理，若在程序中要判断两个实数 x 和 y 是否相等，通常采用的方法是 if(fabs(x-y)<1e-6)，而不是 if(x==y)。另外，与例 3-8 中给出的例程 prog03_08.c 比较，该程序性能的完备性、健壮性明显得到了提高。

### 3.4.3 switch...case 语句

switch...case 语句是 C 语言提供的另一种多分支选择语句，其一般形式如下：

**switch(表达式)**
**{**
    **case 常量表达式 1: 语句 1; [break;]**
    **case 常量表达式 2: 语句 2; [break;]**
    **......**
    **case 常量表达式 n: 语句 n; [break;]**
    **[default:        语句 n+1;]**
**}**

执行流程：先计算表达式的值，然后从上到下逐个与 case 后面常量表达式的值进行比较，当表达式的值与某个常量表达式的值相等时，从该 case 后面的语句开始执行，不再进行判断，继续执行后继所有 case 后面的语句；当表达式的值与所有 case 后面的常量表达式的值均不相等时，执行 default 后面的语句。

说明：

1）switch 后面的表达式类型可以是整型、字符型、枚举型，但不允许为实型。

2）case 后面常量表达式的值的类型应与 switch 后面表达式的类型一致，且各 case 后面常量表达式的值不能相同。

3）在 case 后面，允许有多条语句，可以不用"{}"括起来。

4）各 case 的先后顺序可以变动，default 子句可以省略。

5）根据 switch…case 语句的语义，当常量表达式 i 的值等于表达式的值时，执行流程是从语句序列 i 开始，直到语句序列 n+1 为止。因此，只用 switch…case 语句并不能实现真正意义上的分支，解决这一问题的方法是，在需要分支的地方使用 break 语句。break 语句的作用是中断和跳出结构。

6）如果对某些相邻的 case 子句不加 break 语句，则可以使多个 case 共用一组执行语句，即共用一个分支。

【例 3-14】　用 switch…case 结构编程实现将百分制成绩转换成五级分制。两者转换关系：90～100 分为 A，80～89 分为 B，70～79 分为 C，60～69 分为 D，0～59 分为 E。

**算法分析**：同例 3-11，但采用 switch…case 语句实现多分支选择。

```
/*源程序名:prog03_14.c;功能:将百分制成绩转换成五级分制*/
#include "stdio.h"
void main()
{
    int iScore;
    char cGrade;
    printf("input score:");
    scanf("%d",&iScore);
    if(iScore<0||iScore>100)            /*对输入的成绩进行有效性检验*/
        printf("Sorry,you enter a wrong score.\n");
    else
    {
        switch(iScore/10)
        {
            case 10:
            case 9:cGrade='A';break;        /*90～100 共用此分支*/
            case 8:cGrade='B';break;
            case 7:cGrade='C';break;
            case 6:cGrade='D';break;
            case 5:
```

```
        case 4:
        case 3:
        case 2:
        case 1:
        case 0:cGrade='E';break;        /*0~59共用此分支*/
        }
        printf("The grade of score is %c.\n",cGrade);
    }
}
```

程序运行结果：

```
input score: 79
The grade of score is C.
input score: 45
The grade of score is E.
```

程序中利用了整型表达式 iScore/10 的特点，其结果值只能是 0~10 范围内的整型数，这意味着大大减少了整型常量的个数。在实际编程中，如何设计 switch 后的表达式是蕴含技巧的，这将直接影响 switch 语句的使用效果。另外，0~59 这一分支（即从 case 5:到 case 0:）在程序中也可用如下代码来代替，其效果等价。

```
        default:cGrade='E';
```

# 3.5 循 环 结 构

循环结构是程序中一种很重要的控制结构，其特点：当给定条件成立时，反复执行某个程序段，直到条件不成立为止。这个给定的条件称为循环条件，而循环条件中起控制作用的变量称为循环控制变量（简称循环变量），循环中反复被执行的程序段称为循环体。C 语言提供了三种循环控制语句，分别为 while 语句、do...while 语句和 for 语句。每种循环语句都有其自身的特点和最能体现其特点的应用场合。

### 3.5.1 while 语句

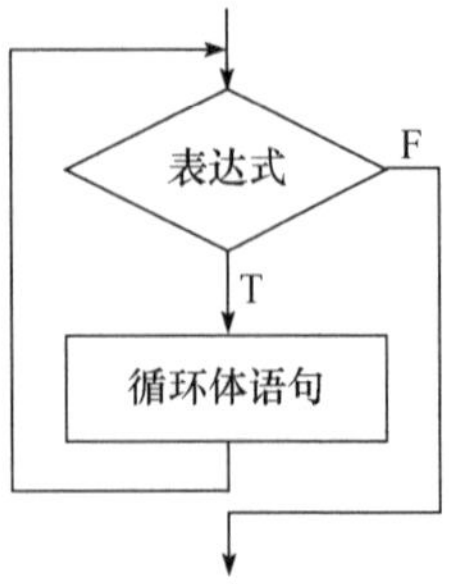

图 3-17 while 语句的执行流程

while 语句用于实现当型循环结构。其一般形式如下：

**while(表达式)**
　　**循环体语句**

执行流程：

1）计算表达式的值，当值为真（非 0）时，转到步骤 2）；当值为假（0）时，转到步骤 3）。

2）执行循环体语句，然后转到步骤 1）。

3）退出循环，流程转向循环结构下面的语句。

while 语句的执行流程如图 3-17 所示。

**【例 3-15】** 用 while 语句编程求 5!。

**算法分析**：算法描述可参考例 3-2。算法流程图可参考图 3-5 或图 3-11。

```
/*源程序名:prog03_15.c;功能:用 while 语句求 5!*/
#include <stdio.h>
void main()
{
    int i=2;
    long lFac=1;
    while(i<=5)
    {
        lFac*=i;
        i++;                    /*在循环体中改变循环变量 i 的值*/
    }
    printf("\n %d! = %ld\n",5,lFac);
}
```

程序运行结果：

```
5! = 120
```

下面再通过一个 while 语句的应用实例,介绍使用辗转相除法求最大公约数的算法。

**【例 3-16】** 从键盘上输入两个正整数，使用辗转相除法求其最大公约数。

**算法分析**：辗转相除法的基本思想描述如下。

1）将两个正整数分别作为被除数（dividend）和除数（divider）。

2）用被除数除以除数，求得余数（remainder）。

3）判断。若余数不等于 0，则将当前除数转为被除数，当前余数转为除数，流程转 2）继续；若余数等于 0，流程转 4）。

4）结束循环，使余数为 0 的除数即为最大公约数。

```
/*源程序名:prog03_16.c;功能:使用辗转相除法求最大公约数*/
#include <stdio.h>
void main()
{
    int iDividend,iDivider,iRemainder;
    printf("Please input two integers:\n");
    scanf("%d,%d",&iDividend,&iDivider);
    if(iDividend<=0||iDivider<=0)              /*检验输入的数据*/
        printf("Error enter!\n");
    else
    {
        if(iDividend<iDivider)
        {
```

```
            iRemainder=iDividend;
            iDividend=iDivider;
            iDivider=iRemainder;
        }
        iRemainder=iDividend%iDivider;          /*第一次求余数*/
        while(iRemainder!=0)
        {
            iDividend=iDivider;
            iDivider=iRemainder;
            iRemainder=iDividend%iDivider;      /*求新的余数*/
        }
        printf("HCD:%d\n",iDivider);
    }
}
```

程序运行结果：

```
Please input two integers:
36,81
HCD: 9
Please input two integers:
-27,45
Error enter!
```

说明：

1）while 后的表达式一般为关系表达式或逻辑表达式，也可以是数值表达式或字符表达式，但此时其代表的是逻辑值。例如，在例 3-16 中，将 while(iRemainder!=0)处改写为 while (iRemainder)后，其作用是等价的。

2）循环体中如果需要执行多条（两条以上）语句，则应该用大括号将其括起来构成复合语句。

3）在循环体中要有使循环趋于结束的语句。例如，在例 3-15 和例 3-16 中，循环体中就有修改循环变量 i 和 iRemainder 的值的语句，否则，将会出现死循环。

4）由于 while 循环是先判断条件，然后决定是否执行循环体语句，因此，循环体语句有可能一次也不执行。

### 3.5.2 do...while 语句

do...while 语句用于实现直到型循环结构。其一般形式如下：

**do**
**{**
    循环体语句
**}while(表达式);**

执行流程：

1）执行循环体语句。

2）计算 while 后面表达式的值，若表达式的值为真（非 0），则返回步骤 1）再次执行循环体语句；若表达式的值为假（0），则退出 do...while 循环，流程转向循环结构下面的语句。

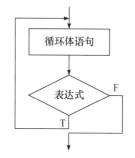

do...while 语句执行流程如图 3-18 所示。

do...while 语句的用法与 while 语句十分相似，但其也有自身的特点。

1）do...while 语句最后的分号";"不能缺少，否则将出现语法错误。

图 3-18　do...while 语句执行流程

2）由于 do...while 语句是先执行循环体语句，后判断条件，所以循环体语句将至少执行一次。

【例 3-17】　用 do...while 语句编程求 5!。

算法分析：算法流程图可参考图 3-5 或图 3-11。

```c
/*源程序名:prog03_17.c;功能:用 do…while 语句求 5!*/
#include <stdio.h>
void main()
{
  int i=2;
  long lFac=1;
  do
  {
    lFac*=i;
    i++;                    /*在循环体中改变循环变量 i 的值*/
  }while (i<=5);            /*语句末要加分号*/
  printf(" %d! = %ld\n",5,lFac);
}
```

程序运行结果：

```
5! = 120
```

由例 3-15 和例 3-17 可以看出，用 while 语句和 do...while 语句可以处理同一个问题，两者的语句结构可以相互转换。在实际应用中，可根据语句各自的特点灵活选用。

【例 3-18】　用格里高利公式 π/4≈1-(1/3)+(1/5)-(1/7)+··· 计算 π 的近似值，直到最后一项的绝对值小于 $10^{-6}$。

算法分析：根据公式的特征，可先采用循环结构计算等号右边各项累加之和，然后乘以 4 便可得到 π 的值。算法应考虑如下几项具体操作。

1）第 i 个累加项为 sign*1/(2*i-1)，sign 为符号变量。

2）累加下一项前改变符号变量的值，以实现正负号交替。

3）每加一项，i 的值加 1，i 记录项数。

4）循环结束条件是最后一项的绝对值小于 $10^{-6}$。

```
/*源程序名:prog03_18.c;功能:求π的近似值*/
#include <stdio.h>
#include <math.h>
void main()
{
    int iSign=1,i=1;
    double dItem,dPi,dSum=0;
    do
    {
        dItem=iSign*1.0/(2*i-1);          /*求第 i 项*/
        dSum+=dItem;                      /*累加第 i 项*/
        iSign=-iSign;                     /*符号反号*/
        i++;
    }while(fabs(dItem)>=1e-6);
    dPi=4*dSum;
    printf("PI = %lf\n",dPi);
}
```

程序运行结果：

    **PI = 3.141595**

📋 注意：

程序中求第 i 项时，其中一个表达式为 1.0/(2*i-1)，而不是 1/(2*i-1)。这是因为前者是一个实型表达式，其结果值也为实型；而后者是一个整型表达式（i 被定义为整型变量），其结果值为整型，从 i=2 开始，表达式 1/(2*i-1) 的值为 0，这样计算出来的 π 值肯定是错误的。

### 3.5.3　for 语句

for 语句是 C 语言提供的一种结构更简洁、使用更灵活、用途更广泛的循环控制语句。其一般形式如下：

    **for (表达式 1;表达式 2;表达式 3)**
        **循环体语句**

说明：

1）for 循环通常称为计数型循环，其循环次数通过循环变量来控制。

2）for 语句中三个表达式的功能如下：

① 表达式 1 用于对循环变量赋初值，只计算一次。

② 表达式 2 是控制循环的条件，每次执行循环体语句之前都要对其进行测试。

③ 表达式 3 用于修改循环变量的值，每次执行循环体语句之后都要对其进行计算。

3）for 语句中三个表达式之间应以分号 ";" 分隔，即使在省略（形式上省略）表达式的情况下也不能省略分号。

4）若循环体有多条语句，则应用大括号将这些语句括起来构成复合语句。

5）除非循环体只需要一条空语句，否则不要习惯性地在 for 语句圆括号后面加分号。

for 语句的执行流程如图 3-19 所示。

执行流程：

1）计算表达式 1，对循环变量进行初始化。

2）计算表达式 2，若其值为真（非 0），则执行循环体语句，然后执行步骤 3）；若其值为假（0），则结束循环，转到步骤 4）。

3）计算表达式 3，更新循环变量的值，然后流程转到步骤 2）继续执行。

4）退出循环，流程转到 for 语句结构下面的语句。

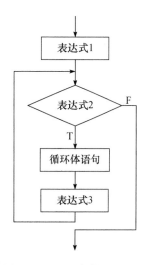

图 3-19　for 语句的执行流程

【例 3-19】　用 for 语句编程求 5!。

算法分析：算法流程图可参考图 3-5 或图 3-11。

```
/*源程序名:prog03_19.c;功能:用 for 语句求 5!*/
#include <stdio.h>
void main()
{
    int i;
    long lFac=1;
    for(i=2;i<=5;i++)
      lFac*=i;
    printf(" %d! = %ld\n",5,lFac);
}
```

程序运行结果：

    5! = 120

在实际应用中，for 语句的形式变化很多，使用非常灵活。下面仍然以求 5!为例，且在源程序 prog03_19.c 的基础上来介绍 for 语句的几种形式变化。

1）基本形式：for(表达式 1;表达式 2;表达式 3)循环体语句。

圆括号中的三个表达式完全出现，如源程序 prog03_19.c 中的 for 语句形式。

2）省略形式 1：for(;表达式 2;表达式 3)循环体语句。

省略圆括号中的表达式 1，如源程序 prog03_19.c 中的相关部分程序段可改写为如下语句：

```
i=2;
for(;i<=5;i++)
    lFac*=i;
```

3）省略形式 2：for(表达式 1;表达式 2;)循环体语句。

省略圆括号中的表达式 3，如源程序 prog03_19.c 中的相关部分程序段可改写为如下语句：

```
for(i=2;i<=5;)
{
    lFac*=i;
    i++;
}
```

4）省略形式 3：for(;表达式 2;)循环体语句。

省略圆括号中的表达式 1 和表达式 3。这种形式如同 while 语句，如源程序 prog03_19.c 中的相关部分程序段可改写为如下语句：

```
i=2;
for(;i<=5;)
{
    lFac*=i;
    i++;
}
```

5）省略形式 4：for(表达式 1;;表达式 3)循环体语句。

省略圆括号中的表达式 2，这种形式将使程序无限循环，要退出循环就必须在循环体中适当地方添加 break 语句或 goto 语句，如源程序 prog03_19.c 中的相关部分程序段可改写为如下语句：

```
for(i=2;;i++)
{
    if(i>5) break;
    lFac*=i;
}
```

6）省略形式 5：for (;;)循环体语句。

圆括号中的三个表达式全部省略，如源程序 prog03_19.c 中的相关程序段可改写为如下语句：

```
i=2;
for(;;)
{
    if(i>5) break;
```

```
        lFac*=i;
        i++;
    }
```

7）一般形式：for(逗号表达式 1;表达式 2;逗号表达式 3)循环体语句。

用逗号表达式作为表达式 1 和表达式 3，如源程序 prog03_19.c 中的相关部分程序段可改写为如下语句：

```
    for(i=2,lFac=1;i<=5;lFac*=i,i++);  /*循环体为空语句*/
```

从以上叙述可看出，for 语句无论应用哪种形式，都必须含有下列三个重要环节：
1）要初始化循环控制变量。
2）要有约束循环的条件。
3）要更新循环控制变量的值。

### 3.5.4　循环嵌套

循环嵌套是指在一个循环结构中又嵌入另一个或几个完整的循环结构。这种嵌套可以是多层次的，嵌套的深度不受限制。循环嵌套结构可以用嵌套的循环语句来实现，C 语言的三种循环语句均可以相互嵌套。

**注意：**
1）嵌套的层次要清晰，内外层循环不能交叉。
2）不允许从外层循环体跳入内层循环体及同层的另一循环的循环体。
3）内外层循环不能使用同名的循环变量。
4）无论是外层循环语句，还是内层循环语句，它们均按照各自的语法规则控制程序的执行流程。

**【例 3-20】**　编程实现屏幕输出阶梯形九九乘法表。

**算法分析：**九九乘法表可看作由九行和九列构成的表格。由于其为阶梯形，因此第 i 行只输出 i 列。算法可采用循环嵌套结构，用两个 for 语句嵌套实现二重（两层嵌套）循环；外层循环变量为 i，用于控制行；内层循环变量为 j，用于控制列；内外层循环分别按照自己的循环轨迹（规则）执行，每输出一行后需换行。例 3-20 的流程图如图 3-20 所示。

```
/*源程序名:prog03_20.c;功能:屏幕输出阶梯形九九乘法表*/
#include <stdio.h>
void main()
{
    int i,j;
```

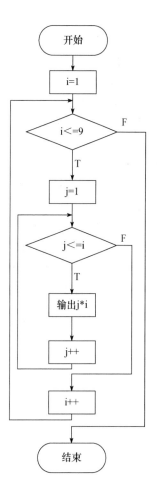

图 3-20　例 3-20 的流程图

```
for(i=1;i<=9;i++)
{
   for(j=1;j<=i;j++)
      printf("%d*%d=%-3d",j,i,i*j);
   printf("\n");
}
}
```

程序运行结果：

```
1*1=1
1*2=2    2*2=4
1*3=3    2*3=6    3*3=9
1*4=4    2*4=8    3*4=12   4*4=16
1*5=5    2*5=10   3*5=15   4*5=20   5*5=25
1*6=6    2*6=12   3*6=18   4*6=24   5*6=30   6*6=36
1*7=7    2*7=14   3*7=21   4*7=28   5*7=35   6*7=42   7*7=49
1*8=8    2*8=16   3*8=24   4*8=32   5*8=40   6*8=48   7*8=56   8*8=64
1*9=9    2*9=18   3*9=27   4*9=36   5*9=45   6*9=54   7*9=63   8*9=72   9*9=81
```

【例3-21】 在屏幕上输出五行由"*"组成的等腰三角形，如图3-21所示。

**算法分析**：对于形状规则的几何图形，可看作由行和列组成的点阵图。算法的基本思路是，采用二重循环嵌套控制输出，外层循环控制行数，内层循环控制列数。通常还要解决下列几个问题。

图3-21 星号等腰三角形

1）根据图形形状特点，首先要确定每行输出的前导空格数目，即确定每行第1个图形字符（如*）的输出位置。

2）每行前导空格输出后不换行，并输出本行的图形字符。

3）每行前导空格数、图形字符数的多少，可从行号i和列号j之间隐含的关系找出变化规律（递增或递减）。

4）每行图形字符输出完成后换行。

```
/*源程序名:prog03_21.c;功能:输出等腰三角形*/
#include <stdio.h>
void main()
{
   int i,j;
   for(i=1;i<=5;i++)
   {
      for(j=1;j<=10+(5-i);j++)    /*使图形向右平移10列*/
         printf("%c",' ');
      for(j=1;j<=(2*i-1);j++)
         printf("%c",'*');
      printf("\n");
```

```
        }
    }
```

程序运行结果如图 3-21 所示。

掌握了输出此类图形的编程要领后，若要输出如图 3-22 所示的平行四边形，只需对源程序 prog03_21.c 中对应程序段稍加修改即可。

```
......
for(i=1;i<=5;i++)
{
    for(j=1;j<=10+(5-i);j++)        /*使图形向右平移 10 列*/
        printf("%c",' ');
    for(j=1;j<=8;j++)              /*每行固定输出 8 个"*"*/
        printf("%c",'*');
    printf("\n");
}
......
```

要输出如图 3-23 所示的三角形，则对应程序段可修改为如下语句。

```
★★★★★★★★                                  A
 ★★★★★★★★                                BBB
  ★★★★★★★★                              CCCCC
   ★★★★★★★★                            DDDDDDD
    ★★★★★★★★                          EEEEEEEEE
```

图 3-22　星号平行四边形　　　　　　　图 3-23　字母等腰三角形

```
......                                          /*定义字符变量 cCh*/
for(i=1,cCh='A';i<=5;cCh++,i++)
{
    for(j=1;j<=10+(5-i);j++)            /*使图形向右平移 10 列*/
        printf("%c",' ');
    for(j=1;j<=(2*i-1);j++)
        printf("%c",cCh);              /*输出字符变量 cCh 的值*/
    printf("\n");
}
......
```

# 3.6　其他控制语句

C 语言提供了九种控制语句，如表 3-2 所示，前面介绍的 if、switch…case、while、

do…while、for 语句分别用来控制分支结构和循环结构。这五种语句是程序设计中实现流程控制的主要的语句。此外，还有一类语句可以控制流程的转向，使程序的执行流程从当前所在的结构转向另一处，这类语句称为跳转语句。

### 3.6.1 break 语句

break 语句的一般形式如下：

> **break;**

break 语句的功能：是限定转向语句，使流程跳出所在的结构，将流程转到所在结构后面的语句。break 语句通常用在 switch…case 语句和循环语句中。

当 break 用于 switch…case 语句中时（如例 3-14），可使程序跳出 switch…case 语句而转到 switch…case 语句下面的语句。

当 break 语句用于 while、do…while、for 循环语句中时，可使程序退出循环（循环被终止），而转到该循环结构后面的语句。break 语句用于循环语句时，通常与 if 语句一起使用，即满足条件时便跳出循环。break 语句只能跳出一层循环。

### 3.6.2 continue 语句

continue 语句的一般形式如下：

> **continue;**

continue 语句的功能：提前结束本次循环，跳过循环体中尚未执行的语句，流程转到是否执行下一次循环的条件判断。

continue 语句只能用在 while、do…while、for 等语句的循环体中。用于 while、do…while 语句中时，continue 语句把程序转到 while 后面的表达式处进行条件判断；用在 for 语句中时，continue 语句把程序转到表达式 3 处进行计算，以更新循环变量的值。

**【例 3-22】** 输入若干个学生的百分制成绩，以负数结束输入操作，如果输入成绩大于 100，则需要重新输入。计算平均分并输出。

**算法分析**：可采用循环结构将每次输入的有效成绩累加起来，然后除以学生数，即可得到平均成绩。但学生人数未给定，所以算法应考虑以下两个关键操作。

1）如何结束循环输入成绩的操作？这里以输入负数结束循环，因为学生的成绩不会为负数，所以，输入的负数可作为循环结束的标志。

2）学生人数可用一个计数器进行统计，当输入一个成绩时计数器加 1。但是，当输入成绩大于 100 分时应如何操作呢？因为这是一个无效的成绩，所以应该跳过统计人数这一操作而重新输入成绩。

```
/*源程序名:prog03_22.c;功能:break 和 continue 语句的用法示例*/
#include <stdio.h>
void main()
{
    int iCount=0;
```

```
float fScore,fAverage,fSum=0;
printf("Input student's score:\n");
for(;;)
{
   scanf("%f",&fScore);
   if(fScore<0) break;                    /*退出循环*/
   else if(fScore<=100)
      fSum+=fScore;
   else
      continue;                           /*跳过计数*/
   iCount++;
}
if(iCount==0)
   printf("No Data!\n");
else
{
   fAverage=fSum/iCount;
   printf("Average = %6.2f\n",fAverage);
}
}
```

程序运行结果：

```
Input student's score:
75 80 55 123 78.5 -1
Average =   72.13
```

### 3.6.3　goto 语句

goto 语句是一种无条件转向语句，其一般形式如下：

**goto　语句标号;**

其中，语句标号与标识符的命名规则一致。语句标号表明程序中的某个位置，必须放在 goto 语句所在函数中的某条语句前面，并在语句标号后面使用冒号 ":" 与后面的语句分隔。冒号 ":" 后面可以为空，也可以是任何语句。

goto 语句的功能：无条件地把程序控制转到语句标号所指定的语句处。

goto 语句往往和 if 语句一起构成带条件的转向。例如，对于源程序 prog03_22.c，如果输入的成绩小于 0，也可用 goto 语句退出循环。

```
if(fScore<0) goto end;
……
end:if(iCount==0)
……
```

**⚠ 注意：**

结构化程序设计方法之所以主张限制使用 goto 语句，主要是因为它将使程序层次不清，破坏结构化程序的逻辑结构，且可读性差。只有需要在多层嵌套的结构中退出时，才可适当采用 goto 语句。

# 3.7 程序设计举例

【例 3-23】 某商场打折促销。假定购买某商品的数量为 $x$ 件，折扣情况如下：

$$\begin{cases} 无折扣 & (x<5) \\ 1\%折扣 & (5 \leqslant x < 10) \\ 2\%折扣 & (10 \leqslant x < 20) \\ 4\%折扣 & (20 \leqslant x < 30) \\ 6\%折扣 & (x \geqslant 30) \end{cases}$$

编程计算购买 $x$ 件商品应付金额多少元。

**算法分析**：从折扣率（$d$）与购买数量（$x$）之间的关系可看出，折扣率发生变化时，购买数量 $x$ 是 5 的倍数。两者的关系如表 3-7 所示。

表 3-7 折扣率与商品购买数量的关系

| $x/5$ | 0 | 1 | 2 | 3 | 4 | 5 | $\geqslant 6$ |
|---|---|---|---|---|---|---|---|
| $d$ | 0 | 1 | 2 | | | 4 | 6 |

显然，表 3-7 的作用就是将 $d$ 与 $x$ 之间的关系表达方式转换为有规律的数字表达方式，使问题得到简化。这样便可以采用 switch…case 语句编程实现。

```
/*源程序名:prog03_23.c;功能:求分段函数的值*/
#include <stdio.h>
void main()
{
    int iExp,iAmount;
    float fDiscount,fPrice,fMoney;
    printf("Please enter amount and price:\n");
    scanf("%d%f",&iAmount,&fPrice);
    if(iAmount>=30)
        iExp=6;
    else
        iExp=iAmount/5;
    switch(iExp)
    {
        case 0:fDiscount=0;break;
        case 1:fDiscount=1;break;
        case 2:
```

```
    case 3:fDiscount=2;break;
    case 4:
    case 5:fDiscount=4;break;
    case 6:fDiscount=6;
  }
  fMoney=iAmount*fPrice*(1-fDiscount/100);
  printf("Money = %8.2f\n",fMoney);
}
```

程序运行结果：

```
Please enter amount and price:
24 65
Money =  1497.60
```

【例3-24】 有a、b、c、d四个字符，求能组成多少种互不相同且无重复的组合，并将这些组合输出到屏幕上。

**算法分析**：可采用四层循环嵌套结构，各层的循环变量分别用i、j、m、n来对应a、b、c、d 组合中的四个字符。又由于每种组合中要求四个字符互不相同，因此，需要用if 语句加以判断。

```
/*源程序名:prog03_24.c;功能:求a、b、c、d 的全排列*/
#include <stdio.h>
void main()
{
  char i,j,m,n;
  int  iCount=0;
  for(i='a';i<='d';i++)
    for(j='a';j<='d';j++)
      for(m='a';m<='d';m++)
        for(n='a';n<='d';n++)
          if(n!=i && n!=j && n!=m && m!=i && m!=j && j!=i)
          {
            iCount++;
            if(iCount%8==0)
              printf("%c%c%c%c \n",i,j,m,n);
            else
              printf("%c%c%c%c ",i,j,m,n);
          }
  printf("count = %d\n",iCount);
}
```

程序运行结果：

```
abcd    abdc    acbd    acdb    adbc    adcb    bacd    badc
bcad    bcda    bdac    bdca    cabd    cadb    cbad    cbda
cdab    cdba    dabc    dacb    dbac    dbca    dcab    dcba
count = 24
```

【例3-25】 给定一个正整数 m，判断其是否为素数（质数）。

**算法分析**：根据素数的定义，一个正整数 m 除了 1 和它本身外，不能被其他任何整数（如 2～m-1）整除，则该数 m 为素数。为了减少除法操作的次数，根据数学知识，只需用 2～sqrt(m)去测试即可。若 m 能被 2～sqrt(m)之中的任何一个整数整除，则表明 m 不是素数；否则，m 就是素数。可设一个标志 flag，且其初始值设为 1，经判断若 m 不是素数，此时可提前结束循环，且修改标志使 flag=0，然后根据 flag 的值是否为 1 来确定 m 是否为素数。

```c
/*源程序名:prog03_25.c;功能:判断一个正整数是否为素数*/
#include <stdio.h>
#include <math.h>
void main()
{
    int iNumber,iTemp,iFlag=1,i;
    printf("\n Input a integer number:\n");
    scanf(" %d",&iNumber);
    if(iNumber==1)
        iFlag=0;
    iTemp=(int)sqrt(iNumber);
    for(i=2;i<=iTemp;i++)
        if(iNumber%i==0)
        {
            iFlag=0;
            break;
        }
    if(iFlag)
        printf(" %d is a prime number.\n",iNumber);
    else
        printf(" %d is not a prime number.\n",iNumber);
}
```

程序运行结果：

```
Input a integer number:
27
27 is not a prime number.
Input a integer number:
29
29 is a prime number.
```

【例3-26】 编写程序，输出 Fibonacci 数列的前 20 项。Fibonacci 数列如下：

1　1　2　3　5　8　13　21　34　55　89　144　……

**算法分析**：可采用迭代法来求解各项。所谓迭代，就是指一个不断用新值取代变量旧值的过程。应用迭代法需考虑三个因素，即变量的初始值、迭代公式和迭代终止标志。

对于 Fibonacci 数列的前两项和第 $i$ 项可描述如下。

$$\begin{cases} \text{fib}_1=\text{fib}_2=1 & ① \\ \text{fib}_i=\text{fib}_{i-1}+\text{fib}_{i-2} \quad (i\geq3) & ② \end{cases}$$

其中，式①为给变量赋初值；式②为迭代公式；迭代次数由题目给定的项数决定。

```c
/*源程序名:prog03_26.c;功能:输出 Fibonacci 数列前 20 项*/
#include <stdio.h>
void main()
{
    int i,iFib1=1,iFib2=1,iFib;
    printf("%6d%6d",iFib1,iFib2);
    for(i=3;i<=20;i++)
    {
        iFib=iFib1+iFib2;
        iFib1=iFib2;
        iFib2=iFib;
        if(i%10==0)
            printf("%6d\n",iFib);
        else
            printf("%6d",iFib);
    }
}
```

程序运行结果：

```
     1     1     2     3     5     8    13    21    34    55
    89   144   233   377   610   987  1597  2584  4181  6765
```

【例 3-27】　百钱买百鸡问题的求解。

我国古代数学家张丘建在《算经》一书中提出了"百鸡问题"：鸡翁一值钱五，鸡母一值钱三，鸡雏三值钱一。百钱买百鸡，问鸡翁、鸡母、鸡雏各几何？

**算法分析**：这是一个有名的不定方程求解问题。结合此例，介绍一种在循环结构中应用穷举法求解问题的思路。穷举法的基本思想是，对问题的所有可能的状态（或方案）逐一进行测试，直至找到问题的解或将全部可能状态测试完毕。根据这一思路，可以设计三重循环结构，并分别用循环变量 i、j 和 k 来控制鸡翁、鸡母和鸡雏的只数。在循环执行过程中，对每一组合方案都进行测试，若符合百钱买百鸡的条件，便输出该组合方案。

```c
/*源程序名:prog03_27.c;功能:求解百钱买百鸡问题*/
#include <stdio.h>
void main()
{
    int i,j,k;
    printf("cocks\thens\tchicks\n");
```

```
    for(i=0;i<=19;i++)
      for(j=0;j<=33;j++)
        for(k=0;k<=100;k++)
          if((i*5+j*3+k/3.0)==100 && (i+j+k)==100)
            printf("%d\t%d\t%d\n",i,j,k);
  }
```

程序运行结果：

```
cocks   hens    chicks
0       25      75
4       18      78
8       11      81
12      4       84
```

# 习 题 3

## 一、选择题

1. 下列语句正确的是（　　）。

　A．printf(%d%dm10,15);　　　　　　B．printf("%s",'a');

　C．printf("%c",'hello');　　　　　　D．scanf("%f",&fReal);

2. 有如下程序，其运行结果为（　　）。

```
#include <stdio.h>
void main()
{
    int iA=5,iB=4,iC=3,iD=2;
    if(iA>iB>iC)
      printf("%d\n",iD);
    else
      if((iC-1>=iD)==1)
        printf("%d\n",iD+1);
      else
        printf("%d\n",iD+2);
}
```

　A．2　　　　　　　　　　　　　　　B．3

　C．4　　　　　　　　　　　　　　　D．编译时有错，无结果

3. 有如下程序，其运行结果为（　　）。

```
#include <stdio.h>
void main()
{
```

```
    int iX=12;
    printf("%d%o%x%u,",iX,iX,iX,iX);
}
```
   A. 12 14 c 12      B. 12 12 12 12      C. 12 41 c 12      D. 12 012 0x12 12

4. 下列选项中，if 语句使用不正确的是（      ）。

   A. if(x>y);

   B. if(x!=y)   scanf("%d",&x)
      else   scanf("%d",&y);

   C. if(x==y)   x+=y;

   D. if(x<y)   {x++;y++;}

5. 若有如下程序段，其中 s、a、b、c 均已定义为整型变量，且 a、c 均已赋值（c 大于 0）。

```
s=a;
for(b=1;b<=c;b++)
    s=s+1;
```

则与上述程序段功能等价的赋值语句是（      ）。

   A. s=a+b      B. s=a+c      C. s=s+c      D. s=b+c

6. 设 i、j、k 均为 int 型变量，则执行完以下 for 语句后，k 的值是（      ）。

```
for(i=0,j=10;i<=j;i++,j--)
    k=i+j;
```

   A. 20      B. 5      C. 10      D. 15

7. 以下关于 switch 语句和 break 语句的描述中，正确的是（      ）。

   A. 在 switch 语句中必须使用 break 语句

   B. break 语句只能用于 switch 语句

   C. 在 switch 语句中，可以根据需要使用或不使用 break 语句

   D. break 语句是 switch 语句的一部分

8. 下列程序段中，不会造成死循环的是（      ）。

   A.
```
for(;;)
{
    printf("*");
}
```
   B.
```
i=0;
while(1)
{ if(i>99) break;
    i++;
}
```

   C.
```
for(i=0;i<9;i--)
    printf("*");
```
   D.
```
while(1)
    printf(" ");
```

9. 下面程序段的运行结果是（      ）。

```
int n,iSum=0;
```

```
for(n=0;n++<=2;);
    iSum+=n;
printf("n=%d,iSum=%d\n",n,iSum);
```

A. n=3，iSum=6      B. n=3，iSum=3

C. n=4，iSum=4      D. 有语法错误

10. 假设 i 已定义为整型变量，以下程序段中，while 循环的循环次数是（   ）。

```
i=0;
while(i<10)
{
    if(i%2) continue;
    if(i==5) break;
    i++;
}
```

A. 1      B. 10

C. 6      D. 死循环，不能确定次数

## 二、填空题

1. 判断整数 N 能否同时被 3 和 7 整除，如能则输出"YES!"，否则输出"NO!"，将程序补充完整。

```
#include <stdio.h>
void main()
{
    int iNum;
    scanf(___①___);
    if(___②___)
        printf ("YES!");
    else
        printf("NO!");
}
```

2. 输出 Fibonacci 数列 1，1，2，3，5，8，…的前 N 项，将程序补充完整。

```
#include <stdio.h>
void main()
{
    long int lF1,lF2;
    int i,iNum;
    scanf("%d",&iNum);
    lF1=lF2=1;
```

```
    ①   ;
    for(i=1;i<=iNum;i++)
    {
        printf("%121d%121d\n",1F1,1F2);
        if(!(i%2))
            printf("\n");
        ②   ;
        1F2=1F2+1F1;
    }
}
```

3. 有四个数 a、b、c、d，要求按从大到小的顺序输出，将程序补充完整。

```
void main()
{
    int iA,iB,iC,iD,iT;
    scanf("%d%d%d%d",&iA,&iB,&iC,&iD);
    if(iA<iB) {iT=iA;iA=iB;iB=iT;}
    if(   ①   ) {iT=iC;iC=iD;iD=iT;}
    if(iA<iC) {iT=iA;iA=iC;iC=iT;}
    if(   ②   ) {iT=iB;iB=iC;iC=iT;}
    if(iB<iD) {iT=iB;iB=iD;iD=iT;}
    if(iC<iD) {iT=iC;iC=iD;iD=iT;}
    printf("%d,%d,%d,%d",iA,iB,iC,iD);
}
```

## 三、阅读程序，写出程序的运行结果

1. 写出下面程序的运行结果。

```
#include <stdio.h>
void main()
{
    float fR1=10.0,fR2=20.0,fR3=30.0;
    float fV,fR,fU;
    fU=120.0;
    fR=fR1*fR2*fR3/(fR2*fR3+fR1*fR3+fR1*fR2);
    fV=fU/fR;
    printf("u=%7.2e\n",fU);
    printf("i=%5.2f",fV);
}
```

2. 写出下面程序的运行结果（输入"-1,-2"，并按 Enter 键）。

```c
#include <stdio.h>
void main()
{
    int iA,iB,iM,iN;
    scanf("%d%d",&iA,&iB);
    iM=1;iN=1;
    if(iA>0)
        iM=iM+iN;
    if(iA<iB)
        iN=2*iM;
    else
        if(iA==iB)
            iN=5;
        else
            iM=iM+iN;
    printf("m=%d n=%d\n",iM,iN);
}
```

3. 写出下面程序的运行结果。

```c
#include <stdio.h>
void main()
{
    int i=0,iSum=1;
    do
    {
        iSum++;i++;
    }while(i<6);
    printf("Sum=%d\n",iSum);
}
```

4. 设 j 为 int 型变量，写出下面 for 循环语句的运行结果。

```c
for(j=10;j>3;j--)
{
    if(j%3)
    j--;--j;--j;
    printf("%d ",j);
}
```

5. 写出下面程序的运行结果。

```
#include <stdio.h>
void main()
{
   int iA=0,iB=0,iC=0,iD=20,iX;
   if(iA) iD=iD-10;
   else if(!iB)
      if(!iC) iX=15;
      else iX=25;
   printf("d=%d,x=%d\n",iD,iX);
}
```

6. 写出下面程序的运行结果。

```
#include <stdio.h>
void main()
{
   int i=1,iK=2;
   for(;i<10;i++)
   {
      i+=2;
      if(i>7) break;
      if(i==6) continue;
      iK*=i;
   }
   printf("i=%d,iK=%d\n",i,iK);
}
```

## 四、分别用流程图和伪代码描述下列问题的算法

1. 输入一个年号，判断其是否为闰年。闰年的条件：年份能被 4 整除，但不能被 100 整除；或年份能被 400 整除。

2. 输入四个数 a、b、c、d，要求按从小到大的顺序在屏幕上输出。

3. 求 sn=a+aa+aaa+aaaa+…+aa…a 的值。例如，当输入 a 和 n 的值分别为 2 和 5 时，即为 sn=2+22+222+2222+22222。

## 五、编程题

1. 编写程序，计算 $S=1/3+2/5+3/7+4/9+\cdots+10/21$。

2. 编写程序，计算 1～100 中既能被 3 整除又能被 7 整除的自然数之和。

3. 输入一行字符，分别统计出其中的英文字母、空格、数字和其他字符的个数。

4．编写程序，求两个正整数的最大公约数和最小公倍数。

5．编写程序并输出如图 3-24 所示图形。

```
**********
#********#
##******##
###****###
####**####
```

图 3-24　需输出的图形

6．有一个函数满足如下条件

$$y = \begin{cases} x & (x < 1) \\ 2x - 1 & (1 \leqslant x < 10) \\ 3x - 11 & (x \geqslant 10) \end{cases}$$

编写一个程序，实现输入 $x$ 的值时，输出 $y$ 的值。

7．编写一个实现两个浮点数的四则运算的程序。假设两个浮点型操作数为 data1 和 data2，操作码（四则运算的运算符：+、-、×、÷）为 opcode，则由键盘按如下形式输入数据后，在屏幕上输出运算结果。

```
data1 opcode data2
```

8．编写程序，求 sn=a+aa+aaa+aaaa+⋯+aa⋯a 的值。例如，当输入 a 和 n 的值分别为 2 和 5 时，sn=2+22+222+2222+22222。

9．编写程序，输出 100～999 范围内所有的"水仙花数"。所谓"水仙花数"是指一个三位数，它的百位、十位和个位的立方和恰好等于该数本身，如 $153=1^3+5^3+3^3$，所以 153 是水仙花数。

10．编写程序，用牛顿迭代法求方程在 $x=1.5$ 附近的根，方程为 $2x^3-4x^2+3x-6=0$。

# 第4章 函 数

　　第3章介绍了C语言的三种基本控制结构及辅助控制语句,其属于结构化程序设计的基础组成要素。本章重点介绍函数,它是C语言源程序的基本组成单元。使用函数不仅可以实现程序的模块化,还可以提高程序的易读性和可维护性。把一些常用的或某些特定的功能编写成自己的函数库,以供随时调用,这样可以大大减少日后编写代码的工作量。通过对函数的学习,掌握模块化程序设计的理念,可以为将来进行团队合作,协同完成大型应用软件开发奠定一定的基础。

　　本章主要内容包括模块与函数、函数的定义与一般调用、函数参数的传递、函数的嵌套调用与递归调用、变量的作用域及存储类别、内部函数和外部函数。同时,本章还将介绍编译预处理的相关知识,包括宏定义、文件包含和条件编译。函数是C语言的精华内容之一,读者应该很好地掌握,以便设计出高质量的C语言程序。

## 4.1　结构化程序设计与C程序结构

### 4.1.1　结构化程序设计的特征与风格

　　结构化程序设计的主要特征与风格如下:

　　1)当一个程序按结构化程序设计方式构造时,一般由三种基本控制结构构成,即顺序结构、选择结构和循环结构。这三种结构都是单入口/单出口的。一个任意大且复杂的程序总能转换成这三种标准形式的组合。

　　2)有限制地使用goto语句。鉴于goto语句的存在使程序的静态书写顺序与动态执行顺序不一致,导致程序难读难理解,容易产生潜在的错误,难以证明正确性,有人主张在程序中禁止使用goto语句,有人则认为goto语句是一种有效手段,不应全盘否定而完全禁止使用。结构化程序设计并不在于是否使用goto语句,因此作为一种折中,允许在程序中有限制地使用goto语句。

　　3)借助体现结构化程序设计思想的结构化程序设计语言来书写程序,并采用一定的书写格式以提高程序结构的清晰性,增强程序的可读性。

　　4)强调程序设计过程中人的思维方式与规律,它是一种自上而下的程序设计策略,通过一组规则、规律与特有的风格对程序进行设计细分和组织。对于小规模程序设计,它与逐步精化的设计策略相联系,即采用自上而下,逐步求精的方法对其进行分析和设计;对于大规模程序设计,它则与模块化程序设计策略相结合,即将一个大规模的问题划分为几个模块,每一个模块完成一定的功能。

### 4.1.2 模块与函数

**1. C 语言程序、模块与函数**

人们在求解一个大规模的或复杂的问题时，通常采用的是逐步分解、分而治之的方法，即先把一个大问题分解成若干比较容易求解的小问题，然后分别求解。程序员在设计一个复杂的应用程序时，往往也是先把整个程序划分为若干功能较为单一的程序模块，然后分别予以实现（可以用一个或多个函数来实现），最后把所有的程序模块像搭积木一样装配起来，这种在程序设计中分而治之的策略，称为模块化程序设计方法或策略。

在 C 语言中，函数是程序的基本组成单位，因此可以很方便地用函数作为程序模块来实现 C 语言程序。利用函数，不仅可以实现程序的模块化，使程序设计变得简单和直观，提高程序的易读性和可维护性，而且可以把程序中通用的一些计算或操作编为通用的函数，以供随时调用，这样可以大大减少程序员编写代码的工作量。

图 4-1 表示了 C 语言程序的基本组成构件及关系。

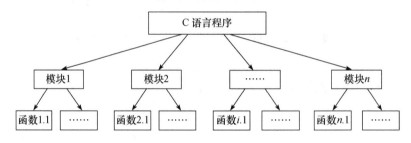

图 4-1　C 语言程序的基本组成构件及关系

**2. 函数的一些基本概念**

函数是完成特定功能且符合相应规范的程序段，是 C 语言程序的基本组成单位。从宏观上看，一个 C 语言程序就是由一个或多个函数组成的，且这些函数可放在一个或多个源程序文件中。

我们已经知道，一个 C 语言程序必须有且只有一个主函数 main()。main()函数是 C 语言程序执行的入口。在 C 语言中，所有的函数定义，包括 main()函数在内，都是平行的，即不能嵌套定义。但是，函数之间允许相互调用，也允许嵌套调用。但是，main()函数是主函数，它可以调用其他函数，而不允许被其他函数调用。人们习惯上把调用者称为主调函数，被调用的函数称为被调函数。

下面简要介绍函数的一些分类。

（1）从函数定义的角度分类

从函数定义的角度看，函数可分为库函数和用户自定义函数两种。

1）库函数：由 C 语言系统提供，用户只需在程序前面包含该函数原型的头文件即可在程序中直接调用。关于库函数可以参阅本书附录 D，其中列举了一些常用的 C 语言库函数。

2）用户自定义函数：用户按实际需要编写的函数。对于用户自定义函数而言，不仅要在程序中定义函数本身，而且在主调函数模块中还必须对该被调函数进行类型说明，然后才能使用，但对于定义在主调函数前面的自定义函数的调用不需要说明。

（2）从是否有返回值的角度分类

从是否有返回值的角度看，函数分为有返回值函数和无返回值函数两种。

1）有返回值函数：此类函数被调用执行完后将向调用者返回一个执行结果。

2）无返回值函数：此类函数用于完成某项特定的处理任务，执行完后不向调用者返回函数值，用户在定义此类函数时可指定它的返回为 void 类型，即空类型。

（3）从函数调用过程中数据传送的角度分类

从函数调用过程中数据传送的角度看，函数又可分为无参函数和有参函数两种。

1）无参函数：函数定义、函数说明及函数调用中均不带参数。

2）有参函数：该类函数也称带参函数。在函数定义及函数说明时都有参数，该参数称为形式参数（简称形参）。在函数调用时也必须给出带值的参数，称为实际参数（简称实参）。

## 4.2 标准库函数与函数的定义

### 4.2.1 标准库函数

在前面各章节的例题中反复用到 printf()、scanf()、getchar()、putchar()、strcmp()等函数，它们均属于标准库函数。C 语言强大的功能在很大程度上依赖于它丰富的库函数。库函数按功能可以分为类型转换函数、字符与字符串处理函数、标准输入/输出函数、文件管理函数、数学运算函数、动态存储分配函数等。以下给出 C 语言中库函数的几点说明。

1）库函数并不是 C 语言的一部分。用户可以根据需要自己编写库函数，即扩展标准库。为了用户的使用方便，每一种 C 语言编译版本都提供一批由厂家开发编写的函数，存储在一个库中，这就是函数库。函数库中的函数称为库函数。

2）每一种 C 语言编译版本提供的库函数的数量、函数名、函数功能是不完全相同的。因此，在使用时应该查阅本系统是否提供所用到的函数。ANSI C 以现行的各种编译系统所提供的库函数为基础，提出了一批建议使用的库函数，希望各编译系统能提供这些函数，并使用统一的函数名和实现一致的函数功能。由于历史因素，目前有些 C 语言编译系统还未能完全提供 ANSI C 所建议的函数，而有些 ANSI C 建议不包括的函数，在一些 C 语言编译系统中仍然使用。若读者要完全了解 ANSI C 库函数，可以参见 C 语言标准草案。

**! 注意：**

ANSI C 99 还未得到主流编译器厂家的支持。读者在编写 C 语言程序时，最好的方法是查阅所用系统的参考手册。

3）在使用函数时，往往要用到函数执行时所需的一些信息，这些信息分别包含在一些头文件中。因此，用户要在程序中使用库函数时，必须在程序中使用编译预处理命令把相应的头文件包含到程序中。例如：

```
#include <stdio.h>        /*包含标准输入/输出函数头文件*/
#include <math.h>         /*包含数学运算函数头文件*/
void main()
{
   double dX,dY;
   scanf("%lf",&dX);      /*调用标准输入/输出函数 scanf,输入变量 dX 的值*/
   dY=sin(dX);            /*调用数学运算函数 sin,计算 sin(dX)的值*/
   printf("%6.4lf",dY);   /*调用标准输入/输出函数 printf,输出变量 dY 的值*/
}
```

### 4.2.2 函数的定义

编写 C 语言程序的主要工作就是编写用户自定义函数，即函数定义。C 语言规定，函数必须先定义后使用。一个函数的定义可以放在任意位置，既可放在主函数 main()之前，也可放在主函数 main()之后。

函数定义的一般形式如下：

   **类型标识符  函数名(形参表列)** /*函数首部*/
   **{**  /*函数体*/
        **说明语句部分**
        **执行语句部分**
   **}**

从结构上说，函数可以分为两大部分：函数首部和函数体。

函数首部包括类型标识符、函数名、形参表列。

函数体是从开始的左大括号到结束的右大括号中的程序，其中包括说明语句和执行语句两部分内容。说明语句部分主要对函数内要使用的变量进行定义和声明。执行语句部分是实现函数功能的语句序列。

【例 4-1】  计算并输出两个整数的和。

```
/*源程序名:prog04_01.c;功能:从键盘上输入两个整数,调用求和函数求出它们的和,然
  后输出结果*/
#include <stdio.h>
int Sum(int iParam1,int iParam2) /*定义函数的返回值类型,函数名,形参表列*/
{
   int iSum;
   iSum=iParam1+iParam2;      /*计算 iParam1 和 iParam2 之和,赋值给变量 x*/
   return  iSum;              /*返回计算结果*/
```

```
}
void PrintEndInfo()              /*该函数为无参函数,函数的返回值类型为void*/
{
    printf("the program end.\n");
}
void main()
{
    int iVal1,iVal2,iSum;
    printf("input iVal1,iVal2:");
    scanf("%d,%d",& iVal1,& iVal2);
    iSum=Sum(iVal1,iVal2);        /*调用用户自定义函数 Sum()*/
    printf("the sum=%d\n",iSum);
    PrintEndInfo();               /*调用用户自定义函数 PrintEndInfo()*/
}
```

程序运行结果:

```
input iVal1, iVal2: 16,12
the sum=28
the program end.
```

说明:

1）函数名前面的类型标识符用来说明函数返回值的类型。函数返回值通过 return 语句返回,如函数 Sum()中的 return iSum;语句。若函数无返回值,推荐使用空类型标识符 void,如例 4-1 中的 PrintEndInfo()函数。C 语言规定,若函数定义时省略类型标识符 (不推荐这样做),则自动按 int 型处理。

2）函数名的命名遵循 C 语言中标识符的命名规则,如 1_fun、%fun%等都是不合法的。函数名的命名规则请读者参阅本书附录 E。

3）函数定义时的参数为形参。形参表列中的变量要有数据类型说明。例如,函数 Sum()中的形参 iParam1 和 iParam2 均为 int 型,各参数之间用逗号间隔。形参表列说明的是函数间要传递的数据。调用函数和被调用函数之间的数据传递就是依靠形参在调用时接收数据来完成的。

4）对于无形参的无参函数,其后的小括号“()”不能省略。

5）如果定义的一个函数没有形参,函数体中也没有任何语句,这种函数是一种特殊的函数,称为空函数。显然,空函数的定义形式如下:

**类型标识符　函数名(){ }**

空函数不执行任何实际的操作,但在系统规划初期可方便地用于标识各个部分,使程序结构清晰,增加可读性,为以后扩充新的功能提供方便。

6）一个定义的函数在编译后,会在内存中分配一段存储空间,这段存储空间的起始地址称为指向该函数的地址(指针),即该函数的入口地址(有关指针的知识将在第 6 章中详细介绍)。如图 4-2 所示,假定函数 Sum()编译后分配的一段内存的起始地址为

100H，则 100H 就是指向该函数的地址或指针。

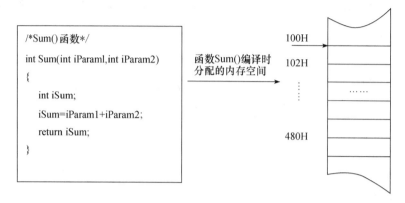

图 4-2 函数与内存的对应关系

# 4.3 函数的一般调用

C 语言程序中，函数的调用基本规则是，主函数 main()调用其他函数，其他函数间也可以相互调用，并且一般要在函数调用前对被调函数进行声明。

## 4.3.1 函数的声明

我们已经知道，对于库函数，只要在调用函数所在的文件中用 include 命令包含相应的头文件即可。但对于用户自定义函数，一般需要在调用函数前对其进行声明（主调函数与被调函数在同一个文件中），或在调用函数所在的文件中用 include 命令包含被调用函数所在的文件（主调函数与被调函数在不同文件中）。本节主要讨论主调函数与被调函数在同一个文件中的情况。

函数定义就是建立函数，即编写不存在的函数，函数定义只能一次。而函数声明是对存在的函数进行声明，使编译系统可以在编译阶段对函数的调用进行合法性检查，判断形参与实参的类型及个数是否一致，函数声明可以多次。

函数声明语句的格式就是在函数定义的首部加上分号即可，其一般形式如下：

　　**类型标识符　函数名(形参表列);**

也可以只给出形参类型，即

　　**类型标识符　函数名(类型 1,类型 2,…);**

例如，对例 4-1 中 Sum()函数的声明语句为

```
int Sum(int iParam1,int iParam2);
```

或写为

```
int Sum(int,int);
```

C 语言规定，在以下两种情况下可以省去主调函数中对被调函数的函数说明。

1）当被调函数的函数定义出现在主调函数之前时，在主调函数中也可以不对被调函数再做说明而直接调用。例如，例 4-1 中的 PrintEndInfo() 函数的定义放在 main() 函数之前，因此，可在 main() 函数中省去对 PrintEndInfo() 函数的说明。

2）若在所有函数定义之前，在函数外部预先说明了各个函数的类型，则在以后的各主调函数中，可不再对被调函数进行说明。例如：

```
double Function1(int iParamA,int iParamB);   /*函数声明*/
float  Function2(float fParamX,int iParamY); /*函数声明*/
main()
{
    ……
    Function1(15,5);                         /*调用函数 Function1()*/
    Function2(15.2,10);                      /*调用函数 Function2()*/
}
double Function1(int iParamA,int iParamB)
{
    ……
}
float Function2(float fParamX,int iParamY)
{
    ……
}
```

其中，第 1、2 行对 Function1() 函数和 Function2() 函数预先做了说明。因此，在以后各函数中无须对这两个函数再做说明即可直接调用。

调用一个函数前声明函数是一种良好的程序设计习惯，除了能增加程序的正确性，把错误排除在初级阶段外，还能提高程序的可读性。

### 4.3.2 函数的调用

在 C 语言程序中是通过对函数的调用来执行函数体的，其方法和过程与其他语言的子程序的调用相似。

#### 1. 形参和实参

在 4.1 节中我们给出了函数形参和实参的概念，即形参出现在函数定义中，实参出现在主调函数中。也就是说，在主调函数中调用某函数时要填入实参，并且要保证其和形参的个数相同、类型一致且顺序一一对应。

#### 2. 函数调用的一般形式

C 语言中，函数调用的一般形式如下：

函数名(实参表列)

实参表列中的参数可以是常量、变量或其他构造类型数据及表达式，而且是有确定值的参数。各实参之间用逗号分隔。对无参函数在调用时则无实参表列。

例如，例 4-1 中 main()函数体的第 4 行和第 6 行分别是对有参函数 Sum()和无参函数 PrintEndInfo()的调用。

3. 函数调用的方式

根据函数在程序中出现的位置，可以分为以下三种函数调用方式：

（1）函数调用语句

被调函数在主调函数中以一条独立的语句形式出现，即函数调用的一般形式加上分号构成函数调用语句。例如：

```
printf("%d",iParamA);
Function1(15,5);
```

这些语句都是以函数调用语句的方式调用函数。这种方式不要求函数有明确的返回值。

（2）函数表达式

函数作为表达式中的一部分出现在表达式中，以函数返回值参与表达式的运算。这种方式要求函数有返回值。例如，iSum=Sum(iVal1,iVal2);是一个赋值表达式语句。

（3）作为其他函数实参

函数作为另一个函数调用的实参出现。这种情况是把该函数的返回值作为实参，因此，要求该函数必须有返回值。例如，printf("%d",Sum(iVal1,iVal2));即将调用 Sum()函数的返回值作为 printf()函数的实参来使用。

### 4.3.3　参数传递

程序在进行函数调用时，主调函数把实参的信息传送给被调函数的形参，从而实现主调函数向被调函数的数据传送，这一过程称为参数传递。参数传递有两种形式：地址传递和单向值传递。

对于地址传递，形参和实参都要采用地址（指针）传递方式，这种传递方式是把实参的地址传递给形参，因此，形参共用实参的地址。这样，当形参的值发生改变时也会间接地改变实参的值。因此，这种地址传递是双向的。关于地址传递方式将在第 6 章的内容中详细介绍，本节主要介绍单向值传递方式。

单向值传递方式即将实参的值复制给形参。在这种传递方式下，函数的形参和实参具有以下特点：

1）形参变量只有在被调用时才分配内存单元，调用结束时，即刻释放所分配的内存单元。因此，形参只在函数内部有效。形参与实参即使是同名的变量，它们也代表不同的存储单元，互不干扰。

2）无论实参是何种类型的量，在进行函数调用时，它们都必须具有确定的值，以便把这些值传送给形参。因此，应预先用赋值、输入等办法使实参获得确定值。

3）实参和形参在数量、类型及顺序上应严格一致，否则会出现类型不匹配的错误。

4）函数调用中发生的数据传送是单向的，即只能把实参的值复制一份传送给形参，而不能把形参的值反向地传送给实参。因此，在函数调用过程中，形参的值发生改变，而实参的值不会变化。

下面用图 4-3 来描述函数调用时主调函数和被调函数之间的数据流向，并分析函数参数值的传递方式。

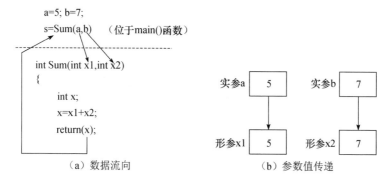

图 4-3　函数调用时的数据流向及参数值传递分析示意图

⚠️ **注意：**

不同的编译系统在函数调用时，实参的求值顺序可能不相同。有的系统自左向右依次求实参的值，而有的系统自右向左依次求实参的值。大部分编译系统按自右向左的顺序求实参的值，如 Visual C++ 6.0 系统。例如：

```
#include <stdio.h>
void Fun1(int iParamX,int iParamY)
{
    printf("iParamX=%d,iParamY=%d\n",iParamX,iParamY);
}
void main()
{
    int iVal1=78;
    Fun1(iVal1=iVal1+2,iVal1);
}
```

若是自右向左依次求实参值的系统，则输出结果：

```
iParamX=80,iParamY=78
```

若是自左向右依次求实参值的系统，则输出结果：

```
iParamX=80,iParamY=80
```

### 4.3.4 函数的返回值

函数返回值由 return 语句实现。return 语句的一般形式如下：

    **return(表达式);**

或

    **return 表达式;**

说明：

1）return 语句具有两个功能：①将表达式的值返回给主调函数，其值应与被调函数类型标识符所指示的类型一致，否则要以被调函数类型标识符为准进行数值类型转换；②结束 return 语句所在函数的执行，返回主调函数的调用点继续向下执行，如果 return 语句为 return，则表示仅返回主调函数的调用点，不带返回值。

2）在一个函数中，return 语句可以出现多次，但每次只能有一条 return 语句被执行。例如，下面的 Fun0()函数有三条 return 语句，只要其中之一被执行，则函数的执行就会结束。

```
double Fun0(double dParamX,double dParamY)
{
    if(dParamX>0.0)  return dParamX/10;
    else if(dParamY>0.0)  return dParamY*10;
    else return((-1)*(dParamX+dParamY));
}
```

下面以一个实例来说明有关函数调用的问题。

【例 4-2】 从键盘上输入大于 1 的正整数 n，当 n 为奇数时，计算 1+1/3+1/5+…+1/n 的值；当 n 为偶数时，计算 1+1/2+1/4+…+1/n 的值。同时，对计算结果求平方根。

**算法分析**：可以定义两个函数，一个函数用来计算当 n 为奇数时，1+1/3+1/5+…+1/n 的值，另一个函数用来计算当 n 为偶数时，1+1/2+1/4+…+1/n 的值。另外，对计算结果求平方根可以直接调用库函数 sqrt()。

```
/*源程序名:prog04_02.c;功能:当n为奇数时,求1+1/3+1/5+…+1/n的值;当n为偶
   数时,求1+1/2+1/4+…+1/n的值,并求结果的平方根*/
#include <stdio.h>
#include <math.h>
#include <stdlib.h>
double Fun1(int iParamN);    /*函数声明*/
double Fun2(int iParamN);    /*函数声明*/
void main()
{
    double dTotal=0.0;
    int iValN;
```

```
    printf("input iValN:");
    scanf("%d",&iValN);
    if(iValN<=1)  { printf("input error!\n");exit(0);}
                            /*exit()函数使程序立即正常终止*/
    if(iValN%2!=0)  dTotal=Fun1(iValN);/*当iValN为奇数时,调用Fun1()函数*/
    else dTotal=Fun2(iValN);   /*当iValN为偶数时,调用Fun2()函数*/
    printf("dTotal=%6.4lf\n",dTotal);
    printf("sqrt(%6.4lf)=%6.4lf\n",dTotal,sqrt(dTotal));
                            /*调用sqrt()函数求平方根*/
}
double Fun1(int iParamN) /*当n为奇数时,计算1+1/3+1/5+…+1/n值的函数*/
{
    double dResult=0.0;
    int i;
    for(i=1;i<=iParamN;i+=2)
        dResult=dResult+1/(double)i;
    return dResult;
}
double Fun2(int iParamN) /*当n为偶数时,计算1+1/2+1/4+…+1/n值的函数*/
{
    double dResult=1.0;
    int i;
    for(i=2;i<=iParamN;i+=2)
        dResult=dResult+1/(double)i;
    return dResult;
}
```

程序运行结果:

```
input iValN: 1
input error!

input iValN: 13
dTotal =1.9551
sqrt(1.9551)=1.3983

input iValN: 18
dTotal =2.4145
sqrt(2.4145)=1.5539
```

例 4-2 中 prog04_02.c 的 main()函数中使用了本节介绍的三种函数调用方式,留给读者自行分析。

读者必须深入分析和理解函数定义和函数声明的区别,掌握函数调用的方式和方法。此外,读者还应该查阅资料熟悉常用的库函数（见本书附录 D）,以便今后能更好、更有效地解决实际问题。

# 4.4 函数的嵌套调用与递归调用

## 4.4.1 函数的嵌套调用

C 语言中，函数不允许嵌套定义，但可以嵌套调用，即在调用一个函数的过程中，被调函数又调用另一个函数。

除了 main()函数不能被其他函数调用外，其他函数都可以相互调用。一个典型的函数嵌套调用过程如图 4-4 所示。

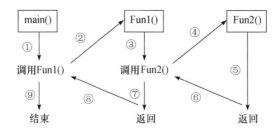

图 4-4 一个典型的函数嵌套调用过程

图 4-4 表示了两层嵌套的情形。执行流程：执行 main()函数中调用 Fun1()函数的语句时，即转去执行 Fun1()函数；在执行 Fun1()函数中调用的 Fun2()函数时，再转去执行 Fun2()函数；Fun2()函数执行完毕后返回 Fun1()函数的断点继续执行剩余语句；Fun1()函数执行完毕后返回 main()函数的断点继续执行剩余语句，直到 main()函数执行完毕。

【例 4-3】 求两个正整数的最小公倍数。

**算法分析**：设两个整数分别为 m 和 n，根据最小公倍数的数学定义，m 和 n 的最小公倍数=(m*n)/(m 和 n 的最大公约数)。m 和 n 的最大公约数可用辗转相除法求得。因此，可以用一个函数求最大公约数，用另一个函数根据求出的最大公约数求最小公倍数。

```
/*源程序名:prog04_03.c;功能:求两个正整数的最小公倍数*/
#include <stdio.h>
#include <math.h>
int Divisor(int iParamM,int iParamN);
int Multiple(int iParamM,int iParamN);
void main()
{
    int iValM,iValN,iResult;
    printf("input iValM,iValN:");
    scanf("%d,%d",&iValM,&iValN);
    iResult=Multiple(iValM,iValN);
    printf("the result=%d\n",iResult);
}
int Multiple(int iParamM,int iParamN) /*根据求出的最大公约数求最小公倍数的
                                                        函数*/
```

```
{
    return (iParamM*iParamN/ Divisor(iParamM,iParamN));
}
int Divisor(int iParamM,int iParamN) /*辗转相除法求最大公约数的函数*/
{
    int iTemp;
    if(iParamM<iParamN)
    {
        iTemp=iParamM;iParamM=iParamN;iParamN=iTemp;
    }
    while((iTemp=iParamM %iParamN)!=0)
    {
        iParamM=iParamN;iParamN=iTemp;
    }
    return iParamN;
}
```

程序运行结果：

```
input iValM, iValN: 12,21
the result=84
```

程序运行时，main()函数调用 Multiple()函数，Multiple()函数又调用 Divisor()函数。Divisor()函数执行完成后返回 Multiple()函数的断点继续执行，Multiple()函数执行完成后返回 main()函数的断点继续执行，直到输出结果。读者可以对照图 4-4 自行画出函数的嵌套调用过程示意图。

### 4.4.2 函数的递归调用

C 语言允许函数直接或间接地调用其自身，这种调用形式称为递归调用。含有递归调用的函数称为递归函数。若函数在本函数体内直接调用其自身，称为直接递归，如图 4-5 所示。若某函数调用其他函数，而其他函数又调用了该函数，则这一过程称为间接递归。如图 4-6 所示，在 F1()函数中调用 F2()函数，在 F2 函数中又调用 F1()函数。

图 4-5 直接递归    图 4-6 间接递归

一个基本递归函数的定义如下：

```
int Fun(int iParamX)
{
    int iValY,iValZ;
    iValZ=Fun(iValY);
```

```
      return(iValZ+5);
   }
```

Fun()是一个递归函数，但是该函数将无休止地调用其自身，这样程序会陷入死循环。显然这是不允许的。合理的递归调用应该是有限的，是在一定条件下能终止的调用，即要有递归终止条件。一般用 if 语句实现递归终止条件。例 4-4 就是一个合理的递归调用。

**【例 4-4】** 用递归法求 $n!$。$n$ 由用户输入，且满足 $0 \leqslant n \leqslant 16$。

**算法分析**：用递归法计算 $n!$ 可用下述公式表示：

$$n! = \begin{cases} 1 & (n=0,1) \\ n(n-1)! & (n>1) \end{cases}$$

这里可知求 $n!$ 的递归终止条件是 $1!=1$。可以计算，当 $n=16$ 时，$16!$ 可用 long int 型变量表示；而当 $n>16$ 时，$n!$ 超出 long int 型变量表示的范围。

```c
/*源程序名:prog04_04.c;功能:用递归法求 n!*/
#include <stdio.h>
long Fac(int iParamN);
void main()
{
   int iValN;
   long lResult;
   printf("input a integer number(not over 16):");
   scanf("%d",&iValN);
   if(iValN<0||iValN>16)
   {
      printf("the integer number input error! ");
      return;
   }
   lResult=Fac(iValN);
   printf("%d!=%ld\n",iValN,lResult);
}
long Fac(int iParamN)                    /*递归函数,求 n!*/
{
   long lTemp;
   if(iParamN==0||iParamN==1)            /*递归终止条件*/
      lTemp=1;
   else
      lTemp=Fac(iParamN-1)*iParamN;      /*递归调用*/
   return(lTemp);
}
```

程序运行结果：

```
input a integer number(not over 16):4
4!=24
```

下面详细分析该程序的函数调用及求值过程。

当用实参 0 或 1 调用函数 Fac()时，函数返回值为 1；当用其他正整数（$2 \leqslant n \leqslant 16$）作为实参时，函数应该返回 iParamN*Fac(iParamN-1)的值。为了求出这个表达式的值，又要用（iParamN-1）作为函数 Fac()的实参，继续调用 Fac()函数，直到 iParamN=1 并返回，这个过程称为回推；然后逐层向上返回计算表达式中所有未计算的表达式的值，该过程称为递推。我们以 4!为例来讨论递归计算中的回推和递推过程，如图 4-7 所示。每一个递归程序的执行都包括这两个过程。

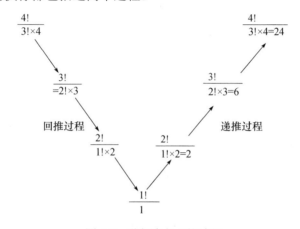

图 4-7  递归法求 4!的过程

从上面所述的两个过程可以看出，在递归调用过程中如果没有递归终止条件 1!=1，则回推过程始终不会结束，即无穷回推，这样就不能得到结果。

特别指出，虽然递归是直接或间接的调用其自身，但和调用其他函数一样需要重新开辟内存空间，因此调用自身和调用其他函数的调用过程无区别。编写递归程序比较简单，关键是确定递归公式。由于递归程序需要使用大量的存储空间，因此它的执行效率较低。

# 4.5  变量的作用域

在讨论函数的参数传递时曾提到，形参变量只有在被调用时才分配内存单元，在调用结束时，即立刻释放所分配的内存单元。这一点说明形参变量只有在函数内才有效。这种变量有效性的范围称为变量的作用域。不仅对于形参变量，C 语言中所有的变量都有其作用域。变量说明的方式不同，其作用域也不相同。变量只能在其作用域内使用，即变量在其作用域外不能被引用。在 C 语言中，按作用域范围可将变量分为两种，即局部变量（local variable）和全局变量（global variable）。

## 4.5.1  局部变量

在一个函数内部定义的变量称为局部变量，也称内部变量。这种变量的作用域是本函数内。通俗地说，局部变量只能在定义它的函数内部使用，而不能在本函数外部使用。

例如，对于以下三个函数 main()、F1()和 F2()，其变量的作用域分别如下：

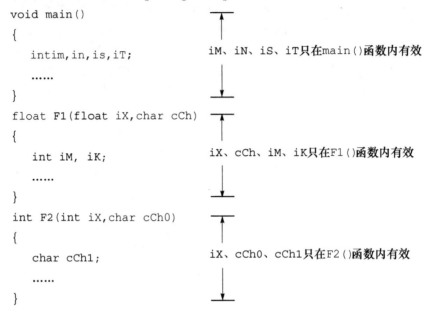

```
void main()
{
    intim,in,is,iT;
    ......
}
```
iM、iN、iS、iT只在main()函数内有效

```
float F1(float iX,char cCh)
{
    int iM, iK;
    ......
}
```
iX、cCh、iM、iK只在F1()函数内有效

```
int F2(int iX,char cCh0)
{
    char cCh1;
    ......
}
```
iX、cCh0、cCh1只在F2()函数内有效

说明：

1）主函数中定义的变量只能在主函数中使用，不能在其他函数中使用。这是因为主函数也是一个函数，它与其他函数是平行关系，这一点应予以注意。

2）形参变量也是局部变量，作用范围在定义它的函数内，所以在定义形参时不能和函数体内的变量重名。

3）允许在不同的函数中使用相同的变量名，它们代表不同的对象，分配不同的单元，互不干扰，也不会发生混淆。

4）在函数内部的复合语句中也可定义变量，这些局部变量的作用域只在复合语句范围内，离开复合语句则被释放。在复合语句中根据需要定义变量，可以提高内存的利用率。例如，对于以下函数 Fun()，其变量的作用域如下：

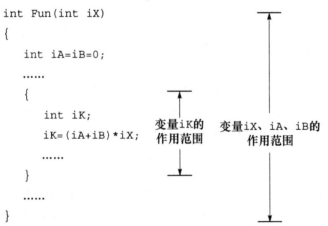

```
int Fun(int iX)
{
    int iA=iB=0;
    ......
    {
        int iK;
        iK=(iA+iB)*iX;
        ......
    }
    ......
}
```
变量iK的作用范围

变量iX、iA、iB的作用范围

### 4.5.2　全局变量

在函数外部定义的变量称为全局变量，也称外部变量。全局变量的作用范围是从定义变量处开始到本源文件末尾结束，即从该变量定义处开始，以后的所有函数都可以使用。例如，对于 C 语言源程序 test_x.c，考察其全局变量的作用域（这里省去对局部变量作用域的描述）。

```
int g_H=0,g_Q=1;    /*全局变量g_H、g_Q*/
int F1(int iA)
{
    int iB,iC;
    ……
}
int g_S=1,g_T=0;    /*全局变量g_S、g_T*/
int F2(int iM)
{
    int iK;
    ……
}
void main()
{
    int iM,iN;
    ……
}
```

全局变量g_H、g_Q的
作用范围

全局变量g_S、g_T的
作用范围

从该例可以看出，g_H、g_Q、g_S、g_T 都是在函数外部定义的全局变量。但是，g_S、g_T 定义在函数 F1()之后，且在 F1()内没有使用 extern 对 g_S、g_T 进行说明，所以只能在 F2()和 main 函数中使用 g_S、g_T。而 g_H、g_Q 定义在源程序的最前面，因此，在 F1()、F2()和 main()函数内都可以使用 g_H、g_Q。

说明：

1）在一个函数内部，既可以使用本函数中的局部变量，又可以使用有效的全局变量。

2）若要在某全局变量定义之前使用该全局变量，或在一个文件中调用另一个文件中所定义的全局变量，可以在使用前用 extern 进行声明，即扩充全局变量的作用域。有关 extern 声明的使用将在 4.6 节中详细介绍。

3）全局变量的值在某个函数中发生改变时，该变量的值将影响其他函数。

4）采用全局变量的作用是增加了函数间数据联系的渠道，但又使函数依赖于这些变量，因而使函数的独立性降低。从模块化程序设计的观点来看，采用全局变量是不利的，这是因为模块化程序设计要求模块的内聚性强，与其他模块的耦合性弱。因此，尽量不要使用全局变量。

5）若函数中的局部变量与全局变量同名，则在局部变量有效的范围中全局变量不起作用，即被屏蔽。

以下举例说明 C 语言程序中变量的作用域问题。

【例 4-5】 分析以下程序中全局变量和局部变量的使用。

```
/*源程序名:prog04_05.c;功能:全局变量和局部变量的有效性示例*/
/*为方便解释全局变量和局部变量同名等问题,本例变量名均采用了简单命名*/
#include<stdio.h>
int a=3,b=5;                                /*第2行,定义全局变量a,b*/
int Sum(int x,int y);
int Max(int a,int b);
void main()
{
    int i,a=8,x=100,y=200;                  /*第7行,这里定义的a是局部变量*/
    for(i=1;i<=2;i++)
    {
        printf("a=%d,b=%d,Max=%d\n",a,b,Max(a,b)); /*第10行*/
        b+=7;                               /*第11行*/
    }
    printf("result_Sum=%d\n",Sum(x,y));     /*第13行*/
}
int Sum(int x,int y)                        /*第15行*/
{
    extern int m,n;                         /*第17行,声明外部变量m,n*/
    int temp;
    temp=x+y+m+n+a+b;                       /*第19行*/
    return(temp);
}
int Max(int a,int b)
{
    return(a>b?a:b);
}
int m=10,n=15;                              /*第26行,定义全局变量m,n*/
```

程序运行结果:

```
a=8, b=5, Max=8
a=8, b=12, Max=12
result_Sum=347
```

说明:

1) 第 2 行和第 26 行为全局变量定义语句,第 17 行为全局变量声明语句。

2) 在 main() 函数中定义了与全局变量同名的局部变量 a,因此,在 main() 函数中全局变量 a 无效,局部变量 a 有效。于是,在 main() 函数体中,执行第一次循环时,第 10 行语句中的 a 和 b 的值分别是 8 和 5,执行完第 11 行语句后全局变量 b 的值被修改为

12；执行第二次循环时，第 10 行语句中的 a 和 b 的值分别是 8 和 12，注意局部变量 a 的值并未被修改，执行完第 11 行语句后全局变量 b 的值被修改为 19。

3）当 for 循环语句执行完后，全局变量 b 的值保持为 19。然后执行第 13 行语句，其中要调用 Sum() 函数，于是转向执行 Sum() 函数。对于第 19 行语句，x 和 y 的值分别为 100 和 200，m 和 n 的值分别为 10 和 15，a 和 b 的值分别为 3 和 19，此时的变量 a 是全局变量，有效，于是 x+y+m+n+a+b 的值等于 347。

为了增强程序的可读性，建议读者尽量避免全局变量和局部变量的同名。另外，建议读者养成良好的程序设计习惯，尽量避免使用全局变量。

# 4.6　变量的存储类别

## 4.6.1　变量的存储方式

在 4.5 节中，从变量的作用域角度分类，变量可分为全局变量和局部变量。

在本节中，从变量值存在的时间（或称变量的生存周期）角度来分类，变量又可分为静态存储方式的变量和动态存储方式的变量。在计算机内存中，可供用户使用的存储空间分为三个部分：程序区、静态存储区和动态存储区，如图 4-8 所示。其中，程序代码存放在程序区，一般由操作系统控制；程序中运行的中间数据和最终数据存放在静态存储区或动态存储区。

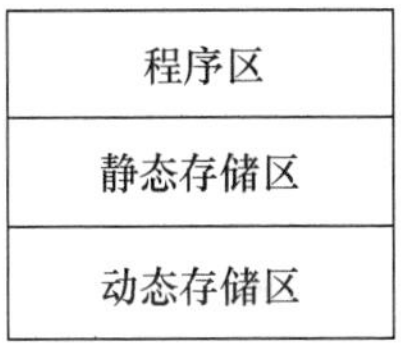

静态存储方式是指在程序运行期间分配固定的存储空间的方式。全局变量、静态变量和字符串常量的存储就采用这种方式。在程序开始时为全局变量分配存储单元，程序执行完毕才释放，即在程序执行过程中，全局变量占据固定的存储单元，而不是动态地进行分配和释放。对于静态变量，无论是全局变量还是局部变量，在整个程序执行期间都不释放所占的存储空间。

图 4-8　存储空间的分类

动态存储方式是指在程序运行期间根据需要进行动态分配存储空间的方式。形参、自动变量、函数调用时的现场保护和返回地址等的存储都采用这种方式。由于是动态分配存储单元，且使用完立即释放，因此，当在一个程序中两次调用同一个函数时，分配给函数中局部变量等数据的存储空间地址可能是不相同的。

在 C 语言中，每一个变量和函数具有两个属性：数据类型和数据的存储类别。在前面的章节中，定义变量时，形式上只是声明变量的数据类型。定义变量的完全形式中还应该包括存储类别。所以，变量定义的一般形式如下：

　　　　　　[存储类别标识符]　数据类型标识符　变量表;

其中，在 C 语言中变量的存储类别可分为四种：auto（自动的）、static（静态的）、register（寄存器的）和 extern（外部的）。auto 和 register 声明的变量属于动态存储方式，static 和 extern 声明的变量属于静态存储方式。例如，auto int i,j,k;表示定义了三个自动存储类别的整型变量 i、j、k，它们属于动态存储方式。

### 4.6.2 自动变量

C 语言规定，函数中的局部变量如不专门声明为 static 存储类别，则默认认为自动类别，这些变量存放在动态存储区中。这种存储类型是 C 程序中使用广泛的类型之一，前面各章节中所定义的局部变量都属于这种存储类别。在调用该函数时系统会为它们动态地分配存储空间，在函数调用结束时会自动释放这些存储空间。因此，这类局部变量称为自动变量，属于动态存储方式。

自动变量用关键字 auto 作为存储类别的声明。例如：

```
int Fun()
{
    auto int iValX,iValY;  /*定义自动类别的整型变量 iValX 和 iValY*/
    ……
    return (iValX+iValY);
}
```

实际上，关键字 auto 可以省略，省略时默认为自动存储类别。例如，以下两种定义形式完全等价：

```
auto int iValX,iValY;
int iValX,iValY;
```

### 4.6.3 静态变量

函数中的局部变量也可以声明为静态存储类别，由关键字 static 声明。这类局部变量称为静态变量，属于静态存储方式。

有时人们希望一个局部变量在函数结束后系统分配给它的存储空间不被释放，且存放在其中的值仍然保留，这样在下一次调用此函数时，就可以直接利用已有值。静态变量可以满足这一要求。下面举例说明静态变量的特点。

**【例 4-6】** 分析以下程序中静态局部变量的使用。

```
/*源程序名:prog04_06.c;功能:自动变量与静态变量的比较*/
#include <stdio.h>
int Fun(int iParamA)
{
    int iValB=0;              /*定义自动类别的整型变量 iValB*/
    static int s_iValC=3;     /*定义静态类别的整型变量 s_iValC,初值为 3*/
    iValB+=1;
    s_iValC+=1;
    return(iParamA+iValB+s_iValC);
}
void main()
```

```
{
    int iValA=4,i;
    for(i=0;i<=2;i++)
        printf("%4d",Fun(iValA));
}
```

程序运行结果：

　　9　10　11

对例 4-6 的运行过程分析如下。

1）main()函数第一次调用函数 Fun()时，代入参数 iValA=4。Fun()函数开始执行时，iValB=0，s_iValC=3。第一次调用结束时，iValB=1，s_iValC=4，返回值为 iValA+iValB+s_iValC=4+1+4=9。

2）main()函数第二次调用函数 Fun()时，代入参数 iValA=4。Fun()函数开始执行时，由于 iValB 是自动型变量，在第一次调用完成后已经被释放，本次调用重新分配内存单元，因此 iValB=0。而静态变量 s_iValC 在第一次调用完成后没有被释放，仍然保持原值 s_iValC=4。第二次调用结束时，iValB=1，s_iValC=5，返回值为 iValA+iValB+s_iValC=4+1+5=10。

3）main()函数第三次调用函数 Fun()时，对照步骤 2）的分析过程可知返回值为 iValA+iValB+s_iValC=4+1+6=11。

说明：

1）静态局部变量属于静态存储类别，在静态存储区内分配存储单元，且在程序整个运行期间都不释放。而自动变量属于动态存储类别，函数调用结束后即释放其存储单元。

2）静态局部变量在编译时赋初值，即只赋初值一次；而对自动变量赋初值是在函数调用时进行的，每调用一次函数重新赋一次初值，相当于执行一次赋值语句。

3）如果在定义局部变量时不赋初值，则对于静态局部变量而言，编译时自动赋初值 0（对数值型变量）或空字符（对字符变量）。而对于自动变量而言，如果不赋初值则其值是一个不确定的值。

4）静态局部变量的生存周期虽然为整个源程序，但其作用域仍与自动变量相同，即只能在定义变量的函数内部使用。执行完函数后，尽管该变量还继续在内存中存在，但并不能使用。例如，例 4-6 中第 5 行定义的静态变量 s_iValC，其作用域为函数 Fun() 内部。

### 4.6.4 寄存器变量

一般情况下，变量的值是存放在内存中的，当程序需使用哪一个变量的值时，由控制器发出指令将内存中该变量的值送到运算器中。经过运算后，如需存放结果或中间结果，再从运算器将数据送到内存中存放。但有些变量使用频繁，为了减少存取所用时间，提高执行效率，C 语言允许将局部变量的值放在运算器的寄存器中，需要时可直接从寄存器中取出参加运算，以便提高执行效率，这种变量称为寄存器变量。

C 语言程序函数中的局部变量可以声明为寄存器存储类别，由关键字 register 声明。这类局部变量称为寄存器变量，属于动态存储方式。

例如，register int i,j;表示定义寄存器型的整型变量 i 和 j。

说明：

1）只有局部自动变量和形参可以声明为寄存器变量，其他变量不能。

2）CPU 中的寄存器数目是有限的，不能定义任意多的寄存器变量。一般只有使用频率非常高的变量才需声明为寄存器变量。

【例 4-7】 编写程序，使其运行后在屏幕上输出九九乘法表。

```c
/*源程序名:prog04_07.c;功能:编写程序,使其运行后在屏幕上输出九九乘法表*/
#include <stdio.h>
void PrintTable()
{
    register int i,j;              /*定义寄存器型的整型变量 i 和 j*/
    for(i=1;i<=9;i++)
      for(j=1;j<=i;j++)
      {
          printf("%d*%d=%d",j,i,j*i);
          putchar((i==j)?'\n':'\t');
      }
}
void main()
{
    PrintTable();
}
```

程序运行结果为在屏幕上输出阶梯形九九乘法表,输出结果参见本书第 3 章例 3-20。请读者自行调试运行该程序，并与本书例 3-20 的源程序 prog03_20.c 进行比较。

### 4.6.5 外部变量

外部变量是指在函数外部定义的变量。外部变量是一个全局变量，其作用范围是从定义开始到本源文件末尾结束。C 语言中外部变量固定分配在静态存储区保存。为了扩大外部变量的作用范围，可以用关键字 extern 来声明外部变量。

外部变量的作用域不仅可以是一个文件，而且可以包含多个文件。

#### 1. 在一个源文件中声明外部变量

如果一个全局变量不在文件开头处定义，则其作用范围是从定义开始到本源文件末尾结束。如果在该变量定义处的前面需要引用该变量，则应将此变量声明为 extern 类别，表示此变量是一个外部变量。extern 的使用可参见例 4-5 源程序的第 15～26 行。

## 2. 在多个源文件中声明外部变量

一个 C 语言程序可以由多个源程序文件组成,如果在一个文件 file1.c 中引用另一个文件 file2.c 中的全局变量 g_iA,则需要在 file1.c 中使用关键字 extern 来声明 g_iA 为外部变量。

**❗ 注意:**

此时在文件 file1.c 中不能再定义外部变量 g_iA,否则编译系统会提示"变量重复定义"。

【例 4-8】 考察在多个源文件中声明外部变量的功能。该程序包括两个源文件(prog04_08_1.c 和 prog04_08_2.c)。

```
/*源程序名:prog04_08_1.c*/
int g_iA=10;                /*定义外部变量g_iA*/
int Max(int iParamX,int iParamY)
{
    return(iParamX>iParamY?iParamX:iParamY);
}


/*源程序名:prog04_08_2.c*/
#include<stdio.h>
extern g_iA;                /*声明外部变量g_iA*/
void main()
{
    int iValX=7,iValY=8,iResult;
    iResult=(iValX+iValY)*g_iA+Max(iValX,iValY)*g_iA;
    printf("result=%d\n",iResult);
}
```

程序运行结果:

```
result=230
```

说明:

1)用 extern 声明外部变量时,变量的类型可以省略。例如,例 4-8 的源程序 prog04_08_2.c 中第 2 行 extern g_iA;。

2)定义外部变量时,要为外部变量分配存储单元;而用 extern 声明外部变量时,不需要分配存储单元,只要指明外部变量所在的存储单元即可。

3)模块化程序设计要求模块内具有紧聚性,模块间松耦合。因此,在程序设计中尽量少用外部变量。

# 4.7　内部函数与外部函数

C语言程序中的函数可能分布在多个文件中，可根据其使用范围将这些函数分为两种：内部函数和外部函数。内部函数只能被该函数所在文件中的函数调用；外部函数既可以被同一个文件中的函数调用，也可以被其他文件中的函数所调用。

## 4.7.1　内部函数

内部函数也称静态函数。如果是在一个源文件中定义的函数，则只能被本文件中的函数调用，而不能被同一程序其他文件中的函数调用，这种函数称为内部函数。

定义一个内部函数，只需在函数类型前添加 static 关键字即可。定义形式如下：

```
static   函数类型   函数名(形参表列)
{
     说明部分
     执行部分
}
```
说明：

1）此处 static 的不是指存储方式为静态，而是指函数的作用域仅局限于本文件。内部函数定义时，关键字 static 一定不能省略。

2）使用内部函数的好处是，不同的人编写不同的函数时，不用担心自己定义的函数会与其他文件中的函数同名，即便同名也没有关系。

## 4.7.2　外部函数

在定义函数时，如果没有加关键字 static，或加了关键字 extern，表示此函数是外部函数，定义形式如下：

```
[extern]   函数类型   函数名(形参表列)
{
     说明部分
     执行部分
}
```
在调用外部函数时，需要对其进行说明，说明形式如下。

**[extern]　函数类型　函数名(形参表列);**

【例4-9】　内部函数和外部函数的使用。该程序包括两个源文件（prog04_09_1.c 和 prog04_09_2.c）。

```
/*源程序名:prog04_09_1.c;功能:内部函数和外部函数的使用*/
int g_iA=10;                          /*定义外部变量g_iA*/
extern int Max(int iParamX,int iParamY) /*定义外部函数Max(),extern可
                                        以省略*/
```

```
{
    return(iParamX>iParamY?iParamX:iParamY);
}

/*源程序名:prog04_09_2.c*/
#include <stdio.h>
extern g_iA;                            /*声明外部变量 g_iA*/
extern int Max(int iParamX,int iParamY); /*声明外部函数 Max*/
static int Min(int iParamX,int iParamY) /*定义内部函数 Min(),static 不
                                          能省略*/
{
    return(iParamX<iParamY?iParamX:iParamY);
}
void main()
{
    int iValX=7,iValY=8,iResult1,iResult2;
    iResult1=(iValX+iValY)*g_iA+Max(iValX,iValY)*g_iA;
    g_iA-=3;
    iResult2=Min(g_iA,Max(iValX,iValY));
    printf("result1=%d,result2=%d\n",iResult1,iResult2);
}
```

程序运行结果:

```
result1=230, result2=7
```

说明:源程序 prog04_09_1.c 中的函数不能访问源程序 prog04_09_2.c 中的 static 函数。

# 4.8　编译预处理

### 4.8.1　编译预处理简介

C 语言提供了编译预处理功能,这是其他高级语言所不具备的。编译预处理是 C 语言编译系统的一个重要组成部分,C 语言允许在程序中使用几个特殊的命令(它们不是一般的 C 语言的语句),在对程序进行通常的编译之前,编译系统会先对程序中这些特殊的命令进行预处理,然后将预处理的结果和源程序一起进行通常的编译处理,以得到目标代码。

C 语言源程序中以"#"开头,以换行符结尾的行称为预处理指令。预处理指令不是 C 语言的语句,而是传送给编译程序的各种指令。C 语言的预处理命令包括以下几类:

1)宏定义:#define、#undef。

2)文件包含:#include。

3）条件编译：#if、#ifdef、#ifndef、#else、#endif。

4）其他：#line、#error、#pragma。

合理地使用预处理功能，可以使编写的程序便于阅读、修改、移植和调试，也有利于模块化程序设计。本节主要介绍前三种预处理命令的用法。

## 4.8.2 宏定义

在 C 语言源程序中允许用一个标识符来表示一个字符串，称为宏。宏定义分为两种：无参宏定义和带参宏定义。

### 1. 无参宏定义

无参宏的宏名后面不带参数，其定义的一般形式如下：

**#define 标识符 字符串**

说明：

1）#define 是宏定义的指令名称。

2）标识符为所定义的宏名，习惯采用大写字母表示，以增强程序可读性。

3）字符串也称宏体，可以是常数、表达式、格式串等。

4）宏定义不是说明或语句，在行末不加分号。

5）在编译预处理时，程序中所有出现的宏名都用宏定义中的字符串去替换（简单地照原样替换），这称为宏替换或宏展开。

【例 4-10】 无参宏定义的使用。

```
/*源程序名:prog04_10.c;功能:无参宏定义的使用*/
#include <stdio.h>
#define  M  (y*y+3*y)
void main()
{
   int iSum, y;
   printf("Input a number: ");
   scanf("%d", &y);
   iSum=3*M+4*M;
   printf("iSum=%d\n", iSum);
}
```

预处理（宏替换）后的新源程序如下：

```
#include <stdio.h>
void main()
{
   int iSum, y;
   printf("Input a number: ");
   scanf("%d", &y);
```

```
        iSum=3*(y*y+3*y)+4*(y*y+3*y);
        printf("iSum=%d\n", iSum);
    }
```

程序运行结果：

```
Input a number: 2
iSum =70
```

6）宏定义时，字符串表达式中需合理使用括号，以防止程序发生逻辑错误。例如，把例 4-10 中宏定义改为

```
#define  M  y*y+3*y
```

预处理时，表达式 3*M+4*M 宏展开后为

```
3*y*y+3*y+4*y*y+3*y
```

显然发生了逻辑错误，此时程序运行结果（运行时输入 2）：

```
Input a number: 2
iSum =40
```

7）宏定义的作用域是从定义处开始到源程序结束为止。要终止其作用域可使用 #undef 命令。例如：

```
#define PI  3.14159
void main()
{
    ......
}
#undef PI
f1()
{
    ......
}
```

这里 PI 只在 main()函数中有效，在 f1()函数中无效。

8）宏名在源程序中若用引号括起来，则预处理程序不对其做宏替换。例如：

```
#define OK 100
printf("OK");              /*该语句中的 OK 不会被替换为 100*/
```

9）宏定义允许嵌套，在宏定义的字符串中可以使用已经定义的宏名。在宏展开时由预处理程序层层替换。例如：

```
#define PI  3.14
#define AREAR  PI*r*r    /*PI 是已定义的宏名*/
```

则语句 printf("%f",AREAR);经宏替换后变为 printf("%f",3.14*r*r);。

10）可以对数据类型、输出格式等进行宏定义，减少书写麻烦。

2. 带参宏定义

C语言允许宏带有参数。出现在宏定义中的参数称为形参，出现在宏调用中的参数称为实参。对带参数的宏，在调用中，不仅要展开宏，而且要用实参去替换形参。

带参宏定义的一般形式如下：

**#define 宏名(形参表) 字符串**

带参宏调用的一般形式如下：

**宏名(实参表);**

例如：

```
#define M(x)  x*x-2*x+1       /*带参宏定义*/
......
iRet=M(3);                    /*宏调用*/
......
```

在宏调用时，用实参3去代替形参x，经预处理宏展开后的语句如下：

```
k=3*3-2*3+1;
```

说明：

1）在带参宏定义中，宏名和形参表之间不能有空格符出现。

2）在带参宏定义中，形参不分配内存单元，因此不必做数据类型说明。而宏调用中的实参有具体的值，要用它们去替换形参，因此有明确的数据类型。这与函数中的情况不同。在函数中，形参和实参是两个不同的量，有各自的作用域，调用时要把实参值赋值给形参，进行值传递。而在带参宏中，只是符号照原样替换，不存在值传递的问题。

3）宏定义中的形参是标识符，而宏调用中的实参可以是一般表达式。

4）特别注意，在宏定义中，字符串内的形参通常要用括号括起来以避免出错。

【例4-11】 用带参宏定义，求 $1/(a+b)^2$ 的值，$a$ 和 $b$ 为整数。

```
/*源程序名:prog04_11.c;功能:用带参宏定义求1/(a+b)²的值*/
#include <stdio.h>
#define  SQ(m)  ((m)*(m))
void main()
{
   int iNumA,iNumB;
   double dResult;
   printf("Input two int numbers:");
   scanf("%d,%d",&iNumA,&iNumB);
   dResult=1.0/SQ(iNumA+iNumB);
   printf("dResult=%f\n",dResult);
}
```

程序预编译时，表达式 1.0/SQ(iNumA+iNumB)宏展开后的结果为

```
1.0/((iNumA+iNumB)*(iNumA+iNumB))
```

程序运行结果：

```
Input two int numbers: 2,5
dResult =0.020408
```

如果把例 4-11 中的带参宏定义改为#define SQ(m) (m)*(m)或#define SQ(m) m*m，则程序的运行结果会是怎样呢？请读者仔细分析。

### 4.8.3　文件包含

在编写较大的程序时，常常用到大量的变量和宏定义，如果把这些内容和程序都放在一个源文件中，会使文件长度加大，不仅增加程序的阅读难度，而且容易出现错误。文件包含命令的功能是把指定的文件内容插入命令行位置取代该命令行，从而把指定的文件和当前的源程序文件连成一个源文件。

在程序设计中，文件包含是很有用的。一个大的程序可以分为多个模块，由多个程序员分别编程。有些公用的符号常量或宏定义等可单独组成一个文件，在其他文件的开头用包含命令包含该文件即可使用。这样，可避免在每个文件开头都去书写公用量，从而节省编码时间，并减少出错。

文件包含是 C 语言编译预处理程序的另一个重要功能。文件包含命令行的一般形式如下：

　　**#include "文件名"**

或

　　**#include <文件名>**

在前面我们已多次用此命令包含过库函数的头文件。例如：

```
#include "stdio.h"
#include "math.h"
```

说明：

1）包含命令中的文件名可以用双引号括起来，也可以用尖括号括起来，以下写法都是允许的。

```
#include "stdio.h"
#include <math.h>
```

但是这两种形式是有区别的：使用尖括号表示在包含文件目录中查找（包含目录是由用户在设置环境时设置的），而不在源文件目录中查找；使用双引号表示首先在当前的源文件目录中查找，若未找到才到包含目录中查找。用户编程时可根据自己文件所在的目录来选择某一种命令形式。

2）文件包含命令行可以出现在文件的任何位置，但为了醒目，一般放置在文件的

开头处。一个#include 命令只能指定一个被包含文件，若有多个文件要包含，则需用多个#include 命令。

3）文件包含允许嵌套，即在一个被包含的文件中又可以包含另一个文件。

【例 4-12】 文件包含命令示例。该程序包括两个文件（format.h 和 prog04_12.c）。

```
/*文件名:format.h*/
#include <stdio.h>
#define PI 3.1415
#define L(r) 2*PI*(r)
#define S(r) PI*(r)*(r)
/*源程序名:prog04_12.c*/
#include "format.h"
void main()
{
   float fRadius=0,fCircle,fArea;
   printf("input a radius:");
   scanf("%f",&fRadius);
   fCircle=L(fRadius);
   fArea=S(fRadius);
   printf("radius:%f\tcircle:%f\tarea:%f\n\n",fRadius,fCircle,fArea);
}
```

系统在编译时，并不是对两个文件单独编译，而是处理完文件包含命令后作为一个源文件进行编译。

### 4.8.4 条件编译

一般情况下，源文件中的所有行都参加编译，但是利用 C 语言提供的条件编译命令可以根据外部条件决定只编译源程序中的某些部分，这样可以使同一源程序在不同编译条件下编译不同的程序段，从而有利于程序的调试和移植。

条件编译有如下三种形式：

（1）第一种形式

  **#ifdef 标识符**
   程序段 **1**
  **#else**
   程序段 **2**
  **#endif**

该形式功能是，如果标识符已被#define 命令定义过，则对程序段 1 进行编译；否则对程序段 2 进行编译。如果没有程序段 2（即程序段 2 为空），本格式中的#else 可以没有，即可以写为如下形式：

  **#ifdef 标识符**

程序段

**#endif**

【例4-13】　从键盘上输入 $x$ 的值，用公式 $\sin x = x - x^3/3! + x^5/5! - x^7/7! + \cdots$ 计算 $\sin x$ 的近似值，直到某一项的绝对值小于 $10^{-6}$ 为止。

```c
/*源程序名:prog04_13.c;功能:计算sin(x)的近似值*/
#include <stdio.h>
#include <math.h>
#define DEBUG                    /*第3行*/
void main(void)
{
    double dSin,dTemp,dValX;
    int iValN;
    printf("please input dValX: ");
    scanf("%lf",&dValX);
    iValN=1;
    dTemp=dValX;
    dSin=dValX;
    do{
        iValN=iValN+2;
        dTemp=dTemp*(-dValX*dValX)/((float)(iValN)-1)/(float)(iValN);
                                /*计算通项*/
        dSin=dSin+dTemp;
        #ifdef  DEBUG           /*条件编译*/
           printf("iValN=%d,dTemp=%f,dSin=%f\n",iValN,dTemp,dSin);
                                /*第18行*/
        #endif
    }while(fabs(dTemp)>=1e-6 );   /*判断近似值的精度*/
    printf("sin(%f)=%f\n",dValX,dSin);
}
```

程序运行结果：

```
please input dValX:3.14159
iValN=3,dTemp=-5.167700,dSin =-2.026110
iValN=5,dTemp=2.550153,dSin =0.524044
iValN=7,dTemp=-0.599261,dSin =-0.075217
iValN=9,dTemp=0.082145,dSin =0.006928
iValN=11,dTemp=-0.007370,dSin =-0.000443
iValN=13,dTemp=0.000466,dSin =0.000024
iValN=15,dTemp=-0.000022,dSin =0.000002
iValN=17,dTemp=0.000001,dSin =0.000003
sin(3.141590)=0.000003
```

程序中插入了条件编译预处理命令，因此要根据 DEbUG 是否被定义来决定是否编译第18行的 printf 语句。由于在程序第3行的宏定义中定义了 DEBUG，因此应对 printf 语句进行编译，故运行结果是输出每次循环计算出的 iValN、dTemp 和 dSin。

类似的做法常常在调试程序时使用，如例4-13所示，给出第3行的宏定义，则编译时将编译第 18 行语句，执行程序时可以观察每次循环计算的取值是否正确，帮助程序员判断什么地方出现问题。如果调试结束，只需删除第 3 行的宏定义，重新编译程序即可。

（2）第二种形式

**#ifndef** 标识符

　　　程序段 **1**

**#else**

　　　程序段 **2**

**#endif**

与第一种形式的区别是将#ifdef 改为#ifndef。该形式功能是，如果标识符未被#define 命令定义过，则对程序段 1 进行编译；否则对程序段 2 进行编译。这与第一种形式的功能正好相反。

（3）第三种形式

**#if** 常量表达式

　　　程序段 **1**

**#else**

　　　程序段 **2**

**#endif**

该形式功能是，如果常量表达式的值为真（非 0），则对程序段 1 进行编译；否则对程序段 2 进行编译。因此，这种形式可以使程序在不同条件下，完成不同的功能。

【例 4-14】　根据条件计算圆的面积。

```c
/*源程序名:prog04_14.c;功能:根据条件计算圆的面积*/
#include <stdio.h>
#define R 1                            /*第2行*/
void main()
{
   float fRadius,fArea,fSum;
   printf ("input a number for fRadius: ");
   scanf("%f",&fRadius);
   #if R
      fArea=3.14159*fRadius*fRadius;       /*计算圆面积*/
      printf("area of round is:%f\n",fArea);
   #else
      fSum=fRadius*fRadius;                /*计算平方值*/
      printf("area of square is:%f\n",fRadius);
   #endif
}
```

程序运行结果：

```
input a number for fRadius: 2.3
area of round is: 16.619010
```

本例中采用了第三种形式的条件编译。在程序第 2 行宏定义中，定义 R 为 1，因此在条件编译时，常量表达式的值为真，故计算并输出圆的面积。

上面介绍的条件编译也可以用条件语句来实现。但是，用条件语句将会对整个源程序进行编译，生成的目标程序很长；而采用条件编译，则根据条件只编译其中的程序段 1 或程序段 2，生成的目标程序较短。当条件选择的程序段很长时，采用条件编译的方法是十分必要的。

# 4.9　程序设计举例

【例 4-15】　判断一个整数 n 是否为素数。

**算法分析**：数学上可以证明，使 n 被 2～sqrt(n)除，如果 n 能被 2～sqrt(n)中的任何一个整数整除，则 n 是非素数，否则是素数。现在设计一个函数 IsPrime()来判断输入的整数 n 是否为素数，其算法流程图如图 4-9 所示。

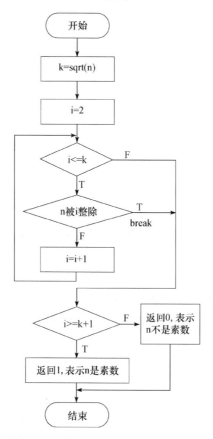

图 4-9　IsPrime 函数功能的算法流程图

```
/*源程序名:prog04_15.c;功能:判断一个整数 n 是否为素数*/
#include <stdio.h>
#include <math.h>
static int IsPrime(int iParamN);            /*函数声明*/
void main()
{
   int iValN;
   printf("input integer number: ");
   scanf("%d",& iValN);
   if(IsPrime(iValN)==1)
      printf("%d is a prime number.\n",iValN);
   else
      printf("%d is not a prime number.\n",iValN);
}
static int IsPrime(int iParamN)
{
   int k=0,i=0;
   k=(int)sqrt(iParamN);
   for(i=2;i<=k;i++)
      if(iParamN%i==0)
         break;
   if(i>=k+1)
      return 1;                             /*n 是素数*/
   else
      return 0;                             /*n 不是素数*/
}
```

程序运行结果：

```
input integer number: 17
17 is a prime number.
```

说明：程序中定义的函数 IsPrime 用来判断一个整数是否为素数。该函数为内部函数，其作用域局限于本文件，今后若需限制函数的作用域在本文件内的话，建议设置其为内部函数。

**!** 注意：

可与第 3 章例 3-25 给出的源程序 prog03_25.c 作比较，分析其异同。

**【例 4-16】** 利用递归函数求 Fibonacci 数列 0，1，1，2，3，5，8，13，…的前 30 项。

**算法分析**：从给出的项分析可知，除第 1、2 项外，每一项都是前两项的和，因此可以得出如下数列公式。

$$
\begin{cases}
f(0) = 0 & (i = 0) \\
f(1) = 1 & (i = 1) \\
f(i) = f(i-1) + f(i-2) & (i \geqslant 2)
\end{cases}
$$

于是,我们可以设计一个递归函数 Fibonacci()来求 Fibonacci 数列的前 30 项。

```
/*源程序名:prog04_16.c;功能:用递归函数求 Fibonacci 数列*/
#include <stdio.h>
static long Fibonacci (int iParamM);        /*函数声明*/
void main()
{
   int iValN;
   for(iValN=0;iValN<30;iValN++)
   {
      if(iValN%5==0)  printf("\n");
      printf("%12ld\n",Fibonacci(iValN));
   }
}
static long Fibonacci(int iParamM)
{
   long lRet_n;
   if(iParamM==0)                           /*第15行*/
      lRet_n=0;
   else if(iParamM==1)
      lRet_n=1;                             /*第18行*/
   else
      lRet_n=Fibonacci(iParamM-1)+Fibonacci(iParamM-2);
   return lRet_n;
}
```

程序运行结果:

```
        0            1            1            2            3
        5            8           13           21           34
       55           89          144          233          377
      610          987         1597         2584         4181
     6765        10946        17711        28657        46368
    75025       121393       196418       317811       514229
```

说明:第 15～18 行为递归终止条件。此例中的 Fibonacci()函数也定义为内部函数。

**!** 注意:

可与第 3 章例 3-26 给出的源程序 prog03_26.c 作比较,分析其异同。

【例 4-17】　用中点逼近法求方程 $x^3-3x-1=0$ 在(-1,0)区间的一个根。

**算法分析**:中点逼近法求方程解的方法描述如下。

1) 令 $f(x)=x^3-3x-1$。取初值 $x_1=-1$, $x_2=0$,则 $f(-1)=1$,$f(0)=-1$,$f(x_1) \cdot f(x_2)<0$。
根据数学性质可知,$f(x)$在$(x_1,x_2)$区间至少有一个根,如图 4-10 所示。

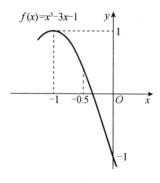

图 4-10 $f(x)=x^3-3x-1$ 在 $(-1,0)$
区间的图像

2）取 $(x_1, x_2)$ 的中点 $x=(x_1+x_2)/2$，分别用 $x$ 代替区间 $(x_1, x_2)$ 中的 $x_1$ 和 $x_2$。若 $f(x) \cdot f(x_1)<0$，则由 $x$ 代替 $x_2$ 构成一个新的区间 $(x_1, x)$；否则由 $x$ 代替 $x_1$ 构成一个新的区间 $(x, x_2)$。

3）重复步骤 2），直到 $|f(x)|$ 是一个很小的数（如 $|f(x)|$ 小于 $10^{-6}$），此时认为 $f(x) \approx 0$，即 $x$ 为方程的解。

根据以上分析，可以设计以下函数来实现：

函数 f() 用来表示 $f(x)=x^3-3x-1=x(x^2-3)-1$；函数 x_point() 表示所求中点值；函数 root_x() 表示所求函数根，求根过程采用中点逼近法。

```c
/*源程序名:prog04_17.c;功能:用中点逼近法求方程的根*/
#include <stdio.h>
#include <math.h>
static float f(float fParamX);
static float x_point(float fPointX1,float fPointX2);
static float root_x(float fPointX1,float fPointX2);
void main()
{
    float fRoot;
    fRoot=root_x(-1,0);
    printf("f(%.6f) = %.6f,so a root is %.6f\n",fRoot,f(fRoot),fRoot);
}
static float f(float fParamX)
{
    return fParamX*(fParamX*fParamX-3)-1;
}
static float x_point(float fPointX1,float fPointX2)
{
    return(fPointX1+fPointX2)/2;
}
static float root_x(float fPointX1,float fPointX2)
{
    float fMidPoint,fValY,fValY1;
    do{                /*循环求中点,直到函数 f(x) 的绝对值≤10⁻⁶,则认为 f(x)=0*/
        fValY1=f(fPointX1);
        fMidPoint=x_point(fPointX1,fPointX2);
        fValY=f(fMidPoint);
        if(fValY*fValY1<0)
            fPointX2=fMidPoint;
```

```
      else
        fPointX1=fMidPoint;
    }while(fabs(fValY)>1e-6);
    return fMidPoint;
}
```

程序运行结果：

**f(-0.347297) = 0.000001 , so a root is -0.347297**

说明：上述程序只需要经过少量的修改，就可以求其他方程的解。

# 习 题 4

## 一、选择题

1. 以下函数声明正确的是（　　）。
   A. double fun(int iX1,int iX2)    B. double fun(int iX1;iX2)
   C. double fun(iX1,iX2)           D. double fun(int iX1,iX2)

2. 下列说法正确的是（　　）。
   A. 函数的定义可以嵌套，但函数的调用不可以嵌套
   B. 函数的定义不可以嵌套，但函数的调用可以嵌套
   C. 函数的定义和函数的调用都可嵌套
   D. 函数的定义和函数的调用都不可以嵌套

3. 下列说法不正确的是（　　）。
   A. 形参是局部变量
   B. 不同的函数可以使用同名变量
   C. 在一个函数的内部，可以在复合语句中定义变量
   D. 主函数 main()中定义的变量在整个文件或程序中都有效

4. 下列说法正确的是（　　）。
   A. 实参和与其对应的形参各占用独立的存储单元
   B. 实参和与其对应的形参共占用一个存储单元
   C. 只有当实参和与其对应的形参同名时才共占用相同的存储单元
   D. 形参是虚拟的，不占用存储单元

5. C 语言规定，函数返回值的类型是由（　　）决定的。
   A. return 语句中的表达式类型    B. 调用该函数时的主调函数类型
   C. 调用该函数时由系统临时        D. 在定义函数时所指定的函数类型

6. 如果在一个函数中的复合语句中定义了一个变量，则该变量（　　）。
   A. 只在该复合语句中有效          B. 是局部变量且在该函数中有效

C．在本程序范围内有效　　　　　　D．为非法变量

7．在 Visual C++ 6.0 环境下，下面程序段的输出是（　　）。

```
int i=2;
printf("%d,%d,%d",i*=2,++i,i++);
```

A．6，3，2　　　　B．8，4，3　　　C．4，4，5　　　D．4，5，6

8．关于函数声明，以下说法不正确的是（　　）。

A．如果函数定义出现在函数调用之前，可以不必加函数原型声明

B．若在所有函数定义之前已在函数外部做了声明，则各个主调函数不必再做函数声明

C．函数在调用之前，一定要声明函数原型，保证编译系统进行全面的调用检查

D．标准库不需要函数原型声明

9．以下说法不正确的是（　　）。

A．只有局部自动变量和形参可以声明为寄存器变量，其他变量则不能

B．如果在定义局部变量时不赋初值，则对于自动变量，编译时自动被赋给一个不确定的值

C．register 变量由于使用的是 CPU 的寄存器，因此其数目是有限制的

D．全局变量使函数之间的耦合性更加紧密，不利于模块化的要求

10．如果要限制一个变量只能被本程序使用，必须通过（　　）来实现。

A．静态内部变量　　　　　　　　　B．外部变量声明

C．静态外部变量　　　　　　　　　D．寄存器变量

11．以下说法不正确的是（　　）。

A．在不同函数中可以使用相同名称的变量

B．形参是局部变量

C．在函数内定义的变量只在函数范围内有效

D．在函数内的复合语句中定义的变量在本函数范围内有效

12．在宏定义#define PI 3.14159 中，用宏名 PI 代替一个（　　）。

A．常量　　　　B．单精度数　　　C．双精度数　　　D．字符串

13．以下有关宏替换的叙述不正确的是（　　）。

A．宏替换不占用运行时间　　　　　B．宏名无类型

C．宏替换只是字符替换　　　　　　D．宏名必须用大写字母表示

14．当#inlcude 后面的文件名用""""括起时，寻找被包含文件的方式是（　　）。

A．直接按系统设定的标准方式搜索目录

B．先在源程序所在目录搜索，再按系统设定的标准方式搜索

C．仅搜索源程序所在目录

D．仅搜索当前目录

15. 下列选项中不会引起二义性的宏定义是（　　　）。

A．#define M(x)　x*x
B．#define M(x)　(x)*(x)

C．#define M(x)　(x*x)
D．#define M(x)　((x)*(x))

## 二、填空题

寻找并输出 2000 以内的亲密数对。亲密数对的定义为，若正整数 a 的所有因子（不包括 a 本身）和为正整数 b，b 的所有因子（不包括 b 本身）和为 a，且 a 不等于 b，则称 a 和 b 是亲密数对。

```c
#include <stdio.h>
int fun(int iParamX)
{
   int i,iValY=0;
   for(i=1; ①  ;i++)
      if(iParamX%I==0)
         iValY+=i;
   return iValY;
}
void main()
{
   int i,iVal;
   for(i=2;i<=2000;i++)
   {
      iVal=fun(i);
      if( ② ) printf("%d,%d\n",i,iVal);
   }
}
```

程序运行结果：

```
220,284
1184,1210
```

## 三、阅读程序，写出程序的运行结果

1. 写出下面程序的运行结果。

```c
#include <stdio.h>
int func(int iParamA,int iParamB)
{
   static int s_iRet=0,s_iNum=2;
   s_iNum+=s_iRet+1;
   s_iRet=s_iNum+iParamA+iParamB;
```

```
        return s_iRet;
    }
    void main ()
    {
        int iValA,iValB;
        iValA=func(4,1);
        iValB=func(4,1);
        printf("%d,%d\n",iValA,iValB);
    }
```

2. 若输入的值是-125，写出下面程序的运行结果。

```
    #include <stdio.h>
    #include <math.h>
    void fun (int iParamN)
    {
        int k,r;
        for(k=2;k<=sqrt(iParamN);k++)
        {
            r=iParamN%k;
            while(!r)
            {
                printf("%d",k);
                iParamN=iParamN/k;
                if(iParamN>1)
                printf("*");
                r=iParamN%k;
            }
        }
        if(iParamN!=1)
            printf("%d\n",iParamN);
    }
    void main()
    {
        int iValN;
        scanf("%d",&iValN);
        printf("%d=",iValN);
        if(iValN<0)
            printf("-");
        iValN=(int)fabs(iValN);
        fun(iValN);
    }
```

3. 写出下面程序的运行结果。

```c
#include <stdio.h>
void fun(int iParamA);
void main()
{
    int iVal=4;
    fun(iVal);
    fun(iVal);
}
static void fun(int iParamA)
{
    static int iValM=0;
    iValM+=iParamA;
    printf("%d\n",iValM);
}
```

4. 写出下面程序的运行结果。

```c
#include <stdio.h>
int fun(int);
int iNum=1;
void main()
{
    int iVal;
    iVal=fun(iNum);
    printf("%d,%d\n",iNum,iVal);
}
int fun(int iNum)
{
    iNum=3;
    return iNum;
}
```

5. 写出下面程序的运行结果。

```c
#include <stdio.h>
#define LETTER 0
void main()
{
    char szStr[20]="Hello Word";
    char cChar;
    int i=0;
```

```
    while((cChar=szStr[i])!='\0')
    {
        i++;
        #if LETTER
            if(cChar>='a' && cChar<='z')
                cChar=cChar-32;
        #else
            if(cChar>='A' && cChar<='Z')
                cChar=cChar+32;
        #endif
            printf("%c",cChar);
    }
    printf("\n");
}
```

## 四、编程题

1．一个数如果恰好等于它的因子之和，这个数就称为完数。例如，6 的因子为 1、2、3，而 6=1+2+3，因此 6 是一个完数。编程找出 2000 以内的所有完数，求完数的过程需编写为一个函数。

2．求方程 $ax^2+bx+c=0$ 的根，用三个函数分别求当 $b^2-4ac$ 大于 0、等于 0、小于 0 时的根，并输出结果。$a$、$b$、$c$ 的值在 main() 函数中输入。

3．用牛顿迭代法求方程 $x^3-2x^2+3x+4=0$ 在 1 附近的一个实根并输出。牛顿迭代法的公式是 $x=x_0-f(x)/f'(x)$，设迭代到 $|x-x_0| \leqslant 10^{-5}$ 时结束。

4．用递归法求 $n$ 阶勒让德多项式的值，递归公式如下：

$$p_n(x) = \begin{cases} 1 & (n=0) \\ x & (n=1) \\ ((2n-1)xp_{n-1}(x)-(n-1)p_{n-2}(x))/n & (n>1) \end{cases}$$

# 第5章 数 组

　　利用基本数据类型可以定义一个个的变量，如前面几章所使用的变量，这些变量称为简单变量。然而在实际应用中，数据的处理量往往相当大，若利用一个个的简单变量来存储数据，则处理起来既不方便，也不高效（不方便寻址）。因此，C 语言提供了一种新的数据类型——数组，使用数组即可方便地处理大批量具有相同属性的数据，如计算 1000 个学生的 C 语言的平均成绩。

　　数组是一组具有相同数据类型的元素的有序集合。数组中的每个元素称为数组元素或下标变量。根据数组的维定义不同，数组又分为一维数组、二维数组及多维数组。数组中各元素的数据类型均相同，不能把不同类型的数据放在同一个数组中。数组和循环结构相结合，可以方便地对大批量相同数据类型的数据进行处理，大大提高工作效率。

## 5.1 一 维 数 组

　　一维数组是数组中最简单的，它的元素只需要用数组名加一个下标就能唯一地确定，如用一个数组名（iA）和下标（如 6）可以唯一地确定数组中的元素（iA[6]）。有的数组的元素需要指定两个下标才能唯一地确定，这样的数组称为二维数组，还可以有三维甚至多维数组。它们的概念和用法基本上是相同的。熟练掌握一维数组后，对二维或多维数组可以很容易地举一反三，融会贯通。

### 5.1.1 一维数组的定义

　　C 语言中的数组也遵循"先定义，后使用"的原则。要使用数组，必须在程序中先定义数组，即通知计算机该数组由哪些数据组成，数组中有多少元素，属于哪种数据类型。否则，计算机不会自动地把一批数据作为数组处理。

　　一维数组的定义格式如下：

　　　　**存储类型 数据类型 数组名[常量表达式];**

　　说明：

　　1）存储类型用来说明数组元素的存储类别，其含义和用法与第 4 章所述变量的存储类型相同。

　　2）数据类型用来说明数组元素的数据类型，可以是基本类型、指针类型或结构体、联合体等构造类型。

　　3）数组标识符用来说明数组的名称，即数组名，定义数组名的规则与定义变量名的规则相同。数组名代表数组存储区的首地址（起始地址），即数组首元素的存放地址（数组首地址）。数组名是一个地址常量，不是变量，任何情况下都不能对数组名赋值。

　　4）[常量表达式]用来说明数组元素的个数，即数组的长度，可以是正的整型常量、字符常量或整型常量表达式。其中，方括号不可省，也不能用圆括号代替。

**！注意：**

C 语言中不能通过以下方法来定义数组的长度。

```
int iNum=5;
int iA[iNum];
```

以上两条语句，看似定义了含有 iNum 个（即五个）元素的 int 型数组，但不符合 C 语言定义数组的规则，因为 iNum 是变量，而非常量。C 语言中不允许定义动态数组，编译时数组的大小必须是已知的，且其大小在程序执行过程中是固定不变的，即数组的长度不能依赖运行过程中变化的变量，这在定义数组时应特别注意。

在定义数组时，常量表达式也可以是符号常量，例如：

```
#define N 5
int iA[N];          /*正确,N 是符号常量*/
```

5）数组元素的下标编号为 0～(数组长度-1)。如果 iA 数组是由五个元素组成的，则其数组元素依次为 iA[0]，iA[1]，iA[2]，iA[3]，iA[4]。

**！注意：**

C 语言对数组下标越界不做检查。如果程序中出现了数组元素 iA[5]，C 语言程序编译系统不会给出错误提示信息，但事实上已出现了下标越界（按顺序，iA[5]为数组中第六个元素，而定义的时候数组 iA 只有五个元素）。

6）相同类型的数组可在同一语句行中定义，数组之间用逗号分隔，例如：

```
int iA1[5],iA2[10];
```

以下是对数组声明（定义）的几个例子。

```
int iA[5];
```

定义 iA 是含有五个 int 型元素的数组（或 iA 是含有五个元素的 int 型数组），其元素依次表示为 iA[0]，iA[1]，iA[2]，iA[3]，iA[4]。如果该声明在函数外，则 iA 是外部数组；如果该声明在函数内，则 iA 为自动数组。

```
float fX,fA1[50],fA2[50];
```

定义 fX 是 float 型变量，fA1 和 fA2 都是有 50 个元素的 float 型数组。

```
static char s_cA [200];
```

定义 s_cA 是有 200 个元素的静态字符数组。如果该声明在函数外，则为外部静态数组；如果该声明在函数内，则为局部静态数组。

从数组的定义不难看出，定义数组时首先必须为数组命名，即数组要有其标识符；其次要声明数组的数据类型，即确定类型声明符，表明数组元素的数据类型；另外，还要声明数组的结构，即规定数组的维数和数组元素的个数；必要时还要确定数组的存储类别，它关系到数组所占存储位置的作用域和生存期。这是定义数组时需要考虑的四个方面。

### 5.1.2　一维数组的逻辑结构和存储结构

**1．一维数组的逻辑结构**

从用户观点而言的数组结构称为数组的逻辑结构。一维数组的逻辑结构是线性的，可以看作一个一维向量。例如：

```
int iA[6];
```

该语句定义了一个一维数组 iA，该数组是由六个数组元素构成的，其中每一个数组元素都是整型数据类型。数组 iA 的各个数据元素依次是 iA[0]，iA[1]，iA[2]，…，iA[5]。这个数组 iA 的逻辑结构可以看作一个一维向量，如图 5-1 所示。

| iA[0] | iA[1] | iA[2] | iA[3] | iA[4] | iA[5] |
|-------|-------|-------|-------|-------|-------|

图 5-1　一维数组 iA 的逻辑结构

**2．一维数组的存储结构**

数组一旦被定义，系统就要为其在内存中分配一些连续的存储单元。一维数组是按照其元素下标的顺序依次存储在内存连续递增的空间中的，即从第一个元素直至最后一个元素连续存储。数组名代表该数组的首地址（数组的起始地址），每个元素所占字节数相同，因此，根据数组元素的下标序号即可求得数组中各元素在内存的地址，根据地址可对数组元素进行随机存取。对于 int iA[6]，若设 iA 的首地址为 12ff68，则一维数组 iA 的存储结构如图 5-2 所示，可计算元素 iA[3]的存储地址=$(12ff68)_{16}+(3\times4)_{10}$=12ff74。

图 5-2　一维数组 iA 的存储结构

### 5.1.3　一维数组元素的引用

在定义数组并对其中各元素赋值后，就可以引用数组中的元素。

**! 注意：**

C语言中规定，只能引用数组元素而不能一次整体调用整个数组全部元素的值。因此，数组元素的下标对数组的操作非常重要，利用数组元素下标的变化，可达到对数组各元素进行引用的目的。

一维数组元素的引用格式如下：

**数组名[下标表达式]**

例如，int iA[10];语句中 iA[0]是数组 iA 中序号（或下标）为 0 的元素，它和一个简单整型变量的地位和作用相似。

又如：

```
iA[5]=2000;              /*为第 6 个元素赋值*/
scanf("%d",&iA[8]);      /*为第 9 个元素输入数据*/
printf("%d",iA[6]);      /*输出第 7 个元素的值*/
```

下标表达式的形式可以是整型常量或整型表达式。下面的表达式包含了对数组元素的引用。

```
iA[9]=iA[5]+iA[4]-iA[2*4]
```

每一个数组元素都代表一个整型数据。

**! 注意：**

定义数组时用到的"数组名[常量表达式]"和引用数组元素时用的"数组名[下标表达式]"形式相同，但含义不同。

```
int iA[10];    /*这里的 iA[10]表示的是数组定义时指定数组包含 10 个元素*/
t=iA[5];       /*这里的 iA[5]表示引用数组中序号为 5 的元素*/
```

下面介绍两个一维数组元素的输入、输出操作的例子。

**【例 5-1】** 一维数组元素的输入、输出。

**算法分析：**一维数组元素的输入、输出采用循环结构实现，在循环体中，用循环变量作为数组元素的下标，从而达到引用各个数组元素的目的。由于数组元素和同类型简单变量的地位和作用相似，因此，可以用赋值语句"数组元素=常数;"或 scanf()函数为数组元素赋值。

```
/*源程序名:prog05_01.c;功能:一维数组元素的输入输出*/
#include <stdio.h>
void main()
{
    int i,iA[5];
    float fA[5];
    for(i=0;i<5;i++)
        iA[i]=10;       /*使用赋值语句,对数组 iA 各元素赋值*/
```

```
for(i=0;i<5;i++)
    printf("iA[%d]=%d  ",i,iA[i]);   /*输出数组 iA 的各元素*/
printf("\n");                        /*数组 iA 操作完毕,换行*/
for(i=0;i<5;i++)
    scanf("%f",&fA[i]);          /*用 scanf()函数,对数组 fA 各元素赋值*/
for(i=0;i<5;i++)
    printf("fA[%d]=%4.2f",i,fA[i]);  /*输出数组 fA 的各元素*/
printf("\n");                        /*数组 fA 操作完毕,换行*/
}
```

程序运行结果:

```
iA[0]=10 iA[1]=10 iA[2]=10 iA[3]=10 iA[4]=10
1 2 3 4 5
fA[0]=1.00 fA[1]=2.00 fA[2]=3.00 fA[3]=4.00 fA[4]=5.00
```

【例 5-2】　对 10 个数组元素分别赋值为 0，1，2，3，4，5，6，7，8，9，要求按逆序输出。

**算法分析**：首先定义一个长度为 10 的整型数组，然后设计一个循环结构，在循环体中，用循环变量作为数组元素的下标，且将循环变量的值赋给相应的数组元素。当要求逆序输出数组元素时，按下标从大到小依次输出这 10 个元素即可。

```
/*源程序名:prog05_02.c;功能:数组元素的逆序输出*/
#include "stdio.h"
void main()
{
    int i,iA[10];
    for(i=0;i<10;i++)
        iA[i]=i;                     /*将 i 的值赋给 iA[i]*/
    for(i=9;i>=0;i--)
        printf(" %d",iA;i]);         /*逆序输出数组的 10 个元素*/
    printf("\n");
}
```

程序运行结果:

```
9 8 7 6 5 4 3 2 1 0
```

程序中，第一个 for 循环使 iA[0]～iA[9]的值依次为 0～9；第二个 for 循环按下标从 9～0 的顺序输出数组各元素的值。

**⚠ 注意:**

数组元素的下标是从 0 开始的，如果用 int iA[10]定义数组，则最大下标值为 9，该数组不存在数组元素 iA[10]。下面是数组定义中常见的错误。

```
for(i=1;i<=10;i++)                   /*循环变量 i 的初值为 1,终值为 10*/
    iA[i]=i;                         /*下标从 1 开始变到 10,则出现了下标越界*/
```

### 5.1.4 一维数组的初始化

在定义数组时对数组各元素赋值的过程，称为数组的初始化。数组的初始化可以使数组元素在程序运行之前的编译阶段得到初值，从而节省运行时间。

一维数组初始化格式如下。

**存储类型 类型说明符 数组名[常量表达式]={常量表达式表列};**

其中，"{}"中各常量表达式对应数组元素的初值，相互之间用逗号分隔。例如：

```
static int s_iA[5]={1,2,3,4,5};
```

该语句的作用是将元素 s_iA[0]，s_iA[1]，s_iA[2]，s_iA[3]，s_iA[4]的值分别初始化为 1，2，3，4，5，等价于以下语句：

```
static int s_iA[5];
s_iA[0]=1;s_iA[1]=2;s_iA[2]=3;s_iA[3]=4;s_iA[4]=5;
```

说明：

1）在对全部数组元素赋初值时，由于数据的个数已经确定，因此可以不指定数组的长度。数组长度由常量表达式中初值的个数自动确定。例如：

```
int iA[]={1,2,3,4,5};  /*初值有 5 个,故系统自动确定数组的长度为 5*/
```

该语句等价于 int iA[5]={1,2,3,4,5};。

2）若提供的数据个数少于数组的元素个数，则只给前部分相应数组元素赋初值，其余未提供值的数组元素，系统对其自动初始化为相应类型的默认值。对于数值型数组，初始化默认值为 0；对于字符型数组，初始化默认值为'\0'；对于指针型数组（将在第 6章介绍），则初始化默认值为 NULL，即空指针。例如：

```
static int s_iA[5]={1,2,3};
```

其结果是元素 s_iA[0]，s_iA[1]，s_iA[2]，s_iA[3]，s_iA[4]的值分别被初始化为 1，2，3，0，0。

对于存储类型为 static 的数值型数组，如果不对数组元素赋初值，系统会自动对全部数组元素赋以 0 值，即 static int s_iA[5];等价于 static int s_iA[5]={0,0,0,0,0};，也等价于 static int s_iA[5]={0};。

3）不允许数组确定的元素个数少于初值个数。例如：

```
static int s_iA[5]={0,1,2,3,4,5,6};
```

以上语句在编译时系统将提示语法出错信息，如图 5-3 所示。

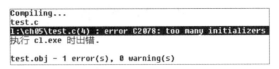

图 5-3　编译时的错误提示

【例 5-3】　求一维数组中所有元素的平均值。

**算法分析**：定义一个一维整型数组 iA 存储要处理的数据。首先使用循环语句对数组中各元素累加求和，然后计算平均值。

```
/*源程序名:prog05_03.c;功能:求一维数组中所有元素的平均值*/
#include <stdio.h>
void main()
{
   int i;
   int iA[]={9,8,7,6,5,4,3,2};      /*数组元素初始化*/
   float fAverage=0.0;              /*fAverage用来保存数组元素平均值*/
   for(i=0;i<8;i++)
   {
      fAverage+=iA[i];              /*求所有数组元素之和*/
   }
   fAverage/=8;                     /*计算平均值*/
   printf("The average is:%f\n",fAverage);
}
```

程序运行结果：

```
The average is:5.500000
```

### 5.1.5　一维数组的应用举例

C 语言程序设计中数组有着广泛的应用价值，这些应用又有许多算法与之呼应，如查找与排序是数组中常用的两种操作。

【例 5-4】　计算并输出 Fibonacci 数列的前 15 个数。

Fibonacci 数列指的是这样一个数列：0，1，1，2，3，5，8，13，21，…

该数列从第三项开始，每一项都等于前两项之和。它的通项公式（也称比内公式，是用无理数表示有理数的一个范例）如下：

$$a_n = \frac{1}{\sqrt{5}}\left[\left(\frac{1+\sqrt{5}}{2}\right)^n - \left(\frac{1-\sqrt{5}}{2}\right)^n\right]$$

**算法分析**：首先定义一个数组 iA，然后为数组的第一个元素 iA[0]赋初值为 0，为第二个元素 iA[1]赋初值为 1，从第三个元素开始，满足：

$$iA[i]=iA[i-1]+iA[i-2]$$

```
/*源程序名:Prog05_04.c;功能:计算并输出 Fibonacci 数列的前 15 个数*/
#include <stdio.h>
void main()
{
   int iA[15],i;
```

```
    iA[0]=0;                          /*第一个元素值为0*/
    iA[1]=1;                          /*第二个元素值为1*/
    printf("%4d%4d",iA[0],iA[1]);
    for(i=2;i<15;i++)
    {
       iA[i]=iA[i-1]+iA[i-2];         /*计算第i个元素*/
       printf("%4d",iA[i]);
    }
    printf("\n");
}
```

程序运行结果：

0    1    1    2    3    5    8    13   21   34   55   89  144  233  377

❗ 注意：

可与第3章例3-26和第4章例4-16的源程序作比较，分析使用一维数组的优点。

【例5-5】 输入n个整数，用冒泡排序法将它们按从小到大的顺序排列后输出。

算法分析：这是一个数组排序问题。数组排序的算法很多，一种简单的算法为冒泡排序法。冒泡排序法（n=5）如图5-4所示。从第0个元素开始，将两两相邻的元素进行比较，每次比较时将大的一个值放到后面，比较n-1次后，n个数中最大的一个值被移到最后一个元素的位置上，称为冒泡；第二轮比较仍然从第0个元素开始，对余下的n-1个元素重复上述过程n-2次，当第二轮比较结束后，n个数中次大的一个值被移到倒数第二个元素位置上；然后进行第三轮比较，此时对n-3个数进行排序，这样的过程一直进行到第n-1轮比较后结束。此时n个数全部排序完毕。输出排序后的数组即为所求。

| 数组 | iA[0] | iA[1] | iA[2] | iA[3] | iA[4] |
|---|---|---|---|---|---|
| 数组的初始状态 | 82 | 31 | 65 | 9 | 47 |
| 第一轮比较结束 | 31 | 65 | 9 | 47 | 82 |
| 第二轮比较结束 | 31 | 9 | 47 | 65 | 82 |
| 第三轮比较结束 | 9 | 31 | 47 | 65 | 82 |
| 第四轮比较结束 | 9 | 31 | 47 | 65 | 82 |

图5-4 冒泡排序法（n=5）

图5-4中方框内的数表示经第i轮（i=1,2,3,4）比较结束后，数组中已排好序的元素。

```
/*源程序名:prog05_05.c;功能:对数组元素冒泡排序*/
#include <stdio.h>
#define  N  5                /*待排序元素个数*/
void main()
{
```

```
    int iA[N],i,j,iTemp;
    printf("input %d numbers:\n",N);
    for(i=0;i<N;i++)
        scanf("%d",&iA[i]);          /*从键盘上输入数组 iA 的各元素*/
    for(i=0;i<N-1;i++)
    for(j=0;j<N-i-1;j++)
        if(iA[j]>iA[j+1])
        {
            iTemp=iA[j];
            iA[j]=iA[j+1];
            iA[j+1]=iTemp;
        }                            /*交换两个相邻元素 iA[j]与 iA[j+1]的值*/
    for(i=0;i<N;i++)                 /*输出排序后数组 a 的各元素*/
        printf("%d",iA[i]);
    printf("\n");
}
```

程序运行结果:

```
input 5 numbers:
82 9 31 47 65
9   31   47   65   82
```

　　事实上,n-1 轮是最多的排序轮数,只要在某一轮排序中没有进行元素交换,则说明已完成排序,可以提前退出外循环,结束排序。请读者思考如何改进此冒泡排序程序。

　　【例 5-6】　已知一数组长度为 9,元素已按递增的顺序(或递减顺序)排序。现从键盘上输入一个数 x,查找该数是否在数组中出现,如果出现,则输出 x 在数组中的位置(用元素下标表示),否则输出"未找到"。

　　算法分析:这是一个数组查找问题。在一个数组中查找某数有两种情况:一种情况是对无序数据的查找采用顺序查找法,即把要查找的数与数组中的元素一一比较,直到找到为止(如果数组中没有此数,则应查到最后一个数,才能断定"找不到"),这种查找方法效率较低;另一种情况是在已排好序的一批数中进行查找,由于数的有序性,查找效率较高。本例采用二分查找(折半查找)法。

　　二分查找法的基本思想:将该数组的中间位置的数与待查找的数比较,若相等,则元素查找到;若不相等,则利用数据的有序性,可以决定所查找的数是在中间元素之前还是中间元素之后,从而可以把查找范围缩小一半,进而较快地完成查找。

```
/*源程序名:prog05_06.c;功能:二分查找法的实现*/
#include <stdio.h>
#define N  9                         /*数组中有 9 个元素*/
void main()
{
    int iSearch,iTop,iBottom,iMiddle;
    int iA[N]={3,6,8,10,12,33,38,56,60};
```

```
    printf("输入一个待查找的数:");
    scanf("%d",&iSearch);
    iTop=0;
    iBottom=N-1;
    while(iTop<=iBottom)              /*二分查找法查找元素 iSearch*/
    {
        iMiddle=(iTop+iBottom)/2;     /*计算中间元素的下标 iMiddle*/
        if(iSearch<iA[iMiddle])
            iBottom=iMiddle-1;        /*在数组的前一半中继续查找 iSearch*/
        else
            if(iSearch>iA[iMiddle])
                iTop=iMiddle+1;       /*在数组的后一半中继续查找 iSearch*/
            else                      /*在数组 iA 中找到 iSearch*/
            {
                printf("\n 元素%d 在数组中,下标是%d\n",iSearch,iMiddle);
                return;
            }
    }
    printf("\n 元素%d 在数组中未找到\n",iSearch);
                                      /*在数组 iA 中没有找到 iSearch*/
}
```

程序运行结果：

1）输入的数据在数组中。

输入一个待查找的数:**12**

元素**12**在数组中，下标是**4**

2）输入的数据不在数组中。

输入一个待查找的数:**66**

元素**66**在数组中未找到

程序中首先将 iSearch 与数组 iA 的中间的元素 iA[iMiddle]比较，如果 iSearch 小于这个元素，则在数组的前一半元素中去找 iSearch，否则在后一半元素中去找。无论往前找还是往后找，下一步都要与 iSearch 比较的是位于所选的那一半的中间的元素。该过程一直进行到 iSearch 被找到（iSearch==iA[iMiddle]为非 0）或 iSearch 值所在范围的所有元素都被检查过（iTop>iBottom 为非 0）为止。

例 5-5 和例 5-6 分别介绍了冒泡排序法和二分查找法，排序和查找还有其他算法，如选择法排序、顺序查找等，请读者思考如何编程实现这些算法。

## 5.2  二 维 数 组

一维数组是一个线性的数组，数组元素仅使用一个下标。数组元素具有两个下标的数组称为二维数组。C 语言允许定义和引用任意维数的数组，其使用与二维数组类似，但超过二维以上的数组在实际的程序设计中使用较少。

### 5.2.1 二维数组的定义

二维数组的定义格式如下。

**存储类型 类型说明符 数组名[常量表达式 1][常量表达式 2];**

说明：

1）二维数组定义格式中存储类型、类型说明符和数组名的含义与一维数组的定义相同。

2）二维数组定义格式中常量表达式 1 表示数组的行数，常量表达式 2 表示数组的列数。

3）二维数组元素的行、列下标值均从 0 开始。

例如：

```
static int s_iA[2][3];    /*定义了一个 2 行,每行 3 列的二维静态 int 型数组*/
static float s_fA[5][5];  /*定义了一个 5 行,每行 5 列的二维静态 float 型数组*/
char cA[10][10];          /*定义了一个 10 行,每行 10 列的二维 char 型数组*/
```

与定义一维数组一样，以上数组的定义包括存储类型、数据类型、数组名及数组的大小等内容。其中，s_iA 数组 2 行 3 列，共有 2×3=6 个 int 型元素；s_fA 数组 5 行 5 列，共有 5×5=25 个 float 型元素；cA 数组 10 行 10 列，共有 10×10=100 个 char 型元素。

### 5.2.2 二维数组的逻辑结构和存储结构

1. 二维数组的逻辑结构

从用户的观点来看，二维数组的逻辑结构是一个行列式或矩阵。

例如，int iA[3][4];定义了一个二维数组 iA，该数组是由 3×4=12 个数组元素构成的，其中每一个数组元素都属于整型数据类型。数组 iA 的各个数组元素依次是 iA[0][0]，iA[0][1]，iA[0][2]，iA[0][3]，iA[1][0]，iA[1][1]，iA[1][2]，iA[1][3]，iA[2][0]，iA[2][1]，iA[2][2]，iA[2][3]。数组 iA 的逻辑结构可以看作一个 3 行 4 列的行列式或矩阵，可用图 5-5 表示。

| iA[0][0] | iA[0][1] | iA[0][2] | iA[0][3] |
| --- | --- | --- | --- |
| iA[1][0] | iA[1][1] | iA[1][2] | iA[1][3] |
| iA[2][0] | iA[2][1] | iA[2][2] | iA[2][3] |

图 5-5 二维数组 iA 的逻辑结构

## 2. 二维数组的存储结构

与一维数组一样，二维数组一旦被定义，系统就要为其分配相应的存储单元，即系统为定义的二维数组在内存中分配一些连续的存储单元，数组名代表数组首地址（数组起始地址），每个元素所占字节数相同。二维数组在内存中一般有两种存储形式：按行序为主的存储形式和按列序为主的存储形式。按行序为主的存储形式是以行下标的先后顺序进行存储的，而同一行中的元素则按列下标的先后顺序依次存储在连续的存储单元中；按列序为主的存储形式是以列下标的先后顺序进行存储的，而同一列中的元素则按行下标的先后顺序依次存储在连续的存储单元中。在 C 语言中，二维数组按行序为主进行存储。对于已定义的 3 行 4 列二维数组 iA，其存储结构如图 5-6 所示。如果已知二维数组的存储形式，则根据数组元素的下标序号可以求得数组各元素在内存的地址，并可对数组元素进行随机存取。对 int iA[3][4];，设 iA 的首地址为 12ff50，可计算出元素 iA[1][2]的存储地址为

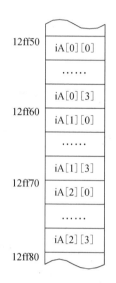

图 5-6  二维数组 iA 的存储结构

$$元素地址=首地址+(行号×每行元素个数+列号)×sizeof(元素数据类型)$$
$$= (12ff50)_{16}+((1×4+2)×4)_{10}$$
$$=12ff68$$

不难看出，可将二维数组看作一个特殊的一维数组。例如，二维数组 iA[3][4]是含有 iA[0]，iA[1]，iA[2]这三个元素的一维数组，而 iA[0]，iA[1]，iA[2]又可看作各含四个元素的一维数组，iA[0]，iA[1]，iA[2]分别是这三个一维数组的数组名。

### 5.2.3  二维数组元素的引用

二维数组的元素也称双下标变量，其引用格式如下。

**数组名[下标表达式 1][下标表达式 2]**

说明：

1）下标表达式可以是整型常量、整型变量及表达式。

2）能对基本数据类型的变量进行的各种操作，也都适合于同类型的二维数组元素。

例如：

```c
int iA1[2][3],iA2[5][5];
char cA[10][10];
iA1[1][1]=123;
iA2[2][3]=iA1[1][1]*3+iA1[1][1]/3;
cA[5][5]='h';
```

3）通过取地址运算符 "&" 可得到二维数组元素的地址。

例如，iA1[1][1]元素的地址可表示为&iA1[1][1]。

4）从键盘上为二维数组元素输入数据，一般需要使用二层循环。

下面两个程序段分别是按行、列的方式从键盘上为数组的每个元素输入数据。

```
按行的方式输入:
for(i=0;i<2;i++)
    for(j=0;j<3;j++)
        scanf("%d",&iA[i][j]);
```

```
按列的方式输入:
for(i=0;i<3;i++)
    for(j=0;j<2;j++)
        scanf("%d",&iA[j][i]);
```

【例 5-7】　从键盘上为一个 5×5 整型数组赋值，找出其中的最小值和最大值，并在屏幕上显示。

**算法分析：**先定义一个二维数组 int iA[5][5]，并对各数组元素赋值，然后以数组的第一个元素 iA[0][0]作为参考值，其他数组元素逐个与其比较大小，最终确定数组中的最大值和最小值。

```
/*源程序名:prog05_07.c;功能:二维数组赋值,并找出其中的最大值和最小值*/
#include <stdio.h>
void main()
{
    int iA[5][5];
    int j,i,iMin,iMax;
    for(i=0;i<5;i++)                    /*从键盘输入矩阵元素值*/
        for(j=0;j<5;j++)
        {
            scanf("%d",&iA[i][j]);      /*双下标形式引用数组元素*/
        }
    iMin=iA[0][0];
    iMax=iA[0][0];
    for(i=0;i<5;i++)                    /*逐个比较,找最大值 iMax 和最小值 iMin*/
        for(j=0;j<5;j++)
        {
            if(iMin>iA[i][j])
                iMin=iA[i][j];
            if(iMax<iA[i][j])
                iMax=iA[i][j];
        }
    printf("min=%d max=%d\n",iMin,iMax);/*输出结果*/
}
```

程序运行结果：

```
12 23 34 56 25
11 52 65 98 33
132 165 152 435 875
225 450 120 119 189
642 951 852 753 999
min=11 max=999
```

### 5.2.4 二维数组的初始化

二维数组元素的初始化有以下几种方法。

#### 1. 在程序中的开始位置对数组元素赋初值

用赋值语句"**数组元素=常数;**"，或调用 scanf()函数赋初值。例如：

```
#include <stdio.h>
void main()
{
    int iA[5][5];
    float fA[10][10];
    for(i=0;i<5;i++)
        for(j=0;j<5;j++)
            iA[i][j]=1;                    /*使用赋值语句*/
    for(i=0;i<10;i++)
        for(j=0;j<10;j++)
            scanf("%f",&fA[i][j]);    /*使用 scanf()函数从键盘输入*/
    ......
}
```

#### 2. 在定义数组时初始化二维数组元素

这种方法的格式如下：

　　**存储类型　类型说明符　数组名[常量表达式 1][常量表达式 2]={常量表达式表};**
说明：

1）初值按行的顺序排列，每行都用一对大括号括起来，各行之间用逗号隔开，例如：

```
static int s_iA [3][2]={{1,2},{3,4},{5,6}};
```

语句中第一对大括号内的各数据依次赋值给第一行中的各元素，第二对大括号内的各数据依次赋值给第二行中的各元素，第三对大括号内的各数据依次赋值给第三行中的各元素。元素 s_iA[0][0]，s_iA[0][1]，s_iA[1][0]，s_iA [1][1]，s_iA [2][0]，s_iA[2][1]的初值分别为 1，2，3，4，5，6。

这种初始化方式，也可以只为每行中的部分元素赋初值，未赋值的元素初值为相应类型的默认值，例如：

```
static int s_iA[3][4]={{ },{3},{5}};
```

该数组中 s_iA[1][0]的初值是 3，s_iA[2][0]的初值是 5，余下元素的初值将自动设置为 0。

2）可以与一维数组一样，将所有元素的初值写在一对大括号内，编译系统将这些有序数据按数组元素在内存中排列的顺序（按行）依次为各元素赋初值。例如：

```
static int s_iA[2][3]={1,2,3,4,5,6};
```

s_iA 数组经过初始化后，数组元素 s_iA[0][0]，s_iA[0][1]，s_iA[0][2]，s_iA[1][0]，s_iA[1][1]，s_iA [1][2]的初值分别是 1，2，3，4，5，6。

**⚡ 注意：**

C 语言允许在定义二维数组时不指定第一维的长度（即行数），但必须指定第二维的长度（即列数）。由于第一维的长度可以由系统根据常量表达式表中的初值个数来确定，因此常量表达式表中必须给出所有数组元素的初值。例如：

```
static  int s_iA [ ][3]={1,2,3,4,5,6};
```

此时，编译系统会根据数组初值的个数来分配存储空间，由于 s_iA 数组共有 6 个初值，列数为 3，因此可确定第一维的长度为 2，即 s_iA 为 2 行 3 列的整型数组。

此例中，数组初值的个数（6）恰好是列数（3）的整数倍，因此每个数组元素都有对应的初始值，但大多情况并不一定这样，假如有如下定义：

```
static  int s_iA [ ][3]={1,2,3,4};
```

则数组的行数应如何确定？数组中各元素应如何赋初值？请读者结合一维数组元素的初始化进行思考。

**⚡ 注意：**

如果仅仅只定义二维数组，则所有维的长度都必须指定，不能使用默认值。

## 5.2.5　二维数组的应用举例

下面的程序用来说明二维数组的应用。

**【例 5-8】**　已知一个 3×4 矩阵 iA1，编程求出该矩阵的转置矩阵 iA2。

**算法分析：**一个 3×4 的矩阵就是一个 3 行 4 列的二维数组，3×4 矩阵的转置矩阵是将它的行、列互换以后得到的 4×3 矩阵。程序中定义 3×4 的二维数组 iA1 表示矩阵 iA1，4×3 的二维数组 iA2 表示转置后的矩阵 iA2。将矩阵 iA1 转置后存入矩阵 iA2，则 iA1 中第 i 行第 j 列的元素是转置矩阵 iA2 中第 j 行第 i 列的元素，即 iA2[j,i]=iA1[i;j]，其中 i=0,1,2，j=0,1,2,3。

```
/*源程序名:prog05_08.c;功能:求转置矩阵*/
#include <stdio.h>
void  main()
{
```

```
int iA1[3][4]={{1,2,3,4},{9,8,7,6},{-10,10,-5,2}};
int i,j,iA2[4][3];
for(i=0;i<=2;i++)
    for(j=0;j<=3;j++)
    {
        iA2[j][i]=iA1[i][j];
    } /*求矩阵 iA2,用双下标形式引用数组元素*/
printf("矩阵 iA1 为:\n");
for(i=0;i<=2;i++)
{
    for(j=0;j<=3;j++)
        printf("%5d",iA1[i][j]);
    printf("\n");
} /*输出矩阵 iA1,用双下标形式引用数组元素*/
printf("转置矩阵 iA2 为:\n");
for(i=0;i<=3;i++)
{
    for(j=0;j<=2;j++)
    {
        printf("%5d",iA2[i][j]);
    }
    printf("\n");
} /*输出矩阵 iA1,用双下标形式引用数组元素*/
}
```

程序运行结果：

```
矩阵iA1为:
    1     2     3     4
    9     8     7     6
  -10    10    -5     2
转置矩阵iA2为:
    1     9   -10
    2     8    10
    3     7    -5
    4     6     2
```

【例 5-9】 输出杨辉三角形。

**算法分析**：杨辉三角形，也称贾宪三角形或帕斯卡三角形，是二项式系数在三角形中的一种几何排列。简单地说，就是两个未知数和的幂次方运算后的系数问题，如 $(x+y)^2$ 为 $x^2+2xy+y^2$，这样系数就是 1 2 1，该系数就是杨辉三角的其中一行，$(x+y)^3$ 对应的系数 1 3 3 1，$(x+y)^4$ 对应的系数 1 4 6 4 1 等均为杨辉三角形中的一行，如图 5-7 所示。

通过观察图形可以发现，每行最左边的元素均为 1，每行最右边的元素也为 1；每行中间的元素和相邻的行元素之间组成的三角形有规律，即第 3 行 "1 2 1" 中 2 的值为第 2 行两元素 "1 1" 之和；第 4 行 "1 3 3 1" 中，第一个 3 为第 3 行中第一个元素 1 和第二个元素 2 之和，第二个 3 为第 3 行中第二个元素 2 和第三个元素 1 之和，依此类推。

```
1
1  1
1  2  1
1  3  3  1
1  4  6  4  1
```

图 5-7  杨辉三角形前五行

于是可以定义一个二维数组 int iA[i][j] 用来保存每行的元素，该数组有如下特征：

1）当 i 和 j 的值相等的时候，数组元素 iA[i][j]=1（对应图 5-7 中每行最右边的 1）。

2）当 j 的值为 0 的时候，数组元素 iA[i][j]=1（对应图 5-7 中每行最左边的 1）。

3）其余情况通过观察可以发现，在相邻的两行元素组成的三角形中，有如下规律：

$$iA[i][j]=iA[i-1][j-1]+iA[i-1][j]$$

```c
/*程序名:Prog05_09.C;功能:输出杨辉三角*/
#include<stdio.h>
void fun(int iA[][34],int n)
{
    int i,j;
    for(i=0;i<n;i++)
      for(j=0;j<=i;j++)
      {
        if(i==j||j==0)
            iA[i][j]=1;
        else
            iA[i][j]=iA[i-1][j-1]+iA[i-1][j];
      }
}
int main()
{
    int i,j,iVal;
    int iA[34][34];
    while(scanf(" %d",&iVal)==1)    /*输入你要显示的行数,如1,2,3,…*/
    {
        fun(iA,iVal);                       /*调用 fun()函数*/
        printf(" Case %d:\n",iVal);
        for(i=0;i<iVal;i++)
        {
            printf("     ");               /*使图形整体向右移动 5 列*/
            for(j=0;j<=i;j++)
            {
                printf("%-4d",iA[i][j]);
            }
            printf("\n");
```

```
    }
    printf("\n");
  }
  return 0;
}
```

程序运行结果：

```
6
Case 6:
   1
   1   1
   1   2    1
   1   3    3    1
   1   4    6    4    1
   1   5    10   10   5    1
```

# 5.3　字符数组和字符串

用来存放字符数据的数组称为字符数组，其数组元素的类型为 char。同其他类型的数组一样，字符数组既可以是一维的，也可以是多维的。前面已经介绍，char 型变量只能存放一个字符型数据，同样，字符型数组中的每一个元素也只能存放一个字符型数据。

## 5.3.1　字符数组的定义和初始化

1. 一维字符数组的定义格式

一维字符数组的定义格式如下：

　　**存储类型　char　数组名[常量表达式];**

例如：

```
    static char s_cA1[10],s_cA2[100];
```

该语句定义了数组名为 s_cA1，s_cA2 的两个一维静态字符数组，前者共包含 10 个元素，后者共包含 100 个元素，每个元素可存储一个字符。

2. 二维字符数组的定义格式

二维字符数组的定义格式如下：

　　**存储类型　char　数组名[常量表达式 1][常量表达式 2];**

例如：

```
    char cA [5][5];
```

该语句定义了数组名为 cA 的二维字符数组，存储类别为 auto 型，cA 数组为 5 行 5 列，共有 25 个元素，每个元素可存储一个字符数据。

## 3. 字符数组元素的引用格式

一维字符数组元素的引用格式：**数组名[下标表达式]**
二维字符数组元素的引用格式：**数组名[下标表达式 1][下标表达式 2]**

【例 5-10】 定义和引用一维字符数组。

```c
/*源程序名:prog05_10.c;功能:定义和引用一维字符数组*/
#include <stdio.h>
void  main()
{
    int i;
    char cA[15];
    /*开始对数组元素进行初始化操作*/
    cA[0]='I';cA[1]=' ';cA[2]='a';
    cA[3]='m';cA[4]=' ';cA[5]='a';
    cA[6]=' ';cA[7]='s';cA[8]='t';
    cA[9]='u';cA[10]='d';cA[11]='e';
    cA[12]='n';cA[13]='t';cA[14]='.';
    /*数组元素初始化操作结束*/
    for(i=0;i<15;i++)
        printf("%c",cA[i]);
    printf("\n");
}
```

程序运行结果：

**I am a student.**

【例 5-11】 定义和引用二维字符数组。

```c
/*源程序名:prog05_11.c;功能:定义和引用二维字符数组*/
#include <stdio.h>
void main()
{
    int i,j;
    char cA[3][5];
    cA[0][0]=' ';cA[0][1]=' ';cA[0][2]='*';
    cA[0][3]='*';cA[0][4]='*';cA[1][0]=' ';
    cA[1][1]='*';cA[1][2]='*';cA[1][3]='*';
    cA[1][4]=' ';cA[2][0]='*';cA[2][1]='*';
    cA[2][2]='*';cA[2][3]=' ';cA[2][4]=' ';
    for(i=0;i<3;i++)
    {
```

```
        printf("\n");
        for(j=0;j<5;j++)
            printf("%c",cA[i][j]);
    }
}
```

程序运行结果：

```
***
***
***
```

**4. 字符数组的初始化**

与一维数组元素或二维数组元素的初始化一样，字符数组也可在被定义时初始化或在程序的开始位置为数组元素赋初值。下面主要介绍字符数组在被定义时的初始化。

一维字符数组初始化格式如下：

**存储类型 类型说明符 数组名[常量表达式]={常量表达式表};**

二维字符数组初始化格式如下：

**存储类型 类型说明符 数组名[常量表达式1][常量表达式2]={常量表达式表};**

**【例5-12】** 初始化一维字符数组。

```
/*源程序名:prog05_12.c;功能:初始化一维字符数组*/
#include <stdio.h>
void main()
{
    int i;
    static char s_cA[15]={'I',' ','a','m',' ','a',' ','s','t','u','d','e',
                          'n','t','.'};        /*定义时初始化元素*/
    for(i=0;i<15;i++)
        printf("%c",s_cA[i]);
    printf("\n");
}
```

程序运行结果：

**I am a student.**

如果提供的初值个数与预定的数组长度相同，则在定义时可以省略数组长度，系统会自动地根据初值个数确定数组长度。例如：

```
static char s_cA[ ]={'I',' ','a','m',' ','a',' ','s','t','u','d','e','n',
                     't','.'};
```

该语句将数组 s_cA 的长度自动设置为15，用这种方式可以不必计算字符的个数，尤其是在赋初值时的字符个数较多时，使用该方式会比较方便，这种对数组元素赋初值的方式与 5.1.4 节中所讲的数组元素初始化方法相同。

【例 5-13】　初始化二维字符数组。

```c
/*源程序名:prog05_13.c; 功能:初始化二维字符数组*/
#include <stdio.h>
void main()
{
    int i,j;
    char cA[3][5]={{' ',' ','*','*','*'},{' ','*','*','*',' '},
                   {'*','*', '*',' ',' '}};    /*数组初始化*/
    for(i=0;i<3;i++)
    {
        printf("\n");
        for(j=0;j<5;j++)
            printf("%c",cA[i][j]);
    }
}
```

程序运行结果:

```
   ***
  ***
 ***
```

🛇 注意:

常量表达式表中的初值个数可以少于数组元素的个数,这时将只为数组的前一部分元素赋初值,其余未赋值的元素将自动被赋予默认值。如果常量表达式表中的初值个数多于数组元素的个数,则被当作语法错误来处理。

### 5.3.2　字符数组的输入/输出

字符数组的输入/输出方法有以下两种:

1. 字符数组按字符逐个输入/输出

【例 5-14】　从键盘上输入字符串"How are you?",并将其显示在屏幕上。

```c
/*源程序名:prog05_14.c;功能:字符数组按字符逐个输入/输出*/
#include <stdio.h>
void main()
{
    char cA[20];
    int i;
    for(i=0;i<12;i++)
```

```
        scanf("%c",&cA[i]);        /*按字符逐个输入*/
    for(i=0;i<12;i++)
        printf("%c",cA[i]);        /*按字符逐个输出*/
    printf("\n");
}
```

程序运行结果：

```
How are you?
How are you?
```

2. 字符数组按整个字符串输入/输出

【例 5-15】　从键盘上输入字符串"Computer"，并将其显示在屏幕上。

```
/*源程序名:Prog05_15.c;功能:字符数组按整个字符串输入/输出*/
#include "stdio.h"
void main()
{
    char cA[20];
    scanf("%s",cA);            /*按整个字符串输入*/
    printf("%s",cA);           /*按整个字符串输出*/
}
```

程序运行结果：

```
Computer
Computer
```

❗ 注意：

1）当逐个输入、输出字符时，要用格式符 "%c"，且要指明数组元素的下标；若字符数组按整个字符串输入、输出，应使用格式符 "%s"。

2）由于数组名就是数组的起始地址，因此在 scanf()函数和 printf()函数中只需写出数组名即可，不应再加取地址运算符 "&"，即 scanf("%s",&cA);的写法是错误的。

3）输出字符串内容中不包含结束标志符'\0'。

4）如果字符数组长度大于字符串实际长度，按整个字符串输出时，'\0'以后的内容不输出。例如：

```
……
static char str[10]={'C','o','m','p','\0','u','t','e','r','!'};
printf("%s",str);
……
```

该语句运行后只输出 "Comp" 四个字符，"uter!" 没有输出。

5）当 scanf()函数中用格式符 "%s" 输入整个字符串时，终止输入用空格或按 Enter 键。例如，对例 5-15，若输入 "How are you?"，并按 Enter 键，则程序运行结果如下。

```
How are you?
How
```

这是因为 scanf()函数只将字符串中第一个空格前的"How"输入字符数组中，所以输出字符串时只输出了"How"，利用该方式一次可输入多个字符串。为了解决 scanf()函数不能完整地读入带有空格的字符串的问题，C 语言专门提供了一个字符串输入函数 gets()，它可读入包括空格的字符串，直到遇到换行符时结束输入。对应的字符串输出函数是 puts()，用 puts()函数输出时，将字符串中的 '\0' 转换成 '\n'，即输出完字符串后换行。

### 5.3.3 字符串的概念和存储表示

C 语言不像其他语言一样有字符串变量，对字符串的处理只能通过字符数组进行。所以，在这里单独对字符串的内容进行讨论。

**1. 字符串**

字符串是指有限个符合 C 语言规范的有效字符序列。这些字符可以是字母、数字、专用字符、转义字符等。C 语言规定，字符串是用双引号括起来的字符序列，也称字符串常量。下面都是合法的字符串。

"china"　　"hbmy"　　"fortran"　　"a+b=c"　　"IBM-PC"　　"3.14159"　　"%d\n"

**2. 字符串结束标志**

若要在屏幕上显示"How do you do?"这行信息，如前所述要用循环操作将字符串中的字符一个个地输出，例如：

```
#include<stdio.h>
void main()
{   int i;
    char cArray[14]={'H','o','w',' ','d','o',' ','y','o','u',
                     ' ','d', 'o','?'};
    for(i=0;i<14;i++)
       printf("%c",cArray[i]);
}
```

对这句较短的信息其循环次数一读即知，即事先知道字符串中有效字符的个数，但若是一个很长的字符串，就很难知道了。为了有效而方便地处理字符串，C 语言在利用字符数组进行处理时，程序员不必了解数组中有效字符的长度就可方便地处理字符串。其基本思想是，在每个字符数组中有效字符的后面（即字符串末尾）加上一个特殊字符 '\0'作为字符串的结束标志。在处理字符数组的过程中，一旦遇到特殊字符 '\0' 就表示已经到达字符串的末尾，即字符串结束。'\0' 代表 ASCII 码值为 0 的字符，该字符是一个不可显示的字符，仅是一个空操作符。

另外，C 语言允许用一个简单的字符串常量来初始化一个字符数组，而不必使用一串单个字符。例如：

```
char cA[ ]={"How do you do?"};
```

其中，左右大括号也可以省略。该初始化语句的结果如下所示。

```
cA[0]='H'    cA[1]='o'    cA[2]='w'
cA[3]=' '    cA[4]='d'    cA[5]='o'
cA[6]=' '    cA[7]='y'    cA[8]='o'
cA[9]='u'    cA[10]=' '   cA[11]='d'
cA[12]='o'   cA[13]='?'   cA[14]='\0'
```

从语句上看，cA 数组应有 14 个元素，而实际有 15 个元素，这是由于编译系统自动在字符串的末尾加上了一个字符串结尾标志 '\0'。

该初始化语句等价于下面的语句。

```
char cA[ ]={'H','o','w',' ','d','o',' ','y','o','u',' ','d','o','?','\0'};
```

显然，用一个简单的字符串常量来初始化一个字符数组比这条初始化语句要简单得多。

!注意：

C 语言并不要求所有的字符数组的最后一个字符一定是 '\0'，但为了处理上的方便，往往需要以 '\0' 作为字符串的结尾标志。另外，C 语言库函数中有关字符串处理的函数，如 strcmp()等，一般要求所处理的字符串以 '\0' 结尾；否则，将会出现错误。

3. 字符串的存储表示

在对字符串进行处理时，字符串存放在字符数组中，其中的每个字符占用 1 字节。例如：

```
static char s_cA1[10]="hello";
```

该语句使系统为字符数组 s_cA1 在内存中分配 10 字节的存储单元，其存储状态如图 5-8 所示。例如：

```
static char s_cA2[ ]="hello";
```

该语句使系统为字符数组 s_cA2 在内存中分配 6 字节的存储单元，其存储状态如图 5-9 所示。例如：

```
static char s_cA3[3][4]={ "you","and","me"};
```

该语句定义了一个二维字符数组 s_cA3，系统为该数组在内存中分配 12 字节的存储单元，其存储状态如图 5-10 所示。

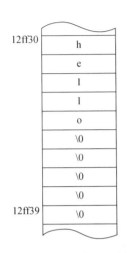

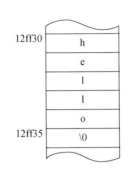

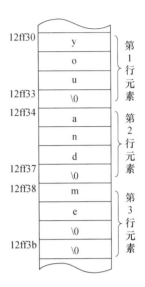

图 5-8　s_cA1 的存储示意图　　图 5-9　s_cA2 的存储示意图　　图 5-10　s_cA3 的存储示意图

### 5.3.4 字符串处理函数

C 语言编译系统中提供了很多有关字符串处理的库函数，这些库函数为字符串处理提供了方便，这里介绍几个有关字符串处理的函数。

1. 输出字符串函数 puts()

调用格式：**puts(字符数组名);**

函数功能：puts() 函数用于输出一个以 '\0' 结尾的字符串，在输出时将 '\0' 转换为 '\n'，且输出的字符串中可以包含转义字符。例如：

```
……
char cA[ ]={"hubei\nwuhan"};
puts(cA);
……
```

程序运行后输出：

```
hubei
wuhan
```

使用 puts() 函数输出字符串时，需要使用#include 命令将 stdio.h 头文件包含到源文件中。

2. 输入字符串函数 gets()

调用格式：**gets(字符数组名);**

函数功能：gets() 函数用于将输入的字符串内容存放到指定的字符数组中，输入结尾

的换行符 '\n' 被换成 '\0' 存储在该数组中。

例如，将从键盘上输入的字符串内容存放到 cA 字符数组中可使用如下程序段：

```
……
char cA[10];
gets(cA);
……
```

**注意：**

1）在使用 gets() 函数和 puts() 函数时只能输入或输出一个字符串，不能写为 puts(cA1,cA2); 或 gets(cA1,cA2);。

2）gets() 函数读取的字符串长度没有限制，程序员要保证字符数组有足够大的空间用来存放输入的字符串。

3）gets() 函数输入的字符串中允许包含空格，而 scanf() 函数不允许。

4）使用 gets() 函数输入字符串时，需要使用 #include 命令将 stdio.h 头文件包含到源文件中。

3. 字符串复制函数 strcpy()

调用格式：

**strcpy(字符数组名,字符串常量);**

或

**strcpy(字符数组名 1,字符数组名 2);**

函数功能：将字符串常量复制到字符数组中，或将字符数组 2 的内容复制到字符数组 1 中。

说明：复制字符串时是一个字符一个字符地复制，直到遇到 '\0' 字符为止，其中，'\0' 字符也被复制。

**注意：**

1）复制字符串时不允许使用简单的赋值方式实现，如下面的方法是错误的。

```
……
char cA1[ ]="string";
char cA2[10];
cA2=cA1;
……
```

赋值语句只能将一个字符赋值给一个字符型变量或字符数组的元素，字符数组之间相互复制内容只能用 strcpy() 函数来处理。

2）第一个参数必须为数组名形式，第二个参数可以是字符数组名，也可以是一个字符串常量。

3）字符数组 1 的长度必须定义得足够大，以便容纳被复制的字符串，否则会出错。

4）在使用 strcpy()函数复制一个字符串时，要使用#include 命令将 string.h 头文件包含到源文件中。

5）若将字符串或字符数组 2 前面的若干字符复制到字符数组 1 中，则应用 strncpy() 函数，其格式如下：

**strncpy(字符数组,字符串,字符个数);**

或

**strncpy(字符数组 1,字符数组 2,字符个数);**

例如：

```
strncpy(cA1,cA2,3);
```

该语句是将字符串 cA2 的前三个字符复制到字符数组 cA1 中，然后加一个 '\0'。如果 cA2 少于三个字符，则用 '\0' 填充。

4. 字符串比较函数 strcmp()

调用格式：**strcmp(字符串名 1,字符串名 2);**

函数功能：将两个字符串的对应字符自左向右逐个进行比较（按 ASCII 码值大小），直到出现不同字符或遇到 '\0' 字符为止，比较结果由函数值带回。

说明：

1）字符串中的对应字符全部相等，且同时遇到 '\0' 字符时，认为两个字符串相等；否则，以第一个不相同字符的比较结果作为整个字符串的比较结果。

2）strcmp()函数调用形式如下：

```
……
char cA1[30],cA2[30];
gets(cA1);
gets(cA2);
p=strcmp(cA1,cA2);
……
```

3）strcmp()函数的返回值 p 是一个整数，其含义如下：

p<0 表示字符串 cA1 小于字符串 cA2；

p=0 表示字符串 cA1 等于字符串 cA2；

p>0 表示字符串 cA1 大于字符串 cA2。

4）在使用 strcmp()函数比较两个字符串时，需要使用#include 命令将 string.h 头文件包含到源文件中。

5. 字符串连接函数 strcat()

调用格式：**strcat(字符数组名 1,字符数组名 2);**

函数功能：将字符数组 2 的内容连接到字符数组 1 的后面，并在最后加一个 '\0'，然后将结果存放在字符数组 1 中。

说明：

1）字符数组 1 必须足够长，以便容纳字符数组 2 中的全部内容。调用形式如下：

```
char cA1[20]="Happy ";
char cA2[10]="New Year!";
strcat(cA1,cA2);
```

该函数执行完后，cA1 字符数组中的内容为"Happy New Year!"。

2）在连接的两个字符串后面都有一个 '\0'，连接时将字符数组 1 后面的 '\0' 去掉。只在新字符串后面保留一个 '\0'。

3）strcat()函数的返回值是字符数组 1 的首地址。

4）使用 strcat()函数连接两个字符串时，应使用#include 命令将 string.h 头文件包含到源文件中。

6. 测试字符串长度函数 strlen()

调用格式：

  **strlen(字符数组名);**

或

  **strlen(字符串常量);**

函数功能：测试字符数组中字符串的长度。

说明：

1）函数值为不包括 '\0' 在内的字符数组中字符的实际个数。

2）可以直接对字符串求长度。例如：

```
……
char cA[12]="Chinese";
printf("%d",strlen(cA));
printf("%d",strlen("Chinese"));
```

其结果都为 7。

3）使用 strlen()函数测试字符串的长度时，应使用#include 命令将 string.h 头文件包含到源文件中。

【例 5-16】 任意输入多个国家的名称，按由小到大排序并输出。

**算法分析：**

1）用二维字符数组变量 cAName 存放国家名称，字符数组 cATemp 交换数组。

2）程序最多接收 N 个国家名称。

3）程序中采用了选择排序的算法，其基本思想是，第一轮比较时在 cAName[0]～cAName[N-1]中找到 N 个字符串中最小的一个（用下标 k 标记，即 cAName[k]），如果这个最小字符串是 cAName[0]（即 k=0），则无交换操作，否则，将这个字符串与 cAName[0]

交换；第二轮比较时在 cAName[1]～cAName[N-1]中找到剩下的 N-1 个字符串中最小的一个，将其放在 cAName[1]中，……每比较一轮，找到剩余未经排序的字符串中最小的一个，共比较 N-1 轮后结束。

4）比较两个字符串使用函数 strcmp()，交换两个字符串使用函数 strcpy()。

```c
/*源程序名:prog05_16.c;功能:输入多个国家的名称,按由小到大排序并输出*/
#define N 10                    /*可处理 N 个国家名称*/
#include <stdio.h>
#include <string.h>
void main(void)
{
   char cAName[N][20],cATemp[20];
   int i,j,k;
   for(i=0;i<N;i++)              /*输入 N 个国家名称*/
   {
      printf("input the name of the %d country:",i+1);
      gets(cAName[i]);
   }
   for(i=0;i<N;i++)              /*国家名称字符串排序*/
   {
      k=i;
      for(j=i+1;j<N;j++)
         if(strcmp(cAName[k],cAName[j])>0)
            k=j;                 /*k 用来记录本轮比较中最小字符串的下标*/
      if(k!=i)                   /*交换两个字符串*/
      {
         strcpy(cATemp,cAName[i]);
         strcpy(cAName[i],cAName[k]);
         strcpy(cAName[k],cATemp);
      }
   }
   for(i=0;i<N;i++)              /*输出排序后的国家名称*/
      printf("%d:%s\n",i+1,cAName[i]);
}
```

程序运行结果:

```
input the name of the 1 country:China
input the name of the 2 country:Egypt
input the name of the 3 country:Korea
input the name of the 4 country:Thailand
input the name of the 5 country:Chile
input the name of the 6 country:Italy
input the name of the 7 country:France
input the name of the 8 country:India
```

```
input the name of the 9 country:Mexico
input the name of the 10 country:Malaysia
1 :Chile
2 :China
3 :Egypt
4 :France
5 :India
6 :Italy
7 :Korea
8 :Malaysia
9 :Mexico
10 :Thailand
```

# 5.4  数组作为函数的参数

数组用作函数参数有两种形式：一种是将数组元素作为实参使用，另一种是将数组名作为函数的形参和实参使用。

## 5.4.1  数组元素作为函数的参数

数组元素即下标变量，它的使用与普通变量并无区别。数组元素只能用作函数实参，其用法与普通变量完全相同。在发生函数调用时，把数组元素的值传送给形参，实现单向值传递。

【例 5-17】  编写一个函数，统计字符串中字母的个数。

```
/*源程序名:prog05_17.c;功能:统计字符串中字母的个数*/
int isalp(char cPrama)          /*测试字符 cPrama 是否为字母*/
{
   if(cPrama>='a'&&cPrama<='z'||cPrama>='A'&&cPrama<='Z')
     return(1);                 /*若为字母函数返回值是1,否则函数返回值是0*/
   else
     return(0);
}
#include <stdio.h>
void main()
{
   int i,iNum=0;
   char cA[255];
   printf("Input  a  string:");
   gets(cA);
   for(i=0;cA[i]!='\0';i++)
     if(isalp(cA[i]))           /*数组元素作为函数实参*/
       iNum++;
     printf("输入的字符串为: ");
     puts(cA);
```

```
    printf("字符串中字母的个数:%d\n",iNum);
    getchar();
}
```

程序运行结果：

```
Input  a  string: www.my0718.com
输入的字符串为: www.my0718.com
字符串中字母的个数:8
```

说明：

1）用数组元素作为实参时，只要数组元素类型和函数的形参类型一致即可，并不要求函数的形参也是下标变量，即对数组元素的处理是按普通变量对待的。

2）使用普通变量或下标变量作为函数参数时，编译系统为形参变量和实参变量分配两个独立的内存单元，在函数调用时进行值传递，即将实参变量的值赋给形参变量。

## 5.4.2　数组名作为函数的参数

数组名既可以作为函数形参，也可以作为实参。数组名作为函数参数时，要求形参和相对应的实参必须是相同类型的数组，都要有明确的数组说明。这种方式是将实参数组的起始地址传给形参数组，形参数组与实参数组对应同一段存储空间，因此，形参数组的改变也是实参数组的改变，这种参数传递方式称为地址传递。

【例 5-18】　已知某个学生五门课程的成绩，计算并输出平均成绩。

```
/*源程序名:prog05_18.c;功能:数组名作为函数的参数,求平均成绩*/
float fAver(float fA[])          /*求平均值函数*/
{
    int i;
    float fAv,fScore=fA[0];
    for(i=1;i<5;i++)
        fScore+=fA[i];
    fAv=fScore/5;
    return fAv;
}
#include <stdio.h>
void main()
{
    float fSco[5],fAv;
    int i;
    printf("\ninput 5 scores:\n");
    for(i=0;i<5;i++)
        scanf("%f",&fSco[i]);
    fAv=fAver(fSco);                /*调用函数 fAver(),实参为一数组名*/
    printf("average score is %5.2f\n",fAv);
}
```

程序运行结果：

```
input 5 scores:
85
86
65
35
95
average score is 73.20
```

说明：

1）用数组名作为函数参数，应该在主调函数和被调函数中分别定义数组，且数组类型必须一致，否则结果将出错。例如，在例 5-18 中，形参数组为 fA[ ]，实参数组为 fSco[ ]，它们的类型相同，即都为 float 型数组。

2）用数组名作为函数实参时，并不是把数组元素的值传递给形参，而是把实参数组的首地址传递给形参数组，这样形参数组与实参数组共用一段内存单元。例如，例 5-18 中，数组 fSco 与数组 fA 有相同的起始地址，它们占用同一段内存单元。这种地址传递方式使形参数组元素的值发生变化时，实参数组元素的值同时变化。利用这一特点，可以将函数处理中得到的多个结果值带回主调函数。

3）C 语言编译系统对形参数组大小不做检查，所以形参数组可以不指定大小，可以在定义数组时只在数组名后面跟一个空的方括号，如例 5-18 中的形参数组 fA[ ]。有时为了在被调函数中处理数组元素，可以另设一个参数，传递需要处理的数组元素的个数，如例 5-18 源程序 prog05_18.c 可以改写为如下程序段。

```c
float fAver(float fA[ ],int n)          /*求平均值函数*/
{
   int i;
   float fAv,fScore=fA[0];
   for(i=1;i<n;i++)
      fScore+=fA[i];
   fAv=fScore/n;
   return fAv;
}
#include <stdio.h>
void main()
{
   float fSco[5],fAv;
   int i;
   printf("\ninput 5 scores:\n");
   for(i=0;i<5;i++)
      scanf("%f",&fSco[i]);
   fAv=fAver(fSco,5);               /*实参为数组名 fSco 和数组元素个数 5*/
   printf("average score is %5.2f\n",fAv);
}
```

4）当用多维数组作为函数参数时，形参的第一维可以不指定大小，但其他维必须指定。

## 5.5　程序设计举例

**【例 5-19】**　输入若干 0~9 中的整数，统计各整数的个数。

**算法分析：** 输入整数的个数没有限定，因此在输入时应设置输入结束条件。由于输入的整数范围是 0~9，可以用该范围以外的特殊数作为结束标志，如-1。输入过程中，若想结束输入，则可以输入结束标志-1，程序将停止输入，进入下一步处理。统计各整数的个数用一维数组 iA1 记录，由于输入的整数范围是 0~9，可以利用 iA1[0]记录 0 的个数，用 iA1[1]记录 1 的个数……用 iA1[9]记录 9 的个数，即用数组元素 iA1[i]作为计数器来统计各整数的个数。设输入的整数存放在数组 iA1 中，则 iA1[iA[k]]存放的就是整数 iA[k]的个数。如 iA[k]=5，则 iA1[iA[k]]=iA1[5]即为整数 5 的个数。

```
/*源程序名:prog05_19.c;功能:统计 0~9 之间各整数的个数*/
#include <stdio.h>
#define N 100                  /*至多输入 100 个整数*/
void main()
{
    int i,j,k,iA[N],iA1[10];
    k=0;
    printf("Input an integer(0--9),end with -1\n");
    scanf("%d",&j);
    while(j>=0 && j<=9)        /*输入整数并存放到 iA 数组中*/
    {
        iA[k]=j;
        k++;
        scanf("%d",&j);
    }
    for(i=0;i<10;i++)
        iA1[i]=0;              /*iA1 数组各数组元素初始化为 0,以便统计各整数的个数*/
    for(i=0;i<k;i++)
        iA1[iA[i]]+=1;
    for(i=0;i<10;i++)          /*输出各整数的个数*/
        printf("%d:%d\n",i,iA1[i]);
}
```

程序运行结果：

```
Input an integer(0--9),end with -1
1 2 3 2 1 2 3 1 4 5 4 -1
0: 0
1: 3
2: 3
3: 2
4: 2
5: 1
6: 0
7: 0
8: 0
9: 0
```

【例 5-20】 按下列要求编写程序。

1）生成 10 个两位随机正整数并存放在 iA 数组中。

2）对数组中的元素按从小到大的顺序排序。

3）任意输入一个整数，并插入数组中，使之仍保持有序。

4）任意输入一个 0～9 中的整数 k，删除 iA [k]。

**算法分析：**

1）计算机可以自动生成随机数，那么如何产生满足要求的随机数呢？C 语言库函数中有一个产生 1～32 767 中的随机数的函数 rand()，在程序的开头添加命令#include <stdlib.h>，就可以在程序中使用该函数。下面语句可产生 a～b 中的随机正整数。

```
rand()%b+a
```

因为 rand()%90 产生 0～89 中的整数，所以 rand()%90+10 产生 10～99 中的整数。

2）对数组元素排序有多种方法，这里采用改进的冒泡排序法。flag 用作标志，每开始新的一轮比较时将 flag 置为 0，若本轮比较中有元素发生交换则置 flag 为 1，每轮比较结束时根据 flag 的值（为 0 未发生交换，为 1 发生交换）确定是否继续下一轮的比较。当在某一轮比较后数组已完成排序时，本算法可以提前结束外循环。

3）为了把一个整数按大小顺序插入已排好序的数组中，需要做好两件事：①确定插入位置，因为数组是递增排序的，这里采用顺序查找的方法把欲插入的数与数组中各数逐个比较，当找到第一个比插入的数大的元素 i 时，该元素的位置即为插入位置；②空出插入空间，从数组最后一个元素开始到该元素为止，逐个后移一个位置，最后把插入的数赋予元素 i 即可，如果被插入的数比所有的元素值都大，则插入最后位置。

4）在一个长度为 n 的有序数组 iA 中删除下标为 k 的数组元素，可以把 iA[i]（i=k+1, k+2, …, n-1）依次向前移动一个位置。应从前往后依次移动元素，否则会破坏原来的数据，即先将原 iA[k+1]移到 iA[k]，这样原 iA[k]消失，客观上原 iA[k]被删除，然后原 iA[k+2]移到 iA[k+1]……原 iA[n-1]移到 iA[n-2]。

下面的程序可以产生 10 个两位随机整数并从小到大排序，然后在这些数中插入一个数和删除一个数，并使它们仍然保持有序。

```
/*源程序名:prog05_20.c*/
#include <stdlib.h>              /*rand()的原型在 stdlib.h 中*/
```

```c
#include <stdio.h>
#define N 10
void randdata(int iA[],int n)      /*产生随机数并输出*/
{
   int i;
   printf("产生%d个两位随机整数组成数组:",n);
   for(i=0;i<n;i++)
   {
      iA[i]=rand()%90+10;
      printf("%4d",iA[i]);
   }
}

void sort(int iA[ ],int n)          /*对数组元素排序*/
{
   int i,j,flag,t;                  /*flag作为标志位*/
   for(i=0;i<n-1;i++)
   {
      flag=0;                       /*标志位初始化为0*/
      for(j=0;j<n-i-1;j++)
         if(iA[j]>iA[j+1])
         {
            t=iA[j];
            iA[j]=iA[j+1];
            iA[j+1]=t;
            flag=1;                 /*有交换,标志位置为1*/
         }
      if(!flag) break;     /*flag若为0,说明本轮比较未发生交换,排序已完成*/
   }
   printf("\n从小到大排序后的数组:");
   for(i=0;i<n;i++)
      printf("%4d",iA[i]);
}
void insert(int iA[],int n)
{
   int i,j,k;
   printf("\n请输入一个待插入的数:");
   scanf("%d",&k);
   for(i=0;i<n;i++)
      if(k<iA[i])
         break;                     /*查找插入位置i*/
```

```
        for(j=n;j>i;j--)
          iA[j]=iA[j-1];                    /*iA[n-1],iA[n-2],…,iA[i]依次后移一
                                               个位置,空出 iA[i]的位置*/
        iA[i]=k;                    /*将 k 插入 iA[i]*/
        printf("插入数据后的数组各元素:");
        for(i=0;i<n+1;i++)
          printf("%4d",iA[i]);
    }
    void del(int iA[],int n)
    {
        int i,k;
        printf("\n 输入要删除数组元素的下标:");
        scanf("%d",&k);
        for(i=k;i<n-1;i++)
          iA[i]=iA[i+1];          /*iA[k+1],iA[k+2],…,iA[n-1]依次前移一个位置*/
        printf("删除后的数组是:");
        for(i=0;i<n-1;i++)
          printf("%4d",iA[i]);
    }

    void main()
    {
        int n,iA[N+1];
        n=N;
        randdata(iA,n);                    /*产生满足要求的随机数*/
        sort(iA,n);                        /*对数组 iA 排序*/
        insert(iA,n);                      /*在数组 iA 中插入一个数据*/
        n=n+1;                             /*数组长度增加 1*/
        del(iA,n);                         /*删除数组 iA 中的一个元素*/
        printf("\n");
    }
```

程序运行结果:

```
产生10个两位随机整数组成数组: 51  27  44  50  99  74  58  28  62  84
从小到大排序后的数组:   27  28  44  50  51  58  62  74  84  99
请输入一个待插入的数: 88
插入数据后的数组各元素:  27  28  44  50  51  58  62  74  84  88  99
输入要删除数组元素的下标: 3
删除后的数组是:  27  28  44  51  58  62  74  84  88  99
```

【例 5-21】　统计输入字符串中英文单词的个数（单词之间用空格分开）。

算法分析：

1）因为字符串的长度没有限制，所以可以通过定义字符数组来约束输入的长度。

2）由于单词之间都用空格分开，可以把单词的个数统计转换为对空格数量的处理。

```
/*源程序名 prog05_21.c;功能:统计输入字符串中英文单词的个数*/
#include "stdio.h"
int iWordNum(char str[])
{
    int i,flag,count;
    flag=0;
    count=0;
    for(i=0;str[i]!='\0';i++)
    {
        if(str[i]==' ')
            flag=0;
        else if(flag==0)
        {
            flag=1;
            count++;
        }
    }
    return count;
}
void main()
{
    char str[80];
    printf("输入英文字符串:\n");
    gets(str);
    printf("字符串中英文单词的个数:%d\n",iWordNum(str));
}
```

程序运行结果:

```
输入英文字符串:
C Programming Second Edition.
字符串中英文单词的个数: 4
```

例 5-21 中仅统计了字符串中以空格间隔的单词个数，然而实际情况是，一个英文语句中，单词之间除用空格间隔外，还可用其他的标点符号来分隔，如何来完善该程序呢？另外，给出一个文本文件，如何来统计其中的单词个数呢？请读者思考。

# 习　题　5

## 一、选择题

1. C 语言中，数组元素下标的数据类型为（　　）。

　　A. 整型常量　　　　　　　　　　　　B. 整型表达式

C．整型常量或整型常量表达式　　　D．任何类型的表达式

2．若有说明 int iA[3][4];，则对 iA 数组元素的非法引用是（　　）。

　　A．iA[0][3*1]　　　B．iA[2][3]　　　C．iA[1+1][0]　　　D．iA[0][4]

3．若有说明 static int s_iA[][3]={1,2,3,4,5,6,7,8,9};，则 s_iA 数组第一维的大小是（　　）。

　　A．1　　　　　　B．2　　　　　　C．3　　　　　　D．4

4．若二维数组 a 有 m 列，则在 a[i][j] 前的元素个数为（　　）。

　　A．i*m+j　　　　B．j*m+i　　　　C．i*m+j-1　　　　D．i*m+j+1

5．下面是对数组 cA 的初始化，其中不正确的是（　　）。

　　A．char cA[5]={"abc"};　　　　　　B．char cA[5]={'a','b','c'};

　　C．char cA[5]= " ";　　　　　　　　D．char cA[5]= "abcdef";

6．下面程序段的运行结果是（　　）。

```
char cA[]="\t\v\\\0will\n";
printf("%d",strlen(cA));
```

　　A．14　　　　　　　　　　　　　　B．3

　　C．9　　　　　　　　　　　　　　D．字符串中有非法字符，输出值不确定

7．判断字符串 s1 是否等于字符串 s2，应当使用（　　）。

　　A．if (s1==s2)　　　　　　　　　B．if (s1=s2)

　　C．if (strcpy(s1,s2))　　　　　　D．if (strcmp(s1,s2)==0)

8．要求定义包含八个 int 类型元素的一维数组，以下错误的定义语句是（　　）。

　　A．int N=8;　　　　　　　　　　B．#define N 3

　　　　int iA[N];　　　　　　　　　　　int iA[2*N+2];

　　C．int iA[]={0,1,2,3,4,5,6,7};　　D．int iA[1+7]={0};

9．若有定义语句 int iA[ ]={1,2,3,4,5,6,7,8,9,10};，则值为 5 的表达式是（　　）。

　　A．iA[5]　　　B．iA[iA[4]]　　　C．iA[iA[3]]　　　D．iA[iA[5]]

## 二、阅读程序，写出程序的运行结果

1．写出下面程序的运行结果。

```
main()
{   int iA[3][3]={1,3,5,7,9,11,13,15,17};
    int iSum=0,i,j;
    for(i=0;i<3;i++)
      for(j=0;j<3;j++)
      {   iA[i][j]=i+j;
         if(i==j)
         iSum=iSum+iA[i][j];
      }
```

```
    printf("iSum=%d",iSum);
  }
```

2. 写出下面程序的运行结果。

```
main()
{ int i,j,iRow,iCol,iMax;
  int iA[3][4]={{1,2,3,4},{9,8,7,6},{-1,-2,0,5}};
  iMax=iA[0][0];iRow=0;iCol=0;
  for(i=0;i<3;i++)
    for(j=0;j<4;j++)
      if(iA[i][j]>iMax)
      {  iMax=iA[i][j]; iRow=i; iCol=j;}
      printf("iMax=%d,iRow=%d,iCol=%d\n",iMax,iRow,iCol);
  }
```

3. 写出下面程序的运行结果。

```
main()
{ int iA[4][4],i,j,k;
  for(i=0;i<4;i++)
    for(j=0;j<4;j++)
      iA[i][j]=i-j;
    for(i=0;i<4;i++)
    {  for(j=0;j<=i;j++)
         printf("%4d", iA[i][j]);
       printf("\n");
    }
}
```

4. 写出下面程序的运行结果。

```
#include  <stdio.h>
main()
{ int i,s;
  char cA1[100], cA2[100];
  printf("input string1:\n");
  gets(s1);
  printf("input string2:\n");
  gets(s2);
  i=0;
  while((cA1[i]==cA2[i])&&( cA1[i]!='\0'))   i++;
  if((cA1[i]=='\0')&&( cA2[i]=='\0'))   s=0;
  else s=cA1[i]-cA2[i];
```

```
    printf("%d\n",s);
  }
```

输入数据：aid↙
    and↙

5. 写出下面程序的运行结果。

```c
#include <stdio.h>
void shellsort(int iA[ ],int n)
{   int gap,i,j,temp;
    for(gap,n/2;gap>0;gap/=2)
        for(i=gap;i<n;i++)
            for(j=i-gap;j>=0&&iA[j]>iA[j+gap];j-=gap)
            {
                temp=iA[j];
                iA[j]=iA[j+gap];
                iA[j+gap]=temp;
            }
}
int intlen(int iA[])
{   int i;
    for(i=0; iA[i];i++);
    return i;
}
void main(void)
{   int iA[ ]={82,31,65,9,47,0};
    int i;
    shellsort(iA,intlen(iA));
    for(i=0;iA[i];++i)
        printf("%d\t",iA[i]);
    printf("\n");
}
```

## 三、编程题

1. 随机产生 12 个 5～15 中的整数，并将其放入一维数组中，然后将这些数输出，每行输出四个数。

2. 有一个 5×5 的数组，求除了四条边框的元素之外的元素之和。

3. 将一个数组中的元素按逆序重新存放。如原来的顺序为 8，6，5，4，1，逆序存放后为 1，4，5，6，8。

4. 在歌手大奖赛中有 10 名评委打分，分数采用百分制，歌手的最后得分计算方法：

从 10 位评委的评分中，去掉一个最高分，去掉一个最低分，统计其总分，再除以 8。试编程计算一个歌手的最后得分。

5．用数组实现在屏幕上输出如图 5-11 所示的杨辉三角形。

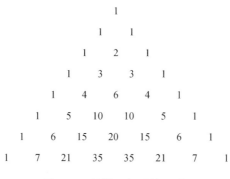

图 5-11　杨辉三角形前 10 行

6．有一行字符，统计其中的单词个数（单词之间以空格分隔），并将每个单词的第一个字母改为大写。

7．编写函数 ind()，判断一个字符串是否为另一个字符串的子串。若是，则返回第一次出现的起始位置；否则，返回 0。

8．编程找出 1～100 中的所有素数，并按每行 10 个的格式输出。

9．试利用加密函数 $f(x)=(x$ 的 ASCII 码值+1) mod 255，解密函数 $g(x)=(x$ 的 ASCII 码值-1) mod 255，编写一个对用户从键盘上输入的字符串进行加密和解密的程序。

10．M 个人围成一圈，从第一个人开始依次从 1～N 循环报数，每当报数为 N 时此人出圈，直到圈中只剩下一个人为止。请按退出次序输出出圈人原来的编号及留在圈中的最后一个人原来的编号。

11．八皇后问题。在 8×8 方格国际棋盘上放置八个皇后，任意两个皇后不能位于同一行、同一列或同一斜线（正斜线或反斜线）上。试输出所有可能的方法。

12．迷宫问题。编写程序找出从入口经过迷宫到达出口的所有路径。迷宫如图 5-12 所示。灰色位置表示不能通行，只能从一个空白位置走到与它相邻（四邻，即上、下、左、右相邻）的空白位置上，且不能走重复路线。

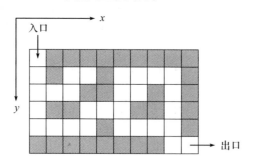

图 5-12　迷宫图

# 第6章 指 针

计算机程序被执行时，要将程序装入内存才能够运行，数据也只有装入内存才能被程序处理。内存是计算机用于保存数据的存储器，内存的组织以字节作为存储单元而呈线性结构。为了便于访问，给每个字节单元唯一的编号，第一字节单元编号为0，以后各单元按顺序连续编号，这些单元编号称为内存单元的地址，也就是指针。

指针是 C 语言的重要数据类型，也是 C 语言的精华所在，学好 C 语言中的指针有助于编写高效、灵活的程序。指针、地址、数组及其相互关系也是 C 语言中最有特色的部分，编程中若对其加以正确、规范地运用，可以使程序具有简单明了、灵活高效的效果。但指针又是 C 语言中最危险的一个特性，如果使用不当，可能带来后果严重的错误，一个无效的、错误的指针就可能导致整个程序崩溃。因此，在 C 语言程序设计中，程序员不但要善于使用指针，而且要学会如何正确地使用指针。

## 6.1 指 针 概 述

指针就是地址。指针变量就是存放地址的变量。指针变量是一个特殊的变量，其中存储的数值被解释为内存中的一个地址。学习指针需要从四个方面来理解：指针的类型、指针所指向的类型、指针的值及指针本身所占据的内存空间。

### 6.1.1 变量的地址

在第 2 章中学习过变量的定义，其实每个变量在内存中都对应一个临时分配的空间，变量的值就存放在这个临时分配的空间里，定义并初始化一个变量的形式如下：

```
int  iA=5;
```

该语句的作用是，在程序中定义一个整型变量 iA，程序编译时就在内存中为变量 iA 临时分配 2 字节的空间（对于 16 位系统而言），这个空间在内存中的起始地址（即首地址）就是变量 iA 的地址。

每个变量在编译时都被分配一定大小的、连续的存储单元，变量所占存储空间的大小（字节数）取决于变量的数据类型。如图 6-1 所示，变量 iA 在内存中占用 2 字节的内存空间，即地址为 2000 和地址为 2001 的 2 个连续的字节单元，2000 是这段内存空间的首地址，也就是变量 iA 在内存中的地址。当程序访问变量 iA 时，首先通过变量名 iA 获得其地址，然后根据变量 iA 的数据类型，以该地址为起始地

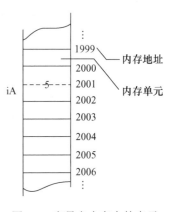

图 6-1  变量在内存中的表示

址，对连续的 2 字节的内存单元进行读或写操作。由于该地址起到了寻找操作对象的作用，就像指向对象的指针，因此将地址称为指针。

### 6.1.2　指针和指针变量

与已学过的整型、实型等数据类型一样，指针也是一种数据类型。回顾以前学过的数据类型，整型变量的值是整数，实型变量的值是实数，则指针变量的值就是指针，也就是地址，即指针变量就是存放地址的变量。

程序要访问内存中的某一个变量，首先要找到这个变量在内存中的位置。这个位置就是变量在内存中的地址，即指针。

如图 6-2 所示，指针变量 pI 在内存中也占有一段空间，指针变量名 pI 就是这段空间的名称，这段空间中存放的不是普通的数据，而是一个地址值。从图 6-2 中可以看出，这个地址 2000 是变量 iA 在内存中的位置。所以人们就说这个地址或这个指针指向整型变量 iA，也可以说是指针变量 pI 指向整型变量 iA。由此可以这样描述：变量的指针即变量的地址，而存放其他变量地址的变量就是指针变量。

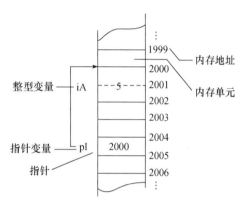

图 6-2　指针和指针变量的关系

### 6.1.3　指针变量的定义

指针变量仍遵循"先定义，后使用"的原则，定义指针变量的形式与定义变量的形式相似，都是用说明语句来实现，定义时应指明指针变量的类型及变量名。其定义形式如下：

　　　　**数据类型标识符　*指针变量名；**

例如：

```
int *pI;              /*定义了一个指向整型变量的指针变量pI*/
float *pF1,*pF2;      /*定义了两个指向单精度实型变量的指针变量pF1,pF2*/
double *pD;           /*定义了一个指向双精度实型变量的指针变量pD*/
char *pC;             /*定义了一个指向字符型变量的指针变量pC*/
```

说明：

1）C 语言规定所有变量必须先定义后使用，指针变量也如此，为了表示指针变量是存放地址的特殊变量，定义变量时在变量名前加标志"*"。

2）定义指针变量时，不仅要定义指针变量名，还必须指出指针变量所指向的变量的类型（基类型），或者说，一个指针变量只能指向同一数据类型的变量。不同类型的数据在内存中所占的字节数不同，如果同一指针变量有时指向整型变量，有时指向实型变量，就会使系统无法管理变量的内存字节数，从而引起错误。

### 6.1.4 指针变量的初始化

在指针变量定义好之后，如何来使用指针？它与普通变量有什么不同？这是下面要讨论的问题。这里先观察以下指针变量的定义：

```
int *pA,*pB;
float *pF;
```

这两行说明语句仅仅定义了指针变量 pA、pB、pF，但这些指针变量指向的变量（或内存单元）还不明确，因为这些指针变量还没被赋予确定的地址值，这时指针变量中的地址值是随机的。只有将某一个具体变量的地址赋给指针变量之后，指针变量才能指向确定的变量（或内存单元）。

在定义指针变量的同时给指针赋一个初始值，称为指针变量初始化。例如：

```
int iA=20,iB=5;          /*定义两个整型变量 iA,iB 并初始化*/
int *pA=&iA;             /*将变量 iA 的地址赋给指针变量 pA*/
float fX,*pX=&fX;        /*定义实型变量 fX,并将 fX 的地址赋给指针变量 pX*/
```

该例中的第一行先定义了整型变量 iA，并为之分配存储单元；第二行再定义一个指向整型变量的指针变量 pA，在内存中就为指针变量分配了一个存储空间，同时通过取地址运算符&将变量 iA 的地址赋给 pA，这样，指针变量 pA 就指向了确定的对象变量 iA。同理，pX 指向变量 fX。

### 6.1.5 指针变量的引用

定义了指针变量后即可引用它。对指针变量的引用包含两个方面：一方面是对指针变量本身的引用，如对指针变量进行的各种运算；另一方面是利用指针变量来间接引用指针变量所指向的目标。

与指针相关的运算符有三个：&、*、[ ]，它们均以内存地址作为操作数。

1）&：取地址运算符，用于取出变量的地址。

2）*：指针运算符，或称指向运算符，用于取指针所指向的目标的值。*右边的操作数必须是指针，且它与目标已建立了确定的指向关系。

3）[ ]：下标运算符，用于取指针所指向目标的值。[ ]左边的操作数必须是指针，且它与目标已建立了确定的指向关系。下标运算符一般在数组中用得比较多。

指针所指向的对象可以表示成如下形式：

**\*指针变量**

**!** 注意：

此处 "*" 是访问指针所指向变量的运算符，与定义指针时的 "*" 不同。在定义指针变量时，"*" 只是一个标志，表示其后定义的是指针变量。而在表达式中，如果与 "*" 联系的操作数是指针类型，则 "*" 是指针运算符；如果与 "*" 联系的操作数是基本数据类型，则 "*" 是乘法运算符。在使用和阅读程序时要严格区分 "*" 所表示的含义。

若有定义：

```
int iA,*pI=&iA;
```

则说明指针 pI 指向整型变量 iA，iA 是 pI 指向的目标，可以用*pI 来引用变量 iA，*pI 与 iA 是等价的，因此，*pI 可以像普通变量一样使用。例如：

```
int iA,*pI=&iA;          /*定义整型变量 iA,指针变量 pI,并把 iA 的地址赋给 pI*/
iA=12;                   /*对变量 iA 赋值*/
*pI=12;                  /*对*pI 赋值,也就是为变量 iA 赋值*/
printf("%d%d",iA,*pI);   /*以不同的形式输出变量 iA 的值*/
```

上述第 2、3 条语句都是对变量 iA 赋值，而第 4 条语句是以直接访问和间接访问的形式输出变量 iA 的值。在上述语句的基础上，再观察下面的语句。

```
scanf("%d", &iA);        /*从键盘输入一个整数赋给变量 iA*/
scanf("%d", &*pI);       /*从键盘输入一个整数赋给指针变量 pI 所指向的变量*/
scanf("%d", pI);   /*从键盘输入一个整数赋给指针变量 pI 的值所代表的内存空间*/
```

以上三条语句的功能都是完成从键盘输入一个整数到变量 iA 中，它们是等价的。

**！注意：**

"*" 与 "&" 具有相同的优先级，结合方向为自右向左。这样，&*pI 相当于&(*pI)，是对变量*pI 取地址，它与&iA 是等价的。pI 与&(*pI)等价，iA 与*(&iA)、*pI 等价。而[ ]运算符的优先级最高，结合方向为自左向右。关于[ ]运算符的使用，这里不举例说明，在后面叙述的内容中将会介绍。

根据 scanf()函数的要求，输入项必须是地址形式，在第 3 条语句中没有对 pI 取地址，是因为 pI 本身是指针变量，其值就是 iA 的地址。如果写成 scanf(%d,&pI);，则是错误的，这是因为&pI 是取指针变量 pI 在内存中的地址，而这个地址所代表的空间存放的应该是指针类型的数据，这与格式控制字符串%d 要求的数据类型不一致。

【例 6-1】　通过直接引用和间接引用的方式输出变量。

```
/*源程序名:prog06_01.c;功能:引用指针变量*/
#include<stdio.h>
void main()
{
   int iA=100,iB=10;
   int *pA,*pB;              /*第 5 行*/
   pA=&iA;
   pB=&iB;
   printf("%d,%d\n",iA,iB);
   printf("%d,%d\n",*pA,*pB);
}
```

程序运行结果：

```
100,10
100,10
```

说明：

1）程序第 5 行定义了指针变量 pA 和 pB，它们能够指向整型变量。

2）第 6、7 行语句明确了 pA 和 pB 的指向。pA 指向整型变量 iA，pB 指向整型变量 iB。这里不能误写成*pA=&iA,*pB=&iB;。

3）语句 printf("%d,%d\n", iA, iB);（第 8 行）是通过变量名直接访问变量的方法，这也是最常用的手段。

4）语句 printf("%d,%d", *pA, *pB);（第 9 行）是通过指向变量 iA 和 iB 的指针变量来间接访问变量的方法，*pA 表示变量 pA 所指向的内存单元的内容，即 iA 的值；*pB 表示变量 pB 所指向的内存单元的内容，即 iB 的值。因而两条 printf 语句输出的结果均为变量 iA 与 iB 所对应的值。

# 6.2 指 针 运 算

## 6.2.1 指针的赋值运算

指针的赋值运算分以下几种类型：

1）任何类型指针均可赋 NULL 值，表示指针不指向任何目标。例如：

```
double *pD;
pD=NULL;                      /*即 pD=0;*/
```

2）相同类型指针可相互赋值，不同类型指针不能相互赋值。例如：

```
char cCh='A',*pC=&cCh;
int iN=10,*pN=&iN;
int iM=100,*pM=&iM;
double dA=10.0,*pA=&dA;
pN=pC;  pC=pM;  pA=pN;        /*错误*/
pN=pM;                        /*正确*/
```

3）不能对指针赋一个字面常量地址，也不能通过读入给指针赋值。例如：

```
int iA[4]={1,2,3,4};
int *pI;
pI=2000;                      /*错误*/
pI=iA;                        /*正确,pI 指向数组 iA 的首地址*/
```

指针赋值是改变指针的指向，这一改变过程可用图 6-3 来形象地描述。例如：

```
int iN=10,iM=20,*pN=&iN,*pM=&iN;
pN=&iM;
```

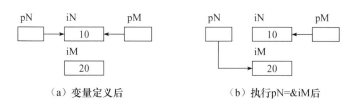

（a）变量定义后    （b）执行pN=&iM后

图6-3    指针赋值

变量经定义并初始化后，指针 pN 和 pM 都指向变量 iN，如图6-3（a）所示。当执行 pN=&iM;语句后，指针 pN 指向 iM，不再指向 iN，如图6-3（b）所示。

### 6.2.2    指针的算术运算

1. 指针加减一个整数

```
short int iA[4]={1,2,3,4};
short int *pI=iA,*pJ=pI+3;
```

指针加或减整数运算（pI+n 或 pI-n），其结果还是指针。指针加 n 或减 n 的结果是，指针向后移 n 个数据单位或向前移 n 个数据单位后指向当前数据的首地址。如该例中，由于当前 pI 指向 iA[0]，因此 pI+3 指向 iA[3]。

**⚠ 注意：**

这里指针变量 pI、pJ 是指向数组 iA 的数组元素的指针，不是指向数组 iA 的指针。

一个指针加上（或减去）一个整数 n（即 pI±n），其地址并不是增加（或减少）n 字节，而是增加（或减少）n 个数据元素占用的字节数（即 pI±n×d，d 代表某数据类型的一个数据所占用的字节数）。所以，指针的算术运算单位是该指针基类型的大小，即指针指向的数据类型大小。

2. 指针的自增自减运算

```
short int iA[4]={1,2,3,4};
short int *pI=iA, *pJ=pI+3;
```

指针加 1 或减 1，其结果也是指针。指针加 1 或减 1 的结果是指针变量指向后一个数据或前一个数据的首地址，即加一个数据所占内存的字节数，或减一个数据所占内存的字节数。如该例中，若执行++pI;语句，则 pI 指向 iA[1]；若执行--pJ;语句，则 pJ 指向 iA[2]。

3. 指针相减运算

```
short int iA[4]={1,2,3,4};
short int *pI=iA, *pJ=pI+3;
```

两个类型相同的指针可以做相减运算，运算结果是两指针间相隔的数据个数。如该例中，pI-pJ 的运算结果是-3，pJ-pI 的运算结果是 3。

说明：指针相减运算通常用在指向同一数组的两个指针之间。两个指针做相加运算无意义。

### 6.2.3 指针的关系运算

```
short int iA[4]={1,2,3,4};
short int *pI=iA,*pJ=pI+3;
```

指针关系运算的实质是比较地址的先后，指针关系运算的结果值为 0 或 1，如该例中：

```
pI>=pJ              /*运算结果是 0*/
pJ>=pI              /*运算结果是 1*/
pJ==pI              /*运算结果是 0*/
pJ!=pI              /*运算结果是 1*/
pI+2==pJ-1          /*运算结果是 1*/
```

说明：指针的关系运算通常用于指向同一数组的两个指针，否则，比较运算无实际意义。

### 6.2.4 指针的下标运算

指针的下标运算一般和数组一起使用。例如：

```
short int iA[4]={1,2,3,4};
short int *pI=iA;
```

上述语句的第 1 行定义了一个一维的短整型数组 iA，第 2 行把数组 iA 的首地址赋给了指针变量 pI，则指针变量 pI 就指向数组 iA。pI 的值就是数组 iA 的首地址，也等于数组第一个元素的地址&iA[0]的值，如图 6-4 所示。在引用数组元素时可以通过数组名的下标运算，也可以用指针的下标运算。例如，pI[0]等价于 iA[0]，pI[1]等价于 iA[1]，pI[2]等价于 iA[2]，pI[3]等价于 iA[3]。

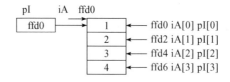

图 6-4  指针的下标运算

那么，能不能说指针变量 pI 等价于数组名 iA 呢？答案为不能。因为 pI 是地址变量，而 iA 是数组名，是地址常量。实际上，在 6.1.5 节已经介绍过，下标运算符左边的操作数是地址类型的数据。例如，指针变量 pI 或数组名 iA，其值都是地址。地址和下标运算符进行运算，可以访问内存中不同的空间。

# 6.3 指针与函数

## 6.3.1 指针作为函数的参数

第 4 章已经介绍过, 基本类型的变量可以作为函数的参数, 实参与形参之间的数据传递为值传递过程。在这种方式下, 函数是通过 return 语句返回一个值, 如果要求函数返回多个值, 只用 return 语句则无法实现。为了解决这一问题, C 语言允许在实参与形参之间采用地址传递方式, 即传递指针。当指针类型的变量用作函数的参数时, 便可实现地址传递。指针作为函数形参, 可达到形参共享实参的目的, 如果修改形参指针所指向的数据, 实际上也就是修改实参指针所指向的数据。因此, 地址传递方式能使函数带回多个值。但是, 修改指针本身, 不能使函数带回多个值。

【例 6-2】 用指针作为函数参数, 实现两个整数的交换, 并且输出交换后的结果。

```
/*源程序名:prog06_02.c;功能:指针作为函数参数,交换两个整数*/
#include <stdio.h>
void main()
{
    int iX,iY;
    int *pX,*pY;
    void Swap(int *pX,int *pY);        /*函数声明*/
    scanf("%d%d",&iX,&iY);
    pX=&iX;
    pY=&iY;
    Swap(pX,pY);                       /*第10行,指针变量作为函数实参*/
}
void Swap(int *pX,int *pY)             /*交换两个变量的值*/
{
    int Temp;
    Temp=*pX;
    *pX=*pY;
    *pY=Temp;
    printf("iX=%d  iY=%d\n",*pX,*pY);
}
```

程序运行结果:

```
10 20
iX=20  iY=10
```

函数在调用过程中传递的是指针变量的值, 也就是变量 iX 和 iY 的地址, 是传地址的过程, 因此实现了形参共享实参。在 Swap()函数中通过修改形参指针所指向的数据来实现交换两个变量的值。

说明：当形参为指针变量时，其对应实参可以是指针变量或存储单元地址。例如，源程序 prog06_02.c 中第 10 行也可写成 Swap(&iX, &iY); 的形式。

### 6.3.2 返回指针的函数

6.3.1 节提到指针可以作为函数的参数，其实指针也可作为函数的返回值类型。在处理动态数据结构时，经常遇到返回值为指针的函数，返回值为指针的函数也称指针函数。返回指针类型函数声明的一般格式如下：

**类型名 ＊ 函数名(形参表列);**

或

**类型名 ＊ 函数名();**

例如：

```
int *Fun(int iA, int iB)
{
    /*函数体*/
    说明部分
    执行部分
}
```

函数 Fun()就是一个指针函数，要求返回一个指向 int 类型的指针，这就要求在函数体中通过 return 语句返回指针变量或地址，语句形式如下：

```
return(指针变量);
```

或

```
return(&变量名);
```

**注意:**

返回自动局部变量的地址是不允许的。因为当函数调用结束时，局部变量便会自动撤销。动态变量的地址、全局变量的地址和静态变量的地址都可作为函数的返回值。

**【例 6-3】** 指针作为函数返回值的示例，输入两个整数，输出最小值。

```
/*源程序名:prog06_03.c;功能:指针作为函数返回值*/
#include <stdio.h>
void main()
{
    int iA,iB,*pI;
    int *Min(int iX,int iY);
    scanf("%d %d",&iA,&iB);
    pI=Min(iA,iB);
    printf("Min=%d\n",*pI);
}
```

```
int *Min(int iX,int iY)
{
   if(iX<iY)
       return &iX;        /*函数返回指针或变量地址*/
   else
       return &iY;        /*函数返回指针或变量地址*/
}
```

程序运行结果:

```
10 20
Min=10
```

### 6.3.3　指向函数的指针

我们知道,变量与某一特定的存储单元相对应,通过变量名可以得到变量的存储地址。数组也对应内存中的一段连续空间,通过数组名,就可以得到数组在内存中所占连续空间的首地址。同样,函数包括一组指令序列,它也存储在某一段内存中,这段内存空间的起始地址称为函数的入口地址,通过函数名就可以得到这一地址,而通过该入口地址又能找到这个函数。所以,函数的入口地址称为该函数的指针。可以定义一个指针变量,其值等于该函数的入口地址,因此,该指针变量指向这个函数,这样便可通过该指针变量来调用这个函数,这种指针变量称为指向函数的指针变量。

指向函数的指针称为函数指针。函数指针是函数的入口地址,而函数名即代表函数的入口地址,如果将函数名赋给一个函数指针,则这个函数指针便指向该函数。因此,除了可用函数名直接调用函数外,还可用函数指针调用函数。

函数指针的一般定义格式如下:

　　　类型名　(*指针变量名)();

或

　　　类型名　(*指针变量名)(形参表列);

例如:

```
int (*pI)();
int (*pI)(int iX,int iY);
```

该例中,表示 pI 指向一个返回整型值的函数。

**注意:**

int (*pI)();与 int *pI();有区别,前者定义的 pI 是一个指向函数的指针变量,后者定义的 pI 是返回值为指针的函数,定义格式不同其含义也不同。

对所定义的指向函数的指针变量,也与其他指针变量一样,要赋给其地址才能引用。将某个函数的入口地址赋给指向函数的指针变量时,就可用该指针变量来调用所指向的函数。而函数名代表了函数的入口地址,我们只须将要通过指针调用的函数名赋给该指针变量即可。例如,Max(iM,iN)是一个求 iM、iN 中最大值的整型函数,pI 为指向整型函数的指针，则赋值语句 pI=Max;表示将 Max()函数的入口地址值赋给指向函数的指针变量 pI，则 pI 指向函数 Max()。

但是，语句 pI=Max(iM,iN);是错误的。这是因为 Max(iM,iN)形式是函数调用，其返回值是整型值，不是指针，故不能将其赋给指针变量 pI。

用函数指针调用函数的一般形式如下：

   **(*指针变量名)(实参表列)**

若 iT 是一个整型变量，则实现函数调用的两种方法如下：

1）直接调用：

```
iT=Max(iM,iN);
```

2）间接调用：

```
iT=(*pI)(iM,iN);
```

两者是等价的。但是，用函数指针调用函数是间接调用，没有参数类型说明，C 语言编译系统也无法进行类型检查，因此，在使用这种形式调用函数时要特别小心。实参一定要和指针所指函数的形参类型一致。

【例6-4】　应用函数指针调用某函数，该函数可求变量 iA 和 iB 中的最大值。

```
/*源程序名:prog06_04.c;功能:应用函数指针调用函数*/
#include <stdio.h>
int Max(int iA,int iB);
void main()
{
  int iA,iB,iMax;
  int (*pFun)(int,int);              /*函数指针定义*/
  pFun=Max;                          /*将函数名赋给函数指针*/
  printf("输入两整数:");
  scanf("%d %d",&iA,&iB);
  iMax=(*pFun)(iA,iB);               /*应用函数指针调用函数*/
  printf("%d 和%d 的较大值是 %d\n",iA,iB,iMax);
}
int Max(int iA,int iB)
{
  return (iA>iB?iA:iB);
}
```

程序运行结果：

```
输入两整数:12 58
12和58 的较大值是 58
```

函数指针也可以作为函数的参数，函数指针每次指向不同的函数时通过调用不同的函数来完成不同的功能，这也是函数指针作为函数参数的意义所在。

【例 6-5】 应用函数指针作为函数的形参,以调用不同的函数。该函数可分别求两个数的最大值和最小值。

```
/*源程序名:prog06_05.c;功能:函数指针用作函数参数以实现调用不同函数*/
#include <stdio.h>
#include <stdlib.h>
int CallFun(int (*pFun)(int iA,int iB),int iA,int iB);
int Fmax(int iA,int iB);
int Fmin(int iA,int iB);
void main()
{
    int iA,iB;
    printf("输入两整数:");
    scanf("%d %d",&iA,&iB);
    printf("%d 和%d 的最大值是 %d\n",iA,iB,CallFun(Fmax,iA,iB));
    printf("%d 和%d 的最小值是 %d\n",iA,iB,CallFun(Fmin,iA,iB));
}
int CallFun(int(*pFun)(int iA,int iB),int iA,int iB)
{
    int fValue;
    fValue=(*pFun)(iA,iB);
    return fValue;
}
int Fmax(int iA,int iB)
{
    return (iA>iB?iA:iB);
}
int Fmin(int iA,int iB)
{
    return (iA>iB?iB:iA);
}
```

程序运行结果:

```
输入两整数:10 20
10和20 的最大值是 20
10和20 的最小值是 10
```

# 6.4 指针与数组

前面已经提到,数组名代表了该数组的首地址(起始地址或第一个元素的地址),而每一个数组元素也都有自己的地址。根据指针的概念,数组的指针是指数组的起始地址,而数组元素的指针是各元素的地址。与指针变量可以指向各基本类型变量一样,也可以定义指针变量来指向数组与数组元素。由于数组在内存中各元素是连续存放的,因此利用指向数组或数组元素的指针来引用数组元素，可更加灵活、快捷。

### 6.4.1 指向数组元素的指针

首先应该明确的是，数组名是一个指针常量，它的值为该数组的首地址，即第一个元素的地址，这是 C 语言所规定的。指向数组的指针的定义方法与指向基本类型变量的指针的定义方法是相同的。下面分别介绍应用指针指向一维数组元素和二维数组元素的方法。

1. 指向一维数组元素的指针

```
int iA[4]={1,2,3,4};
int *pI=iA;                    /*pI 是指向一维数组首元素的指针*/
```

应用运算符 "*" "[ ]" "+" 可建立指针与一维数组的关系，如图 6-5 所示。

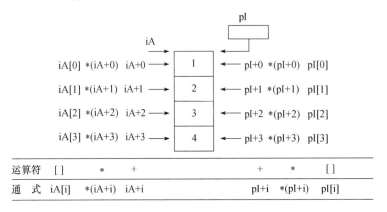

图 6-5　指向一维数组元素的指针

iA[i]、*(iA+i)、*(pI+i)、pI[i]是等价表达式，均表示数组元素 iA[i]。iA+i、pI+i 也是等价表达式，均表示数组元素的地址，即&iA[i]。

**！ 注意：**

iA[i]表达式中的 iA 是数组名，代表数组的首地址且是地址常量。但是，pI[i]表达式中的 pI 不是数组名，而是指针变量，这两个表达式均为下标表示法。

【例 6-6】　通过指针访问一维数组元素。

```
/*源程序名:prog06_06.c;功能:一维数组元素的指针法引用*/
#include <stdio.h>
void main()
{
  int iA[4]={1,2,3,4},*pI=iA,i;
  for(i=0;i<4;i++)
    printf("iA[%d]:%5d %5d\n",i,*(iA+i),iA[i]);
  for(i=0;i<4;i++)
    printf("pI[%d]:%5d %5d\n",i,*(pI+i),pI[i]);
}
```

程序运行结果:

```
iA[0]:    1      1
iA[1]:    2      2
iA[2]:    3      3
iA[3]:    4      4
pI[0]:    1      1
pI[1]:    2      2
pI[2]:    3      3
pI[3]:    4      4
```

2. 指向二维数组元素的指针

设二维数组和指针的定义如下。

```
int iA[2][3]={1,2,3,4,5,6};
int *pI=&iA[0][0];   /*pI 是指向二维数组元素的指针*/
```

二维数组元素在内存中是以一维方式存储的。应用指向二维数组元素的指针可以很方便地对二维数组实现一维运算，如图 6-6 所示。

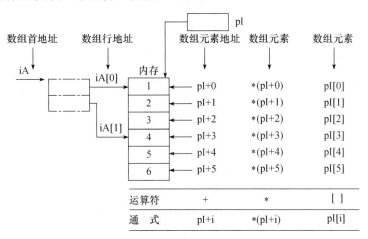

图 6-6 指向二维数组元素的指针

【例 6-7】 通过指针访问二维数组元素。

```
/*源程序名:prog06_07.c;功能:二维数组元素的指针法引用*/
#include <stdio.h>
void main()
{
  int iA[2][3]={1,2,3,4,5,6};
  int i,*pI=&iA[0][0];
  for(i=0;i<6;i++)
    printf("*(pI+%d) pI[%d] %5d%5d\n",i,i,*(pI+i),pI[i]);
}
```

程序运行结果：

```
*(pI+0) pI[0]    1    1
*(pI+1) pI[1]    2    2
*(pI+2) pI[2]    3    3
*(pI+3) pI[3]    4    4
*(pI+4) pI[4]    5    5
*(pI+5) pI[5]    6    6
```

### 6.4.2 指向一维数组的指针

指针可以指向一维数组的数组元素，也可以指向二维数组的数组元素。除此之外，指针还可以指向由 n 个元素组成的一维数组。其定义格式如下：

**数据类型 (\*指针变量名)[常量表达式];**

例如：

```
int iA[2][3]={1,2,3,4,5,6};
int (*pI)[3];
pI=iA;
```

这些语句的含义：pI 为指向由三个整型元素组成的一维数组的指针。

⚠ 注意：

pI 是指向一维数组的指针变量名，一旦将二维数组的首地址赋给 pI，即 pI=iA，指向一维数组的指针和二维数组便建立了联系，因此，可用指向一维数组的指针等价表示二维数组，只需将 iA 改为 pI，如图 6-7 所示。

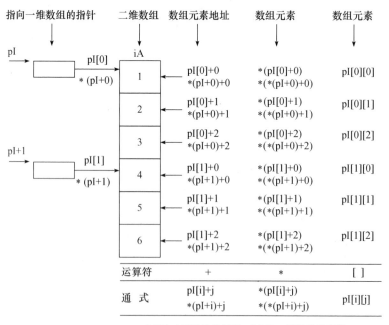

i表示二维数组的行数；j表示二维数组的列数

图 6-7 指向一维数组的指针和二维数组的等价表达式

pI+i 表示二维数组的行地址，即二维数组第 i 行的地址。pI[i]、*(pI+i)是等价表达式，均表示二维数组的行地址，即二维数组的第 i 行、第 0 列数组元素的地址。pI[i]+j、*(pI+i)+j 是等价表达式，均表示二维数组的列地址，即第 i 行、第 j 列数组元素的地址。*(pI[i]+j)、*(*(pI+i)+j)、pI[i][j]是等价表达式，均表示二维数组第 i 行、第 j 列数组元素。

【例 6-8】 通过指向一维数组的指针访问二维数组并输出二维数组元素的值。

```c
/*源程序名:prog06_08.c;功能:通过指向一维数组的指针访问二维数组并输出*/
#include <stdio.h>
void main()
{
    int iA[2][3]={1,2,3,4,5,6};
    int i,j;
    int (*pI)[3]=iA;
    for(i=0;i<2;i++)
        for(j=0;j<3;j++)
            printf("iA[%d][%d]:%d\n",i,j,pI[i][j]);
    for(i=0;i<2;i++)
        for(j=0;j<3;j++)
            printf("pI[%d][%d]:%d\n",i,j,*(*(pI+i)+j));
}
```

程序运行结果:

```
iA[0][0]:1
iA[0][1]:2
iA[0][2]:3
iA[1][0]:4
iA[1][1]:5
iA[1][2]:6
pI[0][0]:1
pI[0][1]:2
pI[0][2]:3
pI[1][0]:4
pI[1][1]:5
pI[1][2]:6
```

### 6.4.3 指针数组

如果一个数组元素的类型是指针类型，则该数组称为指针数组。指针数组定义的一般格式如下:

**数据类型 *数组名[常量表达式];**

例如:

```c
int iA[2][3]={1,2,3,4,5,6};
int *pA[2];
pA[0]=iA[0];pA[1]=iA[1];
```

其含义是，pA 是指针数组，包含两个能指向整型数据的指针元素。下面讨论指针数组和二维数组的等价表达式。

指针数组可以用来存放二维数组的行首地址。但是 pA 是一维指针数组名，不是二维数组。一旦将二维数组第 0 行的首地址 iA[0]赋给 pA[0]，即 pA[0]=iA[0]；将二维数组第 1 行的首地址 iA[1]赋给 pA[1]，即 pA[1]=iA[1]；指针数组和二维数组就建立了联系，二维数组就成为指针数组的目标，其结构类似二维数组结构。

pA[i]、*(pA+i)是等价表达式，均表示二维数组的第 i 行首地址。pA[i]+j、*(pA+i)+j 是等价表达式，均表示二维数组的列地址，即数组元素的地址,也就是&iA[i][j]。*(pA[i]+j)、*(*(pA+i)+j)、pA[i][j]是等价表达式，均表示二维数组元素。

【例 6-9】 通过指针数组访问二维数组的元素并输出其值。

```
/*源程序名:prog06_09.c;功能:通过指针数组访问二维数组的元素*/
#include <stdio.h>
#define M 2
#define N 3
void main()
{
    int iA[M][N]={1,2,3,4,5,6},i,j;
    int *pA[M];
    for(i=0;i<M;i++)
        pA[i]=iA[i];
    for(i=0;i<M;i++)
        for(j=0;j<N;j++)
            printf("iA[%d][%d]:%5d%5d\n",i,j,*(pA[i]+j), pA[i][j]);
}
```

程序运行结果：

```
iA[0][0]:     1     1
iA[0][1]:     2     2
iA[0][2]:     3     3
iA[1][0]:     4     4
iA[1][1]:     5     5
iA[1][2]:     6     6
```

数组问题可以应用指针表示法求解。但是，除特殊问题外，一般优先用下标表示法求解，而不用指针表示法，这是因为下标表示法更直观。本节以指针运算为理论基础，用了较大篇幅讨论指针表示法和下标表示法的众多等价表达式。概括来说，读者只要理解和掌握指针与一维数组的等价表达式、指针与二维数组的等价表达式的推导方法即可，因为指向二维数组元素的指针的等价表达式、指针数组的等价表达式、指向一维数组的指针的等价表达式均与此类似。在此，建议读者深入理解各种等价关系。

### 6.4.4 多级指针

若一个指针变量的值是另一个指针变量的地址，则将该指针称为多级指针。图 6-8

是一个二级指针示意图。

```
int iA=10;
int *pA=&iA;
int **pB=&pA;
```

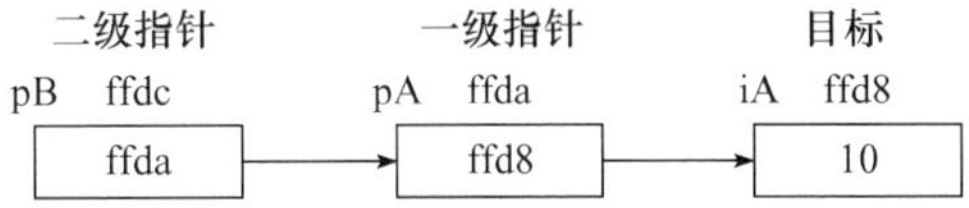

图 6-8　多级指针

建立指针链是程序设计的任务，指针链不能自动建立。访问变量 iA，可以通过一级指针 pA 间接访问，也可以通过二级指针 pB 间接访问。

【例 6-10】　通过二级指针间接访问变量。

```
/*源程序名:prog06_10.c;功能:通过二级指针间接访问变量*/
#include <stdio.h>
void main()
{
    short iA=10;
    short *pA=&iA;
    short **pB=&pA;
    printf("iA,pA,pB 的地址和值:\n");
    printf("iA:%x  %d\n",&iA,iA);
    printf("pA:%x  %x\n",&pA,pA);
    printf("pB:%x  %x\n",&pB,pB);
    printf("\n 通过一级指针 pA 实现间接访问:\n");
    *pA=*pA+5;
    printf("*pA+5:%d\n",*pA);
    printf("\n 通过二级指针 pB 实现间接访问:\n");
    **pB=**pB+5;
    printf("**pB+5:%d\n",**pB);
}
```

程序运行结果：

```
iA,pA,pB 的地址和值:
iA:12ff7c  10
pA:12ff78  12ff7c
pB:12ff74  12ff78

通过一级指针 pA 实现间接访问:
*pA+5:15

通过二级指针 pB 实现间接访问:
**pB+5:20
```

下面再介绍一个通过二级指针访问二维数组元素的例子。

【例6-11】 通过二级指针输出二维数组元素。

```
/*源程序名:prog06_11.c;功能:通过二级指针输出二维数组元素*/
#include <stdio.h>
#define M 2
#define N 3
void main()
{
    int iA[M][N]={1,2,3,4,5,6};
    int i,j;
    int *pArr[2]={iA[0],iA[1]};
    int **pI=pArr;
    for(i=0;i<M;i++)
        for(j=0;j<N;j++)
            printf("iA[%d][%d]:%5d\n",i,j,iA[i][j]);
    for(i=0;i<M;i++)
        for(j=0;j<N;j++)
            printf("*(*(pI+%d)+%d):%5d\n",i,j,*(*(pI+i)+j));
}
```

程序运行结果：

```
iA[0][0]:      1
iA[0][1]:      2
iA[0][2]:      3
iA[1][0]:      4
iA[1][1]:      5
iA[1][2]:      6
*(*(pI+0)+0):      1
*(*(pI+0)+1):      2
*(*(pI+0)+2):      3
*(*(pI+1)+0):      4
*(*(pI+1)+1):      5
*(*(pI+1)+2):      6
```

说明：pI 经过初始化，其值等于 pArr，即 pI 指向 pArr 数组（pArr 是 pArr 数组首元素的起始地址，即 iA[0]的地址），则 pI+i 指向 iA[i]，*(pI+i)就是 iA[i][0]的地址。 所以，*(*(pI+i)+j)等价于 iA[i][j]。

# 6.5 指针与字符串

## 6.5.1 字符型指针与字符串

在 C 语言中，字符串可以用字符型数组表示，也可以用字符型指针表示。第 5 章中已介绍用字符型数组表示字符串，本节着重介绍用字符型指针表示字符串。

　　字符型指针的定义与其他类型指针的定义形式相似，只是其基类型为字符型。在定义字符型指针时，还可以用字符串常量对其初始化。例如：

```
char *sP="VC++";
```

字符串常量可以赋给字符型指针变量。例如：

```
char *sP;
sP="VC++";
```

**！ 注意：**

　　上述表示法不是将字符串常量"VC++"复制到字符型指针变量 sP 中，而是将字符串常量"VC++"的第 1 个字符的地址（即字符串首地址）赋给字符指针变量 sP，字符串常量"VC++"成为 sP 指向的目标，如图 6-9 所示。

图 6-9　字符串首地址赋给 sP

　　向字符指针变量读入一个字符串时，该指针必须已指向有足够内存空间的目标，否则会产生运行错误。例如：

```
char iA[80],*sP=iA;
gets(sP);            /*从键盘输入的字符串不能超过 79 个字符*/
```

而下面的语句是错误的，往往会产生运行错误，因为读入的字符串无内存空间存放。

```
char *sP;
gets(sP);            /*错误*/
```

### 6.5.2　字符串处理函数的实现

　　字符串处理库函数是用指针实现的。函数原型在 string.h 中声明。在函数原型的形参表列中，有些字符型指针前用了关键字 const 修饰（const 的用法请参阅本书第 2 章 2.2 节），该指针称为指向常量的指针。它的作用是阻止通过间接访问修改目标，即由 const 修饰的字符型指针所指向的字符串不可能被修改，也就是说该串为字符串常量。阅读下列函数时，要特别注意指针作为函数形参和函数返回值类型，以及指针表达式的应用。

　　（1）求字符串长度

　　函数原型：**unsigned int StrLen(const char \*sP);**

```
unsigned int StrLen(const char *sP)
{
  int iLen=0;          /*计数器清 0*/
  while(*sP++)
    iLen++;
```

```
        return iLen;
    }
```

\*sP++表达式的等价语句及语义如下：

```
    *sP;        /*取 sP 指针所指向的字符*/
    sP++;       /*使 sP 指针加 1, 指向下一个字符*/
```

当 sP 指针指向'\0'字符（字符串结束标志）时，while 循环结束。

（2）字符串复制

函数原型：**char \*StrCpy(char \*Dest,const char \*Src);**

```
    char *StrCpy(char *Dest,const char *Src)
    {
        char *Temp=Dest;  /*暂存目标串指针,用于返回目标串*/
        while(*Dest++=*Src++)
            ;
        return Temp;
    }
```

字符串复制是将源字符串 Src 中的字符一个一个地复制到目标串 Dest，包含'\0'字符。最后返回指针 Temp，即返回 Dest 原指针值。

\*Dest++=\*Src++表达式等价于如下语句：

```
    *Dest=*Src;       /*将指针 Src 指向的字符复制到指针 Dest 指向的存储单元*/
    Src++;            /*使 Src 指针加 1,指向下一字符*/
    Dest++;           /*使 Dest 指针加 1,指向下一个存储单元*/
```

❗ **注意：**

由于先执行赋值，然后 Src 指针和 Dest 指针加 1，因此'\0'字符可以复制。

（3）字符串连接

函数原型：**char \*Strcat(char \*Dest, const char \*Src);**

```
    char *Strcat(char *Dest,const char *Src)
    {
        char *Temp=Dest;
        while(*Dest++)                /*移动 Dest 指向'\0'位置*/
            ;
        Dest--;
        while(*Dest++=*Src++)         /*复制 Src 串到 Dest 串*/
            ;
        return Temp;
    }
```

字符串连接是先将指针 Dest 移到字符 '\0' 处，然后将 Src 字符串复制到指针 Dest

当前值开始的存储单元。最后返回指针 Temp，即返回 Dest 原指针值。

（4）字符串比较

函数原型：**int Strcmp(const char \*pA, const char \*pB);**

```
int Strcmp(const char *pA,const char *pB)
{
    for(;*pA==*pB;pA++,pB++)
    if(!*pA)
        return 0;                  /*判别当前两个字符是否为'\0'*/
    return *pA-*pB;
}
```

两个字符串比较是对应位置上的字符逐一比较。当两个字符不相等或两个字符均为 '\0'时，结束比较，返回\*pA-\*pB 或 0。因此，当前两个字符的 ACSII 码值之差决定了两个字符串关系运算的结果。

1）若\*pA==\*pB，\*pA=='\0'，\*pB=='\0'，则字符串 A==字符串 B，函数返回值为 0。

2）若\*pA>\*pB，则字符串 A>字符串 B，函数返回值大于 0。

3）若\*pA<\*pB，则字符串 A<字符串 B，函数返回值小于 0。

### 6.5.3 字符串数组

多个字符串可用字符型二维数组表示。例如，要描述"FORTRAN"、"BASIC"、"C++"、"Java"、"VB"、"C"，可以定义一个字符型二维数组表示。

```
char LnameA[6][8]={"FORTRAN","BASIC","C++","Java","VB","C"};
```

从图 6-10 可以看出，每个字符串占用内存空间相等。

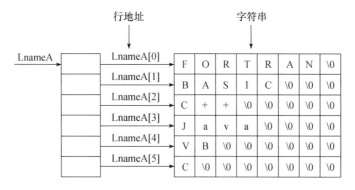

图 6-10　字符型二维数组存储字符串

**!** 注意：

各个字符串长度是不相等的。当处理的多个字符串的长度差异很大时，会浪费较多的内存空间。这种表示方法一般用于处理串长度不固定的多个字符串。

处理多个字符串，还可以应用字符型指针数组表示。例如，描述上面的多个字符串，可定义如下字符型指针数组。

```
char *Lname[]={"FORTRAN","BASIC","C++","Java","VB","C"};
```

从图 6-11 可以看出，每个字符串占用内存空间不相等，没有浪费内存空间。这种表示方法一般适用于处理多个常量字符串。除节省内存外，其处理效率也比较高。

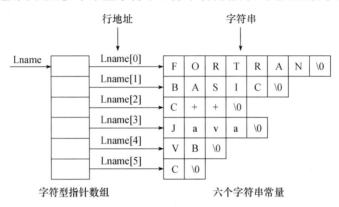

图 6-11　字符型指针数组存储字符串

【例 6-12】　利用字符型指针数组对多个字符串进行排序。

```
/*源程序名:prog06_12.c;功能:利用指针数组对多个字符串采用选择法排序*/
#include <stdio.h>
#include <string.h>
#define N 6
void ssort(char *Lname[],int n);
void main()
{
    char *Lname[]={"FORTRAN","BASIC","C++","Java","VB","C"};
    int i;
    printf("原字符串:\n");
    for(i=0;i<N;i++)
        printf("%-10s",Lname[i]);
    printf("\n");
    ssort(Lname,N);
    printf("已排序字符串:\n");
    for(i=0;i<N;i++)
        printf("%-10s",Lname[i]);
    printf("\n");
}
void ssort(char *Lname[],int in)         /*选择法排序*/
{
    int i,j,min;
    char *temp;
```

```
    for(i=0;i<in-1;i++)
    {
        min=i;
        for(j=i+1;j<in;j++)
            if(strcmp(Lname[min],Lname[j])>0)  min=j;
        if(min!=i)
        {
            temp=Lname[min];
            Lname[min]=Lname[i];
            Lname[i]=temp;
        }
    }
}
```

程序运行结果:

```
原字符串:
FORTRAN   BASIC       C++        Java      UB        C
已排序字符串:
BASIC     C           C++        FORTRAN   Java      UB
```

### 6.5.4 带参数的 main()函数

C 语言中除主函数外,函数间可以相互调用,主函数可以调用其他函数但不能被其他函数调用,主函数只能被系统调用。前面的程序示例中,main()函数都不带参数,实际上,main()函数也可以带参数。带参数的 main()函数,其函数首部的格式如下:

```
void main(int argc,char *argv[]) /*char *argv[]为字符指针数组*/
void main(int argc,char **argv) /*char **argv 为多级指针*/
```

说明:括号中的信息为命令行参数。这些参数信息由用户在执行程序时从键盘输入,命令行参数用于接收这些参数信息。其中,argc 用于接收命令行传来的参数个数,命令名也作为一个参数;argv[]是一个字符指针数组,用于保存命令行中各个参数的名称(包括命令名本身)。例如:

```
d:\>prog06_09 file1 file2<Enter>
```

该例中,argc 的值是 3,argv 数组保存 3 个字符串:argv[0]保存"d:\>prog06_09",argv[1]保存"file1",argv[2]保存"file2"。其中,参数 prog06_09 是可执行程序的文件名,其余为参数名。所有参数都可包含盘符和路径。

【例 6-13】 利用带参数的 main()函数把两个字符串连接成一个字符串。

```
/*源程序名:prog06_13.c; 功能:利用带参数的 main()函数把键盘上输入的两个字符串
   连接成一个字符串*/
#include <stdio.h>
void main(int argc,char *argv[])
```

```
    {
        char *pTemp=argv[1];
        while(*argv[1]++)                      /*将 argv[1]移到'\0'位置*/
            ;
        argv[1]--;
        while(*argv[1]++=*argv[2]++)           /*将串 2 连接到串 1 末尾*/
            ;
        printf("%s",pTemp);                    /*输出连接后的字符串*/
    }
```

　　程序编译成功后，打开命令行窗口，更改当前目录为 prog06_13.exe 可执行文件所在目录。在命令行输入"prog06_13 Hello World"，并按 Enter 键。

　　程序运行结果：

```
F:\code>prog06_13 Hello World!
HelloWorld!
F:\code>
```

　　从输出结果可以看出，在命令行输入的两个字符串已经连接成一个字符串并显示在屏幕上。

# 6.6　程序设计举例

　　**【例 6-14】**　指针与一维数组的应用——冒泡排序法。

　　**算法分析**：冒泡排序法的思想请阅读第 5 章例 5-5。一维数组 iA 的数组元素可用四种等价表达式表示：iA[i]、*(iA+i)、pA[i]、*(pA+i)。因此，冒泡排序函数可用四种等价表达式写成四种形式。掌握了其中一种形式的冒泡排序法，即可应用其他等价表达式编写冒泡排序函数，此时只需更换表达形式，这里以*(pA+i)形式为例。

```
/*源程序名:prog06_14.c;功能:利用指针对数组元素进行冒泡排序*/
#include <stdio.h>
#define N 10
void bsort(int *pA,int iN);
void main()
{
    int iA[N]={9,7,8,5,3,1,4,6,2,10},i;
    printf("数组 iA[%d](排序前):\n",N);
    for(i=0;i<N;i++)
        printf("%3d",iA[i]);
    bsort(iA,N);                          /*数组名 iA 作为函数实参*/
    printf("\n 数组 iA[%d](排序后):\n",N);
    for(i=0;i<N;i++)
```

```
        printf("%3d",iA[i]);
    printf("\n");
}
void bsort(int *pA,int iN)              /*冒泡排序函数*/
{
    int  i,j,iTemp;
    for(i=0;i<iN-1;i++)
        for(j=0;j<iN-i-1;j++)
            if(*(pA+j)>*(pA+j+1))
            {
                iTemp=*(pA+j);
                *(pA+j)=*(pA+j+1);
                *(pA+j+1)=iTemp;
            }
}
```

程序运行结果:

```
数组iA[10]<排序前>:
  9  7  8  5  3  1  4  6  2 10
数组iA[10]<排序后>:
  1  2  3  4  5  6  7  8  9 10
```

【例6-15】 指针与一维数组的应用——选择排序法。

**算法分析**: 选择排序法的思想是, 首次扫描时选择出一个最小的元素 (假设按升序排序), 将它和第一个位置 (也称当前的基准元素位置) 的元素交换。然后从剩下的 n-1 个元素中选择次小的元素, 再和第二个位置 (当前新的基准元素位置) 的元素交换。不断重复这一过程, 直到最后一次从最后两个元素里面选择较小的一个, 并将其交换。选择排序的每一轮排序中, 交换两个元素的操作最多一次, 与冒泡排序法相比, 其交换数据的操作频率大大降低了。

```
/*源程序名:prog06_15.c; 功能:指针与一维数组的应用-选择排序法*/
#include<stdio.h>
#define N 5
void SelectSort(int iA[],int n)  /*选择排序函数*/
{
    int i,j,iTemp;
    int min;
    for(i=0;i<n-1;i++)
    {
        min=i;
        for(j=i;j<n;j++)
        {
            if(iA[j]<iA[min])
```

```
        min=j;
      }
      if(min!=i)
      {
        iTemp=iA[i];
        iA[i]=iA[min];
        iA[min]=iTemp;
      }
    }
    printf("排序后的%d 个数:\n",n);
    for(i=0;i<n;i++)
      printf("%d ",iA[i]);
    printf("\n");
}
void main()
{
    int iA[N],*pI=iA,i;
    printf("请输入要排序的%d 个数:\n",N);
    for(i=0;i<N;i++)
      scanf("%d",&iA[i]);
    SelectSort(pI,N);                /*指针 pI 作为函数实参*/
}
```

程序运行结果：

```
请输入要排序的5个数:
5 4 3 2 1
排序后的5个数:
1 2 3 4 5
```

【例 6-16】 指针与一维数组的应用——插入排序法。

算法分析：插入排序法的思想是，当插入第 i 个元素的时候，前面 i-1 个元素已经排好序，这时只需要用第 i 个元素从末尾开始与其他元素进行比较，以找到合适的插入位置，将后面的对象依次后移，然后将新的元素插入。

```
/*源程序名:prog06_16.c;功能:指针与一维数组的应用-插入排序法*/
#include<stdio.h>
#define N 5
void InsertSort(int iA[],int n)         /*插入排序函数*/
{
    int i,j,iTemp;
    for(i=1;i<n;i++)
    {
        iTemp=iA[i];
```

```
        for(j=i-1;(j>=0)&&(iTemp<iA[j]);j--)
            iA[j+1]=iA[j];
        iA[j+1]=iTemp;
    }
    printf("排序后的%d个数:\n",n);
    for(i=0;i<n;i++)
        printf("%d ",iA[i]);
    printf("\n");
}
void main()
{
    int iA[N],*pI=iA,i;
    printf("请输入要排序的%d个数:\n",N);
    for(i=0;i<N;i++)
        scanf("%d",&iA[i]);
    InsertSort(pI,N);                    /*指针pI作为函数实参*/
}
```

程序运行结果:

```
请输入要排序的5个数:
5 4 3 2 1
排序后的5个数:
1 2 3 4 5
```

【例 6-17】　从键盘上输入 n（1≤n≤10）个数作为数组 iA 的元素值，再读入一个待查找的整数 iX，在 iA 数组中查找 iX，如果存在，则输出它在数组中的第一个位置的下标；否则提示 "Not present!"。

　　**算法分析**：查找算法很多，这里只介绍最简单的顺序查找法，这种算法对数组元素的初始序列值无任何要求，即不需要有序。查找的过程只需要从第 1 个元素（或最后一个元素）开始依次与待查找的数进行比较，如果相等，则查找成功，输出该元素值及其下标；若与所有元素都比较后仍没有相等的元素，则输出该数在数组中不存在的提示信息。

```
/*源程序名:prog06_17.c;功能:在数组中顺序查找一个数据元素,若存在则返回第一个
  位置*/
#include <stdio.h>
void main()
{
    int iA[10],i=0,*pA,n,iX;
    do{
        printf("please input n(1<=n<=10):\n");
        scanf("%d",&n);
    }while(n<1||n>10);
    printf("please input %d elements:\n",n);
```

```
   for(pA=iA;pA<iA+n;pA++)
      scanf("%d",pA);
   printf("please input iX be searched:\n");
   scanf("%d",&iX);
   pA=iA;                        /*将指针 pA 从当前位置移动到数组起始地址*/
   while(i<n){
      if(iX==*(pA+i))
         break;
      i++;
   }
   if(i<n)
      printf("value=%d,index=%d\n",iX,i);
   else
      printf("Not present!\n");
}
```

程序运行结果：

```
please input n(1<=n<=10):
5
please input 5 elements:
5 3 2 8 7
please input iX be searched:
2
value=2,index=2
```

此程序稍加改变可以变成一个简单的猜数字游戏：初始元素值调用随机函数产生，读入的即为所要猜的数 iX，如果 iX 是数组中的元素，猜数字成功，否则不成功，读者可自行修改。

**【例 6-18】** 整型数组 iA 中的元素值已按非递减有序排列。读入一个整数 iX，将 iX 插入数组中且使 iA 数组中的元素仍保持非递减有序。

**算法分析：** 在有序数组中插入一个数据元素，并保持数组有序，则插入数据需有空余的空间，对数组而言，数组长度要大于数据元素个数。插入位置有两种，一种是已有的任一数据元素的位置，另一种是最后一个数据元素后面紧邻的位置。如果是第一种位置，则涉及数据元素的移动，从最后一个数据元素到插入位置上的元素，依次后移一个位置，并在空出的插入位置上插入元素。具体步骤如下：

1）确定待插入位置（此步骤伴随着查找的过程）。

2）元素后移，空出相应位置（用递减循环实现，后移就是做形如 iA[j+1]=iA[j]的赋值）。

3）在"空"位置上插入新元素（作一次赋值，以 iX 覆盖该位置原先的值）。

4）插入一个新元素后，则数组元素个数增加1。

```
/*源程序名:prog06_18.c;功能:在一个有序排列的数组中插入一个数据元素*/
#include <stdio.h>
```

```
void main()
{
    int iA[7]={12,23,24,34,36,47};
    int i,j,iX;
    printf("the array is:\n");
    for(i=0;i<6;i++)
        printf("%5d",iA[i]);
    printf("\n");
    printf("please input iX be inserted:\n");
    scanf("%d",&iX);
    for(i=0;i<6&&iA[i]<iX;i++);              /*查找插入位置*/
    for(j=5;j>=i;j--)
        iA[j+1]=iA[j];                       /*向后平移元素*/
    iA[i]=iX;                                /*插入新元素*/
    printf("the new array is:\n");
    for(i=0;i<7;i++)
        printf("%5d",iA[i]);
    printf("\n");
}
```

程序运行结果:

```
the array is:
    12   23   24   34   36   47
please input iX be inserted:
25
the new array is:
    12   23   24   25   34   36   47
```

【例 6-19】 整型数组 iA 中有若干元素,需读入一个待删除的整数 iX,删除数组中第 1 个等于 iX 的元素,如果 iX 不是数组中的元素,则显示"can not delete iX!"。

**算法分析**:要删除某个数据首先要查找该数据,即确定待删除的元素是否存在,如果存在,则做删除操作。数组空间中的数据只能修改,不能"擦除",也不能用"撤销"其空间的方法来删除。因此,删除数组中的一个数据一般通过将删除位置以后的所有数据元素向前平移,覆盖被删除元素来达到目的。具体步骤如下:

1)确定待删除元素的位置(此步骤伴随查找过程)。

2)元素从删除位置开始依次向前平移,覆盖待删除元素(用递增循环实现,前移就是做形如 a[j]=a[j+1]的赋值)。

3)数组的最后一个元素实际上有两个,因此,删除后有效元素个数应减 1。

```
/*源程序名:prog06_19.c;功能:在一个数组中删除一个指定元素*/
#include <stdio.h>
void main()
{
    int iA[5]={23,45,34,12,56};
    int i,j,iX;
```

```
    printf("the array is:\n");
    for(i=0;i<5;i++)
        printf("%5d",iA[i]);
    printf("\n");
    printf("please input iX be deleted:\n");
    scanf("%d",&iX);
    for(i=0;i<5&&iA[i]!=iX;i++);         /*查找待删除元素的位置*/
    if(i==5){
        printf("can not delete %d!\n",iX);
    }
    else{
        for(j=i;j<5-1;j++)
            iA[j]=iA[j+1];                /*向前平移元素*/
        printf("the new array is:\n");
        for(i=0;i<4;i++)
            printf("%5d",iA[i]);
        printf("\n");
    }
}
```

程序运行结果：

```
the array is:
    23    45    34    12    56
please input ix be deleted:
34
the new array is:
    23    45    12    56
```

# 习　题　6

## 一、选择题

1. 以下程序的输出结果是（　　）。

A．123456780　　B．123 456 780　　C．12345678　　D．147

```
#include <stdio.h>
void main()
{
    char cA[3][4]={"123","456","78"}, *pA[3];
    int i;
    for(i=0;i<3;i++)
        pA[i]=cA[i];
    for(i=0;i<3;i++)
        printf("%s",pA[i]);
```

```
}
```

2. 以下程序的输出结果是（    ）。

A. 1                B. 4                C. 7                D. 5

```c
#include <stdio.h>
#include <stdlib.h>
#include <malloc.h>
void  f(int *pS,int iP[][3]);
int iA[3][3]={1,2,3,4,5,6,7,8,9},*pA;
void  main()
{
    pA=(int*)malloc(sizeof(int));
    f(pA,iA);
    printf("%d \n",*pA);
}
void  f(int *pS,int iP[][3])
{
    *pS=iP[1][1];
}
```

3. 以下程序的输出结果是（    ）。

A. 4 2 1 1        B. 0 0 0 8        C. 4 6 7 8        D. 8 8 8 8

```c
#include <stdio.h>
void main()
{
    char *pS="12134211";
    int iV[4]={0,0,0,0},k,i;
    for(k=0;pS[k];k++)
    {
        switch(pS[k])
        {
            case '1':i=0;
            case '2':i=1;
            case '3':i=2;
            case '4':i=3;
        }
        iV[i]++;
    }
    for(k=0;k<4;k++)
        printf("%d ",iV[k]);
}
```

4. 以下程序的输出结果是（　　）。

A. AfghdEFG　　　B. Abfhd　　　C. Afghd　　　D. Afgd

```c
#include <stdio.h>
#include"string.h"
void main()
{
    char *pA,*pB,cStr[50]="ABCDEFG";
    pA="abcd";
    pB="efgh";
    strcpy(cStr+1,pB+1);
    strcpy(cStr+3,pA+3);
    printf("%s",cStr);
}
```

5. 若已定义 int iA[]={0,1,2,3,4,5,6,7,8,9},*pA=iA,i;，其中 0<i<9，则对 iA 数组元素不正确的引用是（　　）。

A. iA[pA-iA]　　　B. *(&iA[i])　　　C. pA[i]　　　D. iA[10]

6. 以下程序的输出结果是（　　）。

A. 6　　　　　B. 7　　　　　C. 8　　　　　D. 9

```c
#include <stdio.h>
void func(int *pA,int iB[])
{
    iB[0]=*pA+6;
}
void main()
{
    int iA,iB[5];
    iA=0;
    iB[0]=3;
    func(&iA,iB);
    printf("%d \n",iB[0]);
}
```

7. 以下程序的输出结果是（　　）。

A. 3　　　　　B. 6　　　　　C. 9　　　　　D. 随机数

```c
#include <stdio.h>
void main()
{
    int iA[3][3],*pA,i;
    pA=&iA[0][0];
    for(i=0;i<9;i++)
        pA[i]=i+1;
```

```
    printf("%d \n",iA[1][2]);
}
```

8. 以下程序的输出结果是（　　　）。

　　A. 4　　　　　　　B. 6　　　　　　　C. 8　　　　　　　D. 10

```
#include <stdio.h>
int iA=2;
int func(int *pA)
{
    iA+=*pA;
    return(iA);
}
void  main()
{
    int iA=2,iB=2;
    iB+=func(&iA);
    printf("%d \n",iB);
}
```

9. 设已有定义 char *pT="how are you";，则下列程序段中正确的是（　　　）。

　　A. char iA[11],*pT; strcpy(pT=iA+1,&pT[4]);

　　B. char iA[11]; strcpy(++iA,pT);

　　C. char iA[11]; strcpy(iA,pT);

　　D. char iA[],*pT; strcpy(pT=&iA[1],pT+2);

10. 有如下程序段：

```
int *pA,iA=10,iB=1;
pA=&iA;iA=*pA+iB;
```

执行该程序段后，iA 的值为（　　　）。

　　A. 12　　　　　　　B. 11　　　　　　　C. 10　　　　　　　D. 编译出错

## 二、填空题

1. 以下程序运行后的输出结果是_____。

```
#include <stdio.h>
void  main()
{
    char cStr[]="9876",*pC;
    for(pC=cStr;pC<cStr+2;pC++)
        printf("%s\n",pC);
}
```

2. 用以下语句调用库函数 malloc()，使字符指针 pStr 指向具有 11 字节的动态存储空间，请填空。

```
pStr=(char*)_____;
```

3. 要使指针 pI 指向一个 double 类型的动态存储单元，请填空。

```
pI=_____malloc(sizeof(double));
```

4. 以下程序通过函数指针 pI 调用函数 Fun()，请在横线上写出定义变量 pI 的语句。

```
#include <stdio.h>
void Fun(int *x,int *y)
{  ……  }
void  main()
{
   int iA=10,iB=20;
   _____; /*定义变量pI*/
   pI=Fun; pI(&iA,&iB);
   ……
}
```

## 三、阅读程序，写出程序的运行结果

1. 写出下面程序的运行结果。

```
#include <stdio.h>
void main()
{
   int iA[]={1,2,3,4,5,6,7,8,9,10,11,12};
   int *pA=iA+5,*pB=iA;
   *pB=*(pA+5);
   printf("%d %d\n",*pA,*pB);
}
```

2. 写出下面程序的运行结果。

```
#include "stdio.h"
void main()
{
   int iA=4,iB=3,*pA=&iA,*pB=&iB,*pC;
   if(*pA>*pB)
   {
      pC=pA;pA=pB;pB=pC;
   }
   printf("%d<=%d\n",*pA,*pB);
}
```

3. 写出下面程序的运行结果。

```c
#include "stdio.h"
void main()
{
    char *pStr[]={"ENGLISH","MATH","MUSIC","PHYSICS","CHEMISTRY"};
    char **pI;
    int num;
    pI=pStr;
    for(num=0;num<5;num++)
        printf("%s\n",*(pI++));
}
```

4. 写出下面程序的运行结果。

```c
#include "stdio.h"
void main()
{   int iA[2][3]={2,4,6,8,10,12},(*pA)[3],i=1,j=2;
    pA=iA;
    printf("iA[%d][%d]=%d\n",i,j,*(*(pA+i)+j));
}
```

5. 写出下面程序的运行结果。

```c
#include "stdio.h"
void main()
{
    char *pA="abcdefgh",*pB;
    long  *pC;
    pC=(long*)pA;
    pC++;
    pB=(char*)pC;
    printf("%s\n",pB);
}
```

## 四、编程题

1. 定义三个整数及整数指针，仅用指针方法按由小到大的顺序输出。

2. 编写一个求字符串长度的函数（使用指针作参数），在主函数中输入字符串，并输出其长度。

3. 编写一个函数（用指针作参数）将一个 3×3 矩阵转置。

4. 请编写函数实现分别统计字符串中大写字母和小写字母的个数。例如，输入字符串"AABBddddd12aa"，则输出大写字母个数 upper=4，小写字母个数 lower=7。

5. 编写函数实现对输入的两个整数按大小顺序输出。例如，输入 "5,7"，并按 Enter 键，则输出结果为 7,5。

# 第7章　结构体、共用体和枚举类型

通过前面有关章节的学习，读者已经了解了整型、实型、字符型等 C 语言的基本数据类型，对数组这种构造型数据类型及用途也有了认识。但仅有这些数据类型是不够的，在实际问题中，常常需要用一组数据来描述某一个对象，而这组数据中的每一项数据的类型又往往不同。例如，有关学生的信息中有学号、姓名、性别、年龄、专业、成绩。对这种整体数据的描述，C 语言没有提供固定的类型，但提供了构造这种类型的机制。通过对本章内容的学习，读者将了解结构体、共用体及枚举类型三种新的构造数据类型，这些数据类型可以增强数据的表现力。

## 7.1　结　构　体

数组可以将相同类型的数据组合成一个整体，但要将不同类型的数据组合成一个有机的整体，以便于引用时，数组类型就无法满足该类对象描述的需要了。为了解决这类问题，C 语言把一些有一定联系、数据类型不都相同的数据用一定的方法组织起来，并为其命名，从而构造出一种新的数据类型，人们称其为结构体类型。

### 7.1.1　结构体类型的声明

结构体（structure）是一种构造类型，它由若干成员（member）组成。每一个成员可以是一个基本数据类型或一个构造类型。声明一个结构体类型的一般形式如下：

```
struct   结构体名
{
  类型 1   成员名 1;
  类型 2   成员名 2;
  ……
  类型 n   成员名 n;
};
```

"struct　结构体名"是结构体类型名，其中"struct"是关键字，"结构体名"是结构体的标识。结构体名应符合标识符的书写规定。"类型 1，…，类型 n"可以是任意 C 语言数据类型类型名，"成员名"可以是任意标识符。成员名可以与程序中的变量名相同，两者不代表同一对象，互不干扰。需注意的是，结构体最后还应有一个分号。例如：

```
struct Student
{
  int    iNumber;              /*学号*/
```

```
    char    szName[20];          /*姓名*/
    char    cSex;                /*性别*/
    int     iAge;                /*年龄*/
    float   fScore;              /*成绩*/
};
```

上述声明表示一个学生信息，其中，struct Student 是结构体类型名，表示对象学生。该结构体由五个成员组成：第一个成员为 iNumber，整型，表示学生学号，在实际应用中也常常把学号定义为字符数组型；第二个成员为 szName，字符数组，表示学生姓名；第三个成员为 cSex，字符型，表示学生性别；第四个成员为 iAge，整型，表示学生年龄；第五个成员为 fScore，单精度实型，表示学生成绩。应注意结构体末尾的分号是必不可少的。下面再介绍一些定义结构体类型的例子。

住宿表的结构体类型声明如下：

```
struct Accommod
{
    char    szName[20];          /*姓名*/
    char    cSex;                /*性别*/
    char    szJob[40];           /*职业*/
    int     iAge;                /*年龄*/
    long    lIdentityCard;       /*身份证号码*/
};
```

通信地址表的结构体类型声明如下：

```
struct Address
{
    char    szName[20];          /*姓名*/
    char    szDepartment[30];    /*部门*/
    char    szAddress[30];       /*住址*/
    long    lBox;                /*邮编*/
    long    lPhone;              /*电话号码*/
    char    szEmail[30];         /*电子邮箱*/
};
```

说明：

1）一个结构体声明后，其地位与系统定义的如 int、char、float、double 等基本数据类型是相同的；它仅仅描述了结构体的组织形式，规定了一种特殊的数据类型及所占用的存储空间。

2）结构体类型并非只能有固定的一种，因构造不同，可以有很多种。例如，上述 Student、Accommod、Address 等结构体类型可以有多种。

3）结构体成员的数据类型可以是简单变量、数组、指针、结构体或共用体等。

4）结构体可以嵌套使用，即一个结构体也可以成为另一个结构体的成员。

例如，表示出生年月日的结构体类型如下：

```
struct Date
{
    int iMonth;
    int iDay;
    int iYear;
};
```

员工结构体类型如下：

```
struct Employee
{
    int    iNumber;              /*员工编号*/
    char   szName[20];           /*员工姓名*/
    char   cSex;                 /*员工性别*/
    int    iAge;                 /*员工年龄*/
    struct Date birthday;        /*员工出生年月日*/
};
```

该例中，struct Employee 结构体类型中的 birthday 成员又是另一个结构体类型。

### 7.1.2　结构体变量的定义

一个结构体类型被声明之后，就可用它去定义结构体类型的变量，与用 int 去定义一个整型变量一样。

定义结构体类型的变量有以下三种方法：

#### 1. 先声明结构体类型，再定义结构体变量

例如：

```
struct Student
{
    int    iNumber;              /*学号*/
    char   szName[20];           /*姓名*/
    char   cSex;                 /*性别*/
    int    iAge;                 /*年龄*/
    float  fScore;               /*成绩*/
};
struct Student student1,student2;
```

该例中，在声明了 struct Student 结构体类型之后，再用该类型去定义两个结构体变量 student1、student2。

2. 在声明结构体类型的同时定义结构体变量

例如：

```
struct Student
{
   int    iNumber;              /*学号*/
   char   szName[20];           /*姓名*/
   char   cSex;                 /*性别*/
   int    iAge;                 /*年龄*/
   float  fScore;               /*成绩*/
}student1,student2;
```

这是一种紧凑形式，既声明了类型，又定义了变量。如果需要，还可用 struct Student 定义其他同类型变量。

3. 直接定义结构体变量

例如：

```
struct
{
   int    iNumber;              /*学号*/
   char   szName[20];           /*姓名*/
   char   cSex;                 /*性别*/
   int    iAge;                 /*年龄*/
   float  fScore;               /*成绩*/
}student1,student2;
```

这样可直接定义两个结构体变量 student1 与 student2。这种方法省去了结构体名，但缺点是若下文再想定义同类型的变量就不方便了。

结构体数据类型和结构体类型变量是两个不同的概念。声明结构体数据类型并没有在内存中开辟空间，但定义结构体数据类型变量后就会在内存中开辟空间。上述三种方法中定义的变量 student1 与 student2 都具有如图 7-1 所示的结构，其所有的成员都是基本数据类型或数组类型。每个结构体类型变量所占内存字节数可用 sizeof 运算符计算出来。

| iNumber | szName | cSex | iAge | fScore |
|---------|--------|------|------|--------|

图 7-1　student1 与 student2 结构体变量的结构示意图

**！注意：**

类型与变量是不同的概念，不可混淆。对结构体变量而言，在定义时一般先声明一个结构体类型，然后定义变量为该类型。用户只能对变量赋值、存取或运算，而不能对一个类型赋值、存取或运算。

### 7.1.3 结构体变量的引用

一个结构体变量包含多个成员，要访问其中的一个成员，必须同时给出这个成员所属的结构体变量名及其中要访问的成员名本身，引用方式如下：

**结构体变量名.成员名**

其中的圆点符号称为成员运算符。

例如，对于 7.1.2 节已经定义的结构体变量 student1，可以用如下方式引用其成员：

```
student1.iNumber,student1.cSex
```

如果成员本身又是一个结构体类型，那么对其下级子成员需再次通过成员运算符去引用，即逐级引用直至引用到最后一级成员为止。

例如，7.1.2 节提到的结构体类型 struct Employee，设有如下变量定义：

```
struct Employee employee1;
```

要引用员工 employee1 的出生年月日信息，可以用以下语句来引用：

```
employee1.birthday.iYear
employee1.birthday.iMonth
employee1.birthday.iDay
```

❗ **注意：**

下列用法是错误的：

```
iYear                    /*缺少上两级所属主体*/
birthday.iYear           /*缺少结构体变量主体*/
employee1.iYear          /*不能跨级访问*/
iYear.birthday.employee1 /*不能颠倒次序*/
```

### 7.1.4 结构体变量的初始化

与其他类型变量一样，结构体变量也可以在定义时进行初始化赋值，但附在变量后面的一组数据必须用大括号括起来，其顺序应与结构体中的成员顺序保持一致。例如：

```
struct Student
{
    int    iNumber;          /*学号*/
    char   szName[20];       /*姓名*/
    char   cSex;             /*性别*/
    int    iAge;             /*年龄*/
    float  fScore;           /*成绩*/
}student1={11301,"Zhang Ping",'F',19,496.5};
```

该例中，student1 在被定义的同时，其各成员也按顺序被赋予了相应的初值。变量

student1 的存储结构如图 7-2 所示。

| 11301 | Zhang Ping | F | 19 | 496.5 |
|---|---|---|---|---|

图 7-2　student1 结构体变量存储结构

如果初始化数据项数少于结构体类型的成员个数，则缺少数据的成员初始化为 0 或 NULL。如果成员数据类型为数值型，则初始化为 0；如果成员数据类型为指针型，则初始化为 NULL。例如：

```
struct Student
{
    int     iNumber;            /*学号*/
    char    szName[20];         /*姓名*/
    char    cSex;               /*性别*/
    int     iAge;               /*年龄*/
    float   fScore;             /*成绩*/
}student1={11301,"Zhang Ping",'F',19};
```

该例中，student1 在被定义的同时，其各成员也按顺序被赋予了相应的一组初值，如图 7-3 所示。

| 11301 | Zhang Ping | F | 19 | 0.0 |
|---|---|---|---|---|

图 7-3　student1 结构体变量的内存结构示意图

### 7.1.5　结构体变量的有关操作

1. 结构体变量的赋值

一般地，可以将一个结构体变量作为一个整体赋给另一个具有相同类型的结构体变量。例如：

```
struct Student student2;
student2=student1;
```

student1 与 student2 两者类型相同，上述赋值语句相当于将 student1 中各个成员的值逐个赋给 student2 中的相应成员。若两者的类型不一致，则不能直接赋值。

通常，也可以把一个结构体变量中的内嵌结构体类型成员赋给相同类型的另一个结构体变量的相应成员。例如，下列语句是合法的：

```
student2.birthday.iYear=student1.birthday.iYear;
```

结构体变量的成员也可进行赋值操作。例如：

```
student1.iNumber=1001;
```

2. 结构体变量的输入/输出

不允许将一个结构体变量作为一个整体进行输入/输出，对结构体变量的输入/输出只能通过对其成员逐个操作来实现。下列用法是错误的：

```
scanf("%d,%s,%c,%d,%f",&student1);          /*错*/
printf("%d",student1);                       /*错*/
printf("%d,%s,%c,%d,%f",student1);           /*错*/
```

【例 7-1】 输入一个学生的姓名、学号、年龄、总分等一组数据，并在屏幕上输出。

**算法分析**：学生的姓名是字符型，学号、年龄是整型，总分是单精度实型，应该用结构体类型描述学生信息，使用成员运算符引用结构体实现输入/输出。

```
/*源程序名:prog07_01.c;功能:结构体类型变量的输入/输出*/
#include <stdio.h>
struct student
{
    int iNumber;                    /*学号*/
    char szName[20];                /*姓名*/
    int iAge;                       /*年龄*/
    float fScore;                   /*总分*/
}student1;
void main()
{
    printf("Enter name,num,age,score:\n");
    scanf("%s%d,%d,%f",student1.szName,&student1.iNumber,&student1.iAge,
          &student1.fScore);
    printf("name:%s\tnum:%d\tage:%d\tscore:%.1f\n",student1.szName,
           student1.iNumber,student1.iAge,student1.fScore);
}
```

程序运行结果：

```
Enter name,num,age,score:
LiPing
1001,19,98.5
name:LiPing        num:1001        age:19   score:98.5
```

3. 其他操作

对结构体变量还能进行取地址、求总字节数等运算，但不能进行比较运算。

结构体变量中的成员与其他相应类型的普通变量一样，可进行算术运算、比较运算、逻辑运算、自增自减运算等。例如，将 student1 的成员 fScore 加 1，然后输出该值，可写为如下语句：

```
student1.fScore=student1.fScore+1;  /*或写为 student1.fScore++;*/
printf("%f",student1.fScore);
```

成员运算符的优先级最高。例如，student1.iNumber+100，iNumber 两侧有两个运算符，由于成员运算符的运算优先于加号运算符，因此该语句等价于(student1.iNumber)+100。

### 7.1.6  结构体数组

一个结构体变量只能存放一个对象（如一个学生、一个员工）的一组数据。如果要存放一个班（45 人）学生的有关数据，就要设 45 个结构体变量，如 student1，student2，…，student45，这显然不方便操作，因此，人们自然会想到使用数组。C 语言允许使用结构体数组，即数组中每一个元素都是一个结构体变量。

1. 结构体数组的定义

定义结构体数组的方法与定义结构体变量的方法相似，也与第 5 章介绍的数组的定义方法相似，其一般形式如下：

**struct 结构体类型名   结构体数组名[常量表达式];**

在 7.1.2 节中，定义结构体类型的变量的三种方法可以作为定义结构体数组的参考。例如：

```
struct Student
{
    int     iNumber;          /*学号*/
    char    szName[20];       /*姓名*/
    char    cSex;             /*性别*/
    int     iAge;             /*年龄*/
    float   fScore;           /*成绩*/
}students[45];
```

以上定义了一个结构体数组 students，这个数组有 45 个元素，每一个元素都是 struct Student 类型的。如图 7-4 所示，数组中各元素在内存中占用一段连续的存储单元。

2. 结构体数组元素的引用

结构体数组与一般的数组一样，具有数组的一切性质，它的一个元素可以表示为结构体数组名[i]。结构体数组中的每一个元素都是一个结构体变量，它有结构体的性质，它的一个成员可以表示为"结构体变量名.成员名"。所以，结构体数组定义之后，要引用某一个元素中的一个成员，可采用以下形式：

**结构体数组名[i].成员名**

其中，i 为数组元素的下标。

| | iNumber | szName | cSex | iAge | fScore |
|---|---|---|---|---|---|
| students [0] | 11301 | Zhang Ping | F | 19 | 496.5 |
| students [1] | 11302 | Wang Li | F | 20 | 483 |
| …… | …… | …… | …… | …… | …… |
| students [44] | 11345 | Mao Qiang | M | 18 | 502 |

图 7-4　结构体数组 students 的结构示意图

【**例 7-2**】　某班有学生 45 名，建立班级通讯录，每个学生的信息包括姓名、电话号码。先输入学生有关信息，然后将它们在屏幕上输出。

**算法分析**：某个学生的姓名、电话号码信息用结构体组织，而多个学生的信息可用结构体数组存储。为编写简单，仅输入三个学生的数据。

```
/*源程序名:prog07_02.c;功能:应用结构体数组*/
#include <stdio.h>
#define NUM 3
struct Student
{
   char szName[20];
   char szPhone[10];
};
void main()
{
   struct Student addressBook[NUM];
   int i;
   for(i=0;i<NUM;i++)
   {
     printf("输入姓名:\t");
     gets(addressBook[i].szName);
     printf("输入电话:\t");
     gets(addressBook[i].szPhone);
   }
   printf("\n姓 名\t\t电 话\n");
   for(i=0;i<NUM;i++)
     printf("%s\t\t%s\n",addressBook[i].szName,addressBook[i].szPhone);
}
```

程序运行结果：

```
输入姓名：      chen
输入电话：      8233837
输入姓名：      wang
输入电话：      8437605
输入姓名：      zhang
输入电话：      8566780
姓  名         电  话
chen           8233837
wang           8437605
zhang          8566780
```

3. 结构体数组的初始化

只有对定义为外部的或静态的数组才能初始化。在对结构体数组进行初始化时，要将每个元素的数据分别用大括号括起来。

【例7-3】  某教师统计四位学生的数据，包括学号、姓名、性别、年龄、成绩。试统计出他们的平均年龄和平均成绩，并将结果输出。

算法分析：用结构体表示一个学生的信息，用结构体数组存储四个学生的数据并初始化结构体数组。采用循环结构分别累加年龄和成绩，然后分别求其平均值。

```c
/*源程序名:prog07_03.c;功能:结构体数组的初始化*/
#include <stdio.h>
struct Student
{
  int iNumber;                  /*学号*/
  char szName[20];              /*姓名*/
  char cSex;                    /*性别*/
  int iAge;                     /*年龄*/
  float fScore;                 /*成绩*/
};
struct Student students[4]={
  {11301,"Zhang Ping",'F',19,496.5 },
  {11302,"Wang Li",'F',20,483},
  {11303,"Liu Hong",'M',19,503},
  {11304,"Song Rui",'M',19,471.5}
};
void main()
{
  int i;
  float fAverage=0,fSum=0;
  for(i=0;i<4;i++)
  {
    fAverage=fAverage+students[i].iAge;
    fSum=fSum+students[i].fScore;
```

```
        }
        printf("The average  age is  %6.2f\n",fAverage/4);
        printf("The average score is %6.2f\n",fSum/4);
    }
```

程序运行结果：

```
The average  age is  19.25
The average score is 488.50
```

### 7.1.7  结构体指针变量

可以定义一个指针变量来指向一个结构体变量，这就是结构体指针变量。结构体指针变量的值就是所指结构体变量在内存单元中的起始地址。结构体指针变量也可用来指向结构体数组中的元素。

**1.  结构体指针变量的定义**

定义结构体指针变量的一般形式如下：

**结构体类型名    *结构体指针变量名;**

例如：

```
struct Student *pStudent;
```

该语句定义了一个结构体指针变量 pStudent，它可以指向任何一个 struct Student 类型的变量。

**2.  通过结构体指针变量引用结构体成员**

其具体步骤如下：

1）声明结构体。

```
struct Student
{
    char szName[20];
    long lNumber;
    float fScore[4];
};
```

2）定义指向结构体类型变量的指针变量。

```
struct Student student1,*pStudent;
```

3）使结构体指针变量指向结构体类型变量。

```
pStudent=&student1;
```

通过指针访问所指结构体变量的某个成员时，有如下两种方法：

```
    (*pStudent).fScore
```
或
```
    pStudent->fScore
```
后者是常见的一种使用方式，其中"->"称为指向运算符。

**【例 7-4】**　一个学生的信息包括学号、姓名、成绩，要求用结构体指针的方式输出该学生的信息。

**算法分析**：算法思路同例 7-1，但此题用结构体指针变量引用结构体成员。

```
/*源程序名:prog07_04.c;功能:用结构体指针变量引用结构体成员*/
#include <stdio.h>
struct Student
{
  char szNumber[7];
  char szName[10];
  int iScore;
};
void main()
{
  struct Student student1={"990001","zhang",88},*pStudent;
  pStudent=&student1;
  printf("num:%s,name:%s,socre:%d\n",pStudent->szNumber,
         pStudent->szName,pStudent->iScore);
}
```

程序运行结果：

```
num:990001,name:zhang,socre:88
```

### 3. 用结构体指针变量指向一个结构体数组

结构体指针变量也可以指向一个结构体数组，这时结构体指针变量的值是整个结构体数组的首地址。结构体指针变量也可指向结构体数组的一个元素，这时结构体指针变量的值是该结构体数组元素的首地址。设 ps 为指向结构体数组的指针变量，则 ps 也指向该结构数组下标为 0 的元素，ps+1 指向下标为 1 的元素，ps+i 则指向下标为 i 的元素。这与普通数组的情况是一致的。

**【例 7-5】**　学生信息包括学号、姓名、成绩，要求用结构体指针的方式输出三个学生的所有信息。

**算法分析**：学生相关信息用结构体表示，三个学生的信息用结构体数组来组织，用结构体指针变量指向结构体数组，再通过结构体指针变量引用成员。

```
/*源程序名:prog07_05.c;功能:用结构体指针的方式输出学生所有信息*/
#include <stdio.h>
```

```
struct Student
{
    char szNumber[7];
    char szName[10];
    int iScore;
}students[3]={
    {"990001","zhang",88},
    {"990002","wang",80},
    {"990003","li",78}
};
void main()
{
    struct Student*pStudents;
    for(pStudents=students;pStudents<students+3;pStudents++)
        printf("num:%6s,name:%9s,socre:%3d\n", pStudents->szNumber,
                pStudents->szName,pStudents->iScore);
}
```

程序运行结果：

```
num:990001,name:    zhang,socre: 88
num:990002,name:     wang,socre: 80
num:990003,name:       li,socre: 78
```

指向运算符"->"的使用比较常见，请注意以下几种表示方法所代表的意义：

1）p->age，得到 p 指向的结构体变量中的成员 age 的值。

2）p->age++，先引用 p 所指向的成员 age 的值，引用后再使该成员值加 1。

3）++p->age，先使 p 所指向的成员 age 的值加 1，再引用这个新值。

4）(p++)->age，先引用 p->age 的值，引用后再使指针 p 加 1。

5）(++p)->age，先使指针 p 加 1，再引用 p->age 的值。

## 7.1.8 结构体与函数

### 1. 结构体变量作为函数参数

用结构体变量作为函数的参数，在函数调用时，采取的是值传递方式，即将实参结构体变量的各个成员的值全部对应传递给形参的结构体变量。

**⚠ 注意：**

实参和形参必须是同类型的结构体变量。

**【例 7-6】** 将结构体变量作为函数参数。

**算法分析：** 程序中形参 student 和实参 student 都是 struct Student 类型，当 main()函数调用 printStudent()函数时，将实参 student 中的各个成员的值传递给形参 student 中对应的成员，然后在 printStudent()函数中输出 student 各成员的值。

```
/*源程序名:prog07_06.c;功能:将结构体变量作为函数参数*/
```

```
#include <stdio.h>
struct Student
{
    int iNumber;
    char szName[8];
    char cSex;
    int iAge;
    char szAddress[10];
    float fScore;
};
void main()
{
    void printStudent(struct Student student);
    struct Student student={10,"李兵",'M',30,"北京",87.5};
    printStudent(student);
}
void printStudent(struct Student student)
{
    printf("学号\t姓名\t性别\t年龄\t地址\t成绩\n");
    printf("%d\t%s\t%c\t%d\t%s\t%f\n",
            student.iNumber,
            student.szName,
            student.cSex,
            student.iAge,
            student.szAddress,
            student.fScore);
}
```

程序运行结果：

```
学号    姓名    性别    年龄    地址    成绩
10      李兵    M       30      北京    87.500000
```

结构体数组元素作为函数的实参，与结构体变量作为函数参数类似，这里不再赘述。

显然，用结构体变量作为函数参数进行传递时，要把全部成员的值逐个传递，这样要耗费较多的时间和空间。而若使用结构指针变量作为形参，则可避免上述缺点。

**2. 结构体指针作为函数参数**

用结构体指针作为函数参数，即地址传递方式。在函数调用时，即将结构体变量或结构体数组的地址传递给形参。

【例 7-7】　将结构体指针作为函数参数。

**算法分析**：程序中函数 printStudent() 的形参 pStudent 为 struct Student 结构类型指针

变量。当 main()函数调用此函数时，把实参&students[k]传递给形参变量 pStudent，即 pStudent 指向数组元素 student[k]。

```c
/*源程序名:prog07_07.c;功能:将结构体指针作为函数参数*/
#include <stdio.h>
struct Student
{
    int iNumber;
    char szName[8];
    char cSex;
    int iAge;
    char szAddress[10];
    float fScore;
};
void main()
{
    void printStudent(struct Student*pStudent);
    static struct Student students[10]={
        {10,"李兵",'M',30,"北京",87.5f},
        {11,"王红",'M',23,"上海",78.5f},
        {12,"张晓梅",'F',26,"天津",93.5f},
    };
    int k;
    printf("学号\t姓名\t性别\t年龄\t地址\t成绩\n");
    for(k=0;k<3;k++)
        printStudent(&students[k]);
}
void printStudent(struct Student *pStudent)
{
    printf("%d\t%s\t%c\t%d\t%s\t%f\n",pStudent->iNumber,pStudent->szName,
        pStudent->cSex,pStudent->iAge,pStudent->szAddress,pStudent->fScore);
}
```

程序运行结果：

```
学号    姓名    性别    年龄    地址    成绩
10      李兵    M       30      北京    87.500000
11      王红    M       23      上海    78.500000
12      张晓梅  F       26      天津    93.500000
```

此时，系统只分配给 ps 2 字节的存储单元用以存放地址，并且当函数调用时，只传递一个地址而不是结构体变量的各成员值。因此，采用结构体变量指针或结构体数组指针作为函数的参数比直接用结构体变量作为函数参数，要节省空间和时间。

3. 返回结构体的函数

为结构体变量和结构体数组输入数据是程序中常见的操作,通过返回结构体的函数可以模块化地实现这一功能。

【例 7-8】 计算平面上两点之间的距离。

**算法分析**:用结构体 struct Point 表示平面上的点,用一个函数来构造一个点,该函数返回一个结构体,然后用另外一个函数计算出两点之间的距离。

```c
/*源程序名:prog07_08.c;功能:计算平面上两点之间的距离,使用返回结构体的函数*/
#include <stdio.h>
#include "math.h"
struct Point
{
    double x;
    double y;
};
struct Point mkpoint(double x,double y){
    struct Point temp;
    temp.x=x;
    temp.y=y;
    return temp;
}
double getDistance(struct Point point1,struct Point point2)
{
    return sqrt((point1.x-point2.x)*(point1.x-point2.x)
                +(point1.y-point2.y)*(point1.y-point2.y));
}
void main()
{
    struct Point point1,point2;
    point1=mkpoint(2.5,3.5);
    point2=mkpoint(4.5,5.5);
    printf("%lf\n",getDistance(point1,point2));
}
```

程序运行结果:

```
2.828427
```

4. 返回结构体指针的函数

在许多计算中需要建立新的数据结构。我们有时不希望破坏已有的结构,而希望在函数执行中建立起新的结构,并希望所创建的结构可以很方便地传递,而不需要反复作为结构值复制。这种情况下可以使用动态存储管理机制,建立动态分配的结构。下面的函数可建立一个动态分配的 struct Point 结构，并把它的地址作为指针值返回。

**【例 7-9】** 同例 7-8，计算平面上两点之间的距离。

**算法分析**：与例 7-8 相似，用结构体 struct Point 表示平面上的点，用一个函数来构造一个点，该函数返回一个结构体的指针，再用另外一个函数计算出两点之间的距离，只是所用方法不同。

```c
/*源程序名:prog07_09.c;功能:计算平面上两点之间的距离,使用返回结构体指针的函数*/
#include <stdio.h>
#include "math.h"
#include "stdlib.h"
struct Point
{
   double x;
   double y;
};
struct Point*mkpoint(double x,double y)
{
   struct Point*p;
   p=(struct Point*)malloc(sizeof(struct Point));
   p->x=x;
   p->y=y;
   return p;
}
double getDistance(struct Point point1,struct Point point2)
{
   return sqrt((point1.x-point2.x)*(point1.x-point2.x)
             +(point1.y-point2.y)*(point1.y-point2.y));
}
void main()
{
   struct Point*pPoint1,*pPoint2;
   pPoint1=mkpoint(2.5,3.5);
   pPoint2=mkpoint(4.5,5.5);
   printf("%lf\n",getDistance(*pPoint1,*pPoint2));
   free(pPoint1);
   free(pPoint2);
}
```

程序运行结果与例 7-8 相同。

采用动态建立与管理的方式有一些特点，这样建立的结构的生命周期不受建立操作所在位置的约束，通过指针传递也不必复制整个结构。这种实现方式在实际的软件系统中使用广泛。

# 7.2　共　用　体

共用体（union）数据类型与结构体数据类型一样，也是一种构造数据类型，共用体类型的变量可以存储多种数据类型的数据，从而节省内存空间。

## 7.2.1　共用体类型声明及共用体类型变量的定义

声明一个共用体类型的一般形式如下：

**union 共用体类型名**

**{**

　　**类型 1 成员 1;**

　　**类型 2 成员 2;**

　　**……**

　　**类型 n 成员 n;**

**};**

定义一个共用体类型变量的一般形式如下：

**union 共用体类型名 共用体变量名;**

例如：

```
union data
{
  int  iA;
  float  fB;
  char  cC;
};
union data data1,data2;
```

也可以将类型声明与变量定义结合在一起。例如：

```
union data
{
  int  iA;
  float  fB;
  char  cC;
}data1,data2;
```

data1、data2 中既可以存储一个整型数据，又可以存储浮点数，还可以存储一个字符，但是在某一时刻，data1、data2 中只有一个数据起作用。

共用体与结构体虽形式相似，但含义不同。一个结构体变量所占内存长度是各成员所占内存长度之和，每个成员分别占有自己的内存单元；而一个共用体变量所占内存长度等于其所有成员中占有内存长度最长的成员的内存长度，所有成员共用同一段内存单元，如图 7-5 所示。结构体变量各成员间的数据互不影响，为结构体变量的一个成员赋值不改变其他各成员的数据；在一个共用体类型的变量中，其所有成员共用同一段内存单元，虽然每一个成员均可以被赋值，但只有最后一次被赋的成员值能够保存下来，而之前所赋的成员值均被后来的赋值覆盖。

共用体与结构体可以互相嵌套。在共用体中可以定义结构体类型成员，在结构体中也可以定义共用体类型成员。

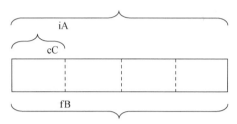

图 7-5　共用体变量 data1 的内存结构示意图

## 7.2.2　共用体变量的引用

共用体变量的引用与结构体变量的引用一样，共用体变量的成员表示如下：

　　共用体变量名.成员名

例如，对于 7.2.1 节中定义的变量 data1 与 data2，可使用以下方式访问成员。

```
data1.iA
data1.fB
data1.cC
```

在使用共用体类型数据时应注意以下一些特点。

1）同一段内存可以用来存放几种不同类型的成员，但在同一时刻只能存放其中一种，而不能同时存放几种。例如，有以下几条赋值语句：

```
data1.iA=1;
data1.fB=3.6f;
data1.cC='H';
```

虽然先后为三个成员赋了值，但只有 data1.cC 是有效的，而引用 data1.iA 与 data1.fB 的值已经无意义。

2）共用体变量的地址和它各成员的地址都是同一个地址。

3）不能对共用体变量名赋值，也不能企图引用变量名来得到成员的值。在定义共用体变量时不能对它的各成员初始化。例如，下列语句都是错误的：

```
union data
{
    int  iA;
    float  fB;
    char  cC;
```

```
    } data1={1,3.6,'H'},data2;    /*错,不能对各成员初始化*/
    data2=1;                      /*错,不能对共用体变量名赋值*/
```

4）不能把共用体变量作为函数参数，也不能把一个函数的类型定义为共用体类型，但可以使用指向共用体变量的指针。

### 7.2.3　共用体变量的初始化

共用体变量可以用与其第一个成员数据类型相同的数据来初始化。例如：

```
union data
{
  int iA;
  double dB;
};
void main()
{
  union data data1={18};    /*初始化共用体变量 data1*/
  printf("%d\n",data1.iA);
}
```

输出结果为 18。但是，如果语句更改为 union data data1={1.8};，则会截去小数部分，输出结果为 1。

也可以通过赋值操作来实现初始化。例如：

```
union data
{
  int iA;
  double dB;
};
void main()
{
  union data data1={18},data2;
  data2=data1;                   /*用 data1 初始化同类型的 data2*/
  printf("%d\n",data2.iA);
}
```

输出结果为 18。

还可以通过 data1 的成员为 data2 对应成员赋值并初始化。例如：

```
union data
{
  int iA;
  double dB;
```

```
   };
   void main()
   {
      union data data1={18},data2;
      data2.iA=data1.iA;              /*用data1.iA初始化data2.iA*/
      printf("%d\n",data2);
   }
```

但是若写为data2=data1.iA;则是错误的。

共用体变量之间与结构体变量一样，也不能进行比较运算。

**【例7-10】** 某学校的人员管理数据中，教师的数据包括编号、姓名、性别、职务，学生的数据包括编号、姓名、性别、班号。用一个共用体变量表示教师的职务或学生班号。试给出学校人员类型声明，并输入/输出学校人员信息。

**算法分析**：用结构体表示学校人员信息，用结构体成员 cJob 作为身份标志，如果输入为"s"（学生），则要对共用体成员 category 中的 iClass 操作；如果输入为"t"（教师），则要对其中的 szPosition 操作。

```
/*源程序名:prog07_10.c;功能:用结构体表示人员信息,用结构体作为身份标志*/
#include <stdio.h>
struct Person
{
   long lNum;
   char szName[20];
   char cSex;
   char cJob;
   union
   {
      int  iClass;
      char szPosition[20];
   }category;
}persons[2];
void main()
{
   int i;
   for(i=0;i<2;i++)
   {
      scanf("%c",&persons[i].cJob);
      getchar();
      if(persons[i].cJob=='s')
         scanf("%d",&persons[i].category.iClass);
      else
```

```
      scanf("%s",persons[i].category.szPosition);
   }
   for(i=0;i<2;i++)
      if (persons[i].cJob=='s')
         printf("%d\n",persons[i].category.iClass);
      else
         printf("%s\n",persons[i].category.szPosition);
}
```

程序运行结果：

```
t
professor
s
1001
professor
1001
```

# 7.3  枚 举 类 型

枚举（enumeration）类型是指这种类型变量的取值只限于事前已经一一列举出来的值的范围。在许多实际问题中，需要描述的状态只有有限几种。例如，开关只有两种状态：开和关，可以用 0 和 1 表示；扑克牌有红桃、方块、黑桃、梅花四种花色，可以用 1、2、3、4 表示等。枚举类型就是为描述这些问题而设计的。

## 7.3.1  枚举类型的声明

用关键字 enum 声明枚举类型，其一般形式如下：

**enum　枚举类型名**

**{**

**　　枚举常量名 1[=序号 1][,…,枚举常量名 n[=序号 n]]**

**};**

例如：

```
enum weekday {SUN,MON,TUE,WED,THU,FRI,SAT};
```

enum weekday 是枚举类型名，SUN，MON，…，SAT 称为枚举元素或枚举常量，本质上，它们都是整型常量。通过枚举类型的声明，可为这些整型常量命名，提高程序的可读性。

枚举常量在 C 语言编译器中，默认按声明时的排列顺序取值，第一个枚举常量 SUN 取整数 0，后面的枚举常量的值在前面枚举常量值的基础上加 1。例如：

```
week1=WED;                    /*week1 为 enum weekday 型枚举变量*/
printf("%d",week1);
```

输出为 3。

在声明枚举类型时也可以任意指定枚举常量的值。例如：

```
enum weekday{SUN=7,MON=1,TUE,WED,THU,FRI,SAT};
```

SUN 的值是 7，MON 的值是 1，TUE 是 2，其余依此类推。

### 7.3.2 枚举类型变量的定义

声明了枚举类型，就可以用于定义枚举变量了，其一般形式如下：

**enum　枚举类型名　枚举类型变量名列表;**

例如：

```
enum weekday  week1,week2;
```

该语句定义了两个枚举变量 week1、week2，它们只取 SUN～SAT 七个值之一，如：

```
week1=WED;
week2=FRI;
```

**!** 注意：

1）enum 是关键字，定义枚举类型时必须以 enum 开头。

2）所有枚举类型的变量在内存中占 4 字节。

3）在定义枚举类型时，大括号中的枚举元素的名称是程序员自己指定的，命名规则与标识符相同，最好为大写的形式。这些名称只是作为一个符号用于表示一个整数。

4）枚举元素是常量，不是变量，可以将枚举常量赋给一个枚举变量，但不能对枚举元素赋值。例如：

```
week2=SAT;          /*正确,将枚举常量 SAT 赋给枚举变量 week2*/
SUN=0;MON=1;        /*错,不能对枚举常量赋值*/
```

但在定义枚举类型时，可以指定枚举常量的值。

5）枚举值可以做判断比较操作。例如：

```
if(week1==MON)······
if(week1>SUN)······
```

枚举变量比较大小是以在枚举类型声明时枚举常量的整数值大小为依据的。

6）枚举常量不是字符串，不能用下面的方法输出字符串"SUN"。

```
printf("%s",SUN); /*错*/
```

而应用检查的方法去处理，即

```
if(week1==SUN)  printf("SUN");
```

7）与整型变量一样，可对枚举变量进行各种运算。

【例 7-11】　有红、黄、蓝、白四种颜色的小球，能组成多少种互不相同且无重复的四球组合？将这些组合输出到屏幕上。

**算法分析**：用一个枚举类型表示四个小球的颜色，通过四重嵌套循环遍历每种颜色的小球，当四个小球的颜色都不相同时，输出这四个小球的颜色组合。

```c
/*源程序名:prog07_11.c;功能:枚举变量值的输出方法举例*/
#include <stdio.h>
enum color {RED,YELLOW,BLUE,WHITE};
void printString(enum color colorOne)
{
   switch (colorOne)
   {
     case RED:printf("%s ","红");break;
     case YELLOW:printf("%s ","黄");break;
     case BLUE:printf("%s ","蓝");break;
     case WHITE:printf("%s ","白");break;
   }
}
void main()
{
   int i=0;
   enum color colorOne,colorTwo,colorThree,colorFour;
   for(colorOne=RED;colorOne<=WHITE;colorOne++)
     for(colorTwo=RED;colorTwo<=WHITE;colorTwo++)
       for(colorThree=RED;colorThree<=WHITE;colorThree++)
         for(colorFour=RED;colorFour<=WHITE;colorFour++)
           if(colorOne!=colorTwo&&colorOne!=
             colorThree&&colorOne!=
             colorFour&&colorTwo!=
             colorThree&&colorTwo!=
             colorFour&&colorThree!=
             colorFour)
           {
             i++;
             printString(colorOne);
             printString(colorTwo);
             printString(colorThree);
             printString(colorFour);
             printf("\t");
             if(i%3==0)
                printf("\n");
           }

}
```

程序运行结果：

```
红红黄蓝白    红黄白蓝    红蓝黄白
红蓝白黄    白红黄蓝    白红蓝黄
黄白红蓝白    黄白红蓝    黄白蓝红
蓝黄白红黄    蓝黄白红    蓝白黄红
白黄蓝红    白蓝红黄    白黄红蓝
白白黄    白白红    白白蓝
```

# 7.4  用 typedef 定义类型

## 7.4.1  typedef 的意义

在 C 语言中，允许用关键字 typedef 声明一种新的类型名来代替已有的类型名。typedef 只是为一个新的类型命名，并未建立新的数据类型，它是已有类型的别名，其优点是增加程序的可读性，便于快速理解某些变量的含义。在编译时，新的类型与原类型等价。

## 7.4.2  typedef 的用法

1. 声明一种数据类型并做简单的名称替换

例如：

```
typedef int INTEGER;
typedef float REAL;
```

该语句声明了新的数据类型 INTEGER 和 REAL，它们代表已有数据类型 int 和 float。通过上述定义后，以下两行语句等价：

```
int i,j;float a,b;
INTEGER i,j;  REAL  a,b;
```

又如：

```
typedef unsigned int UINT;   /*定义 UINT 无符号整型*/
UINT u1;                     /*用 UINT 定义变量 u1 为无符号整型*/
```

2. 简化数据类型的书写

例如：

```
typedef struct
{ int month;
  int day;
  int year;
}DATE;                      /*定义结构体类型 DATE*/
DATE birthday;              /*定义 DATE 结构体类型的变量 birthday*/
DATE *p;                    /*定义指向 DATE 结构体类型变量的指针变量 p*/
DATE d[7];                  /*定义 DATE 结构体类型的数组 d*/
```

3. 定义数组类型

例如：

```
typedef int NUM[100];        /*定义 NUM 为含有 100 个整型元素的数组类型*/
NUM n;                       /*用 NUM 定义一个整型数组 n,含有 100 个元素*/
```

4. 定义指针类型

例如：

```
typedef char *STRING;        /*定义 STRING 为字符指针类型*/
STRING  p,s[10];             /*定义 p 为字符指针变量,s[10]为字符指针数组*/
```

5. 用 typedef 定义函数

例如：

```
typedef void FUNTION(int x);
FUNTION f1;
```

该语句等价于 void fl(int x);。

# 7.5　链　表

数组作为存放同类数据的集合，为程序设计带来了很多方便，增强了灵活性。但数组也同样存在一些弊病。例如，数组的大小在定义时要事先规定，不能在程序中进行调整，这样一来，在程序设计中针对不同问题有时需要 30 个元素的数组，有时需要 50 个元素的数组，难以统一。因而只能根据可能的最大需求来定义数组，这常常会造成一定存储空间的浪费。因此，程序设计中有时希望能构造动态的数组，以便可以动态地调整数组的大小，从而满足不同问题的需要。链表即可实现动态数组，它是在程序的执行过程中，根据需要，当有数据需存储时就向系统申请存储空间，不会造成对存储区的浪费。

链表是一种复杂的数据结构，根据其数据之间的相互关系，链表分为三种：单链表、循环链表和双向链表，本节主要介绍单链表。

## 7.5.1　单链表的构造

单链表是指数据结点单向排列的链表。一个单链表的结构类型分为两部分，如图 7-6 所示。带头结点的单链表如图 7-7 所示。

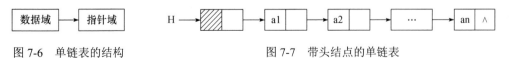

图 7-6　单链表的结构　　　　　　　　　　图 7-7　带头结点的单链表

1）数据域用来存储本身数据。

2）指针域或链域用来存储下一个结点地址或指向其直接后继结点的指针。例如：

```
typedef struct Node
{
   char szName[20];
   struct Node *pLink;
}STUD;
```

这样就定义了一个单链表的结构，其中 char szName[20]是一个用来存储姓名的字符型数组，指针 pLink 是一个用来存储其直接后继的指针。

定义好链表的结构之后，只要在程序运行时在数据域中存储适当的数据即可。如有后继结点，则把指针域指向其直接后继；如没有，则置为 NULL。

下面介绍一个建立带表头（若未说明，以下所指链表均带表头）的单链表的完整程序。

【例 7-12】 建立包含 N 个人姓名的单链表。

```
/*源程序名:prog07_12.c;功能:建立单链表*/
#include <stdio.h>
#include <stdlib.h>
#include <malloc.h>                       /*包含动态内存分配函数的头文件*/
#define N 10                              /*N 为人数*/
typedef struct Node
{
   char szName[20];
   struct Node *pLink;
}STUD;
STUD *Creat(int n)                        /*建立单链表的函数,形参 n 为人数*/
{
/*pHead 是保存表头结点的指针,pFront 指向当前结点的前一个结点,pCurrent 指向当
   前结点*/
   STUD *pFront,*pHead,*pCurrent;
   int i;                                 /*计数器*/
   if((pHead=(STUD *)malloc(sizeof(STUD)))==NULL)  /*分配空间并检测*/
   {
      printf("不能分配内存空间! ");
      exit(0);
   }
   pHead->szName[0]='\0';                  /*将表头结点的数据域置为空*/
   pHead->pLink=NULL;                      /*把表头结点的链域置为 NULL*/
   pFront=pHead;                           /*pHead 指向表头结点*/
   for(i=0;i<n;i++)
   {
```

```
        /*分配新存储空间并检测*/
        if((pCurrent=(STUD *)malloc(sizeof(STUD)))==NULL)
        {
            printf("不能分配内存空间!");
            exit(0);
        }
        /*把 pCurrent 的地址赋给 pFront 所指向的结点的链域,这样即可将 pFront 和
          pCurrent 所指向的结点连接起来*/
        pFront->pLink=pCurrent;
        printf("请输入第%d 个人的姓名",i+1);
        scanf("%s",pCurrent->szName);    /*在当前结点 s 的数据域中存储姓名*/
        pCurrent->pLink=NULL;
        pFront=pCurrent;
    }
    return(pHead);
}
void main()
{
    int iNumber;                    /*保存人数的变量*/
    STUD *pHead;                    /*pHead 为保存单链表的表头结点地址的指针*/
    iNumber=N;
    pHead=Creat(iNumber);           /*把所新建的单链表表头地址赋给 pHead*/
}
```

　　这样就创建了一个可以建立包含 N 个人姓名的单链表。写动态内存分配的程序时应注意，尽量对内存分配是否成功进行检测。

### 7.5.2　单链表的操作

　　在学习建立单链表的方法之后，下面学习单链表的查找、插入和删除三种基本操作。

#### 1. 查找

　　对单链表进行查找的思路为，对单链表的结点依次扫描，检测其数据域是否为所要查找的值，若是，则返回该结点的指针；否则，返回 NULL。因为在单链表的指针域中包含了后继结点的存储地址，所以当需查找时，只要知道该单链表的头指针，即可依次对每个结点的数据域进行检测。

　　以下是应用查找算法的一个例子。

【例 7-13】　单链表的查找。

```
/*源程序名:prog07_13.c;功能:查找单链表中的元素,此程序代码在 TC 中调试通过,在
  VC 环境中需要包含 stdlib.h*/
#include <stdio.h>
```

```c
#include <malloc.h>
#include <string.h>                  /*包含一些字符串处理函数的头文件*/
#include <stdlib.h>
#define N 10
typedef struct Node
{
   char szName[20];
   struct Node *pLink;
}STUD;
STUD *Creat(int n)                   /*建立单链表的函数,形参 n 为人数*/
{
/*pHead 为保存表头结点的指针,pFront 指向当前结点的前一个结点,pCurrent 指向当
   前结点*/
   STUD *pFront,*pHead,*pCurrent;
   int i;                           /*计数器*/
   if((pHead=(STUD *)malloc(sizeof(STUD)))==NULL)  /*分配空间并检测*/
   {
      printf("不能分配内存空间!");
      exit(0);
   }
   pHead->szName[0]='\0';      /*把表头结点的数据域置为空*/
   pHead->pLink=NULL;          /*把表头结点的链域置为 NULL*/
   pFront=pHead;               /*pHead 指向表头结点*/
   for(i=0;i<n;i++)
   {
      /*分配新存储空间并检测*/
      if((pCurrent=(STUD *)malloc(sizeof(STUD)))==NULL)
      {
         printf("不能分配内存空间!");
         exit(0);
      }
      /*把 pCurrent 的地址赋给 pFront 所指向的结点的链域,这样即可将 pFront 和
         pCurrent 所指向的结点连接起来*/
      pFront->pLink=pCurrent;
      printf("请输入第%d 个人的姓名",i+1);
      scanf("%s",pCurrent->szName);    /*在当前结点 s 的数据域中存储姓名*/
      pCurrent->pLink=NULL;
      pFront=pCurrent;
   }
   return(pHead);
}
```

```
/*查找链表的函数,其中 x 指针是要查找的人的姓名*/
STUD *Search(STUD *pHead,char *x)
{
    STUD *pCurrent;              /*当前指针,指向要与所查找的姓名比较的结点*/
    char *y;                     /*保存结点数据域内姓名的指针*/
    pCurrent=pHead->pLink;
    while(pCurrent!=NULL)
    {
        y=pCurrent->szName;
        /*把数据域中的姓名与所要查找的姓名相比较,若相同则返回 0,即条件成立*/
        if(strcmp(y,x)==0)
            return (pCurrent);   /*返回与所要查找结点的地址*/
        else
            pCurrent=pCurrent->pLink;
    }
    if(pCurrent==NULL)
        printf("没有查找到该数据!");
}
void main()
{
    int iNumber;
    char fullName[20];
    STUD *pHead,*pSearchpoint; /*pHead 是表头指针,Searchpoint 是用于保存符
                                合条件的结点地址的指针*/
    iNumber=N;
    pHead=Creat(iNumber);
    printf("请输入你要查找的人的姓名:");
    scanf("%s",fullName);
    /*调用查找函数,并把结果赋给 Searchpoint 指针*/
    pSearchpoint=Search(pHead,fullName);
}
```

## 2. 插入（后插）

假设在一个单链表中存在两个连续结
点 p、q（其中，p 为 q 的直接前驱）。若需
要在 p、q 之间插入一个新结点 s，则必须先
为 s 分配空间并赋值，然后使 p 的指针域存
储 s 的地址，s 的指针域存储 q 的地址即可
（p->link=s;s->link=q），向单链表中插入结点
前、后指针的情况如图 7-8 所示。其中，图
7-8（a）为插入指针前的情况，图 7-8（b）

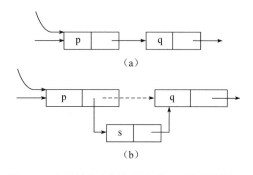

图 7-8　向单链表中插入结点前、后指针的情况

为插入后指针的情况（虚线表示断开）。

下例是向单链表中插入一个结点的例子。

【例7-14】 单链表的插入。

```c
/*源程序名:prog07_14.c;功能:单链表的插入*/
#include <stdio.h>
#include <malloc.h>
#include <string.h>
#include <stdlib.h>
#define N 10
typedef struct Node
{
   char szName[20];
   struct Node *pLink;
}STUD;
STUD *Creat(int n)
{
   STUD *pFront,*pHead,*pCurrent;
   int i;
   if((pHead=(STUD *)malloc(sizeof(STUD)))==NULL)
   {
      printf("不能分配内存空间!");
      exit(0);
   }
   pHead->szName[0]='\0';
   pHead->pLink=NULL;
   pFront=pHead;
   for(i=0;i<n;i++)
   {
      if((pCurrent=(STUD *)malloc(sizeof(STUD)))==NULL)
      {
         printf("不能分配内存空间!");
         exit(0);
      }
      pFront->pLink=pCurrent;
      printf("请输入第%d个人的姓名",i+1);
      scanf("%s",pCurrent->szName);
      pCurrent->pLink=NULL;
      pFront=pCurrent;
   }
   return(pHead);
```

```
}
STUD *Search(STUD *pHead,char *x)
{
   STUD * pCurrent;
   char *y;
   pCurrent=pHead->pLink;
   while(pCurrent!=NULL)
   {
      y=pCurrent->szName;
      if(strcmp(y,x)==0)
         return (pCurrent);
      else
         pCurrent=pCurrent->pLink;
   }
   if(pCurrent==NULL)
      printf("没有查找到该数据!");
}
void Insert(STUD *p)              /*插入函数,在指针 p 后插入*/
{
   char szStuname[20];
   STUD *s;                        /*指针 s 用于保存新结点地址*/
   if((s=(STUD *)malloc(sizeof(STUD)))==NULL)
   {
      printf("不能分配内存空间!");
      exit(0);
   }
   printf("请输入要插入的人的姓名:");
   scanf("%s",szStuname);
   /*把指针 szStuname 所指向的数组元素复制给新结点的数据域*/
   strcpy(s->szName,szStuname);
   s->pLink=p->pLink;            /*把新结点的指针域指向原来 p 结点的后继结点*/
   p->pLink=s;                   /*p 结点的指针域指向新结点*/
}
void main()
{
   int number;
   char szFullName[20];          /*保存输入的要查找的人的姓名*/
   STUD *pHead,*searchPoint;
   number=N;
   pHead=Creat(number);          /*建立新链表并返回表头指针*/
   printf("请输入要查找的人的姓名:");
```

```
    scanf("%s",szFullName);
    searchPoint=Search(pHead,szFullName);  /*查找并返回查找到的结点指针*/
    Insert(searchPoint);                    /*调用插入函数*/
    /*searchPoint=Search(pHead,"mmm");
    printf("%s\n",searchPoint->szName);*/
}
```

### 3. 删除

若已经知道要删除的结点 s 的位置，如图 7-9（a）所示，则删除 s 结点时只要令 s 结点的前驱结点 p 的指针域由存储 s 结点的地址改为存储 s 的后继结点 q 的地址，并回收 s 结点即可，即 p->link=q。删除结点 s 后的示意图如图 7-9（b）所示，其中虚线表示断开。

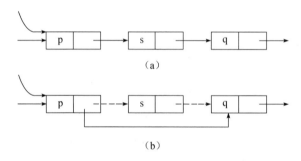

图 7-9　删除结点 s 前、后的示意图

以下是删除单链表中结点的实例。

【例 7-15】　单链表的删除。

```
/*源程序名:prog07_15.c;功能:单链表的删除*/
#include <stdio.h>
#include <malloc.h>
#include <string.h>
#include <stdlib.h>
#define N 10
typedef struct Node
{
    char szName[20];
    struct Node *pLink;
}STUD;
STUD *Creat(int n)
{
    STUD *pFront,*pHead,*pCurrent;
    int i;
```

```
        if((pHead=(STUD *)malloc(sizeof(STUD)))==NULL)
        {
            printf("不能分配内存空间!");
            exit(0);
        }
        pHead->szName[0]='\0';
        pHead->pLink=NULL;
        pFront=pHead;
        for(i=0;i<n;i++)
        {
            if((pCurrent=(STUD *)malloc(sizeof(STUD)))==NULL)
            {
                printf("不能分配内存空间!");
                exit(0);
            }
            pFront->pLink=pCurrent;
            printf("请输入第%d个人的姓名",i+1);
            scanf("%s",pCurrent->szName);
            pCurrent->pLink=NULL;
            pFront=pCurrent;
        }
        return(pHead);
    }
STUD *Search(STUD *pHead,char *x)
{
    STUD *pCurrent;
    char *y;
    pCurrent=pHead->pLink;
    while(pCurrent!=NULL)
    {
        y=pCurrent->szName;
        if(strcmp(y,x)==0)
            return(pCurrent);
        else
            pCurrent=pCurrent->pLink;
    }
    if(pCurrent==NULL)
        printf("没有查找到该数据!");
}
```

/\*另一个查找函数,返回的是上一个查找函数的直接前驱结点的指针,h 为表头指针,x 为指
向要查找的姓名的指针。此函数的算法与程序中 STUD \*Search 是一样的,只是多了一个指

针s，并且s总是指向指针p所指向的结点的直接前驱，结果返回s即要查找的结点的前一个结点*/

```c
STUD *search2(STUD *h,char *x)

{
   STUD *p,*s;
   char *y;
   p=h->pLink;
   s=h;
   while(p!=NULL)
   {
      y=p->szName;
      if(strcmp(y,x)==0)
         return(s);
      else
      {
         p=p->pLink;
         s=s->pLink;
      }
   }
   if(p==NULL)
      printf("没有查找到该数据!\n");
}
void Insert(STUD *p)             /*插入函数,在指针p后插入*/
{
   char szStuname[20];
   STUD *s;                      /*指针s用于保存新结点地址*/
   if((s=(STUD *)malloc(sizeof(STUD)))==NULL)
   {
      printf("不能分配内存空间!");
      exit(0);
   }
   printf("请输入要插入的人的姓名:");
   scanf("%s",szStuname);
   /*把指针Stuname所指向的数组元素复制给新结点的数据域*/
   strcpy(s->szName,szStuname);
   s->pLink=p->pLink;            /*新结点的指针域指向原来p结点的后继结点*/
   p->pLink=s;                   /*p结点的指针域指向新结点*/
}
/*删除函数,其中y为要删除的结点的指针,x为要删除的结点的前一个结点的指针*/
void del(STUD *x,STUD *y)
```

```
{
    STUD *s;
    s=y;
    x->pLink=y->pLink;
    free(s);
}
void main()
{
    int number;
    char szFullName[20];
    STUD *pHead,*searchpoint,*forepoint;
    number=N;
    pHead=Creat(number);
    printf("请输入要删除的人的姓名:");
    scanf("%s",szFullName);
    searchpoint=Search(pHead,szFullName);
    forepoint=search2(pHead,szFullName);
    del(forepoint,searchpoint);
}
```

## 7.6   程序设计举例

【例 7-16】    将一个结构体变量作为一个整体赋给另一个结构体变量。

```
/*源程序名:prog07_16.c;功能:将一个结构体变量作为一个整体赋给另一个结构体变量*/
#include <stdio.h>
struct date
{
    int month;
    int day;
    int year;
};
struct STUD_TYPE
{
    char name[20];
    int age;
    char sex;
    struct date birthday;
    long num;
    float score;
```

```
    };
    void main()
    {
        struct STUD_TYPE student1={"wangling",18,'M',12,15,1974,89010,89.5};
        struct STUD_TYPE student2;
        student2=student1;
        printf("student1:%s,%d,%c,%d/%d/%d,%ld,%5.2f\n",student1.name,
                student1.age,student1.sex,student1.birthday.month,
                student1.birthday.day,student1.birthday.year,
                student1.num,student1.score);
        printf("student2:%s,%d,%c,%d/%d/%d,%ld,%5.2f\n",student2.name,
                student2.age,student2.sex,student2.birthday.month,
                student2.birthday.day,student2.birthday.year,
                student2.num,student2.score);
    }
```

程序运行结果：

```
student1:wanglin,18,M,12/15/1974,89010,89.50
student2:wanglin,18,M,12/15/1974,89010,89.50
```

【例 7-17】 输入三个学生的信息并在屏幕上输出。

```
/*源程序名:prog07_17.c;功能:将三个学生的信息输入系统并在屏幕上输出*/
#include <stdio.h>
struct STUD_TYPE
{   long lNum;
    char szName[20];
    int iAge;
    char cSex;
    int iScore;
};
void main()
{
    struct STUD_TYPE student[3];
    int i;char ch;char numstr[20];
    for(i=0;i<3;i++)
    {
        printf("enter all data of student[%d]:\n",i);
        scanf("%ld",&student[i].lNum);
        getchar();
        scanf("%s",student[i].szName);
        scanf("%d",&student[i].iAge);
        getchar();
```

```
        scanf("%c",&student[i].cSex);
        scanf("%d",&student[i].iScore);
    }
    printf("\nrecord name\t\t num  age  sex  score\n");
    for(i=0;i<3;i++)
        printf("%6d %-13s%8ld%6d %3c %6d\n",i,
                student[i].szName,student[i].lNum,student[i].iAge,
                student[i].cSex,student[i].iScore);
}
```

程序运行结果:

```
enter all data of student[0]:
10 zhang 18 M 89
enter all data of student[1]:
11 wang 20 F 88
enter all data of student[2]:
12 li 19 M 80

record name            num    age    sex    score
      0 zhang           10     18      M      89
      1 wang            11     20      F      88
      2 li              12     19      M      80
```

【例 7-18】　有四个学生，每个学生的信息包括学号、姓名、成绩。要求查找并输出成绩最高者的姓名和成绩。

```
/*源程序名:prog07_18.c;功能:查找并输出四个学生中成绩最高者的姓名和成绩*/
#include <stdio.h>
void main()
{
    struct STUDENT
    {
        int iNum;
        Kchar szName[20];
        float iScore;
    };
    struct STUDENT st[4];
    struct STUDENT *p;
    int i,iTemp=0;
    float fMax;
    for(i=0;i<4;i++)              /*输入四个学生的信息*/
        scanf("%d %s %f",&st[i].iNum,st[i].szName,&st[i].iScore);
    for(fMax=st[0].iScore,i=1;i<4;i++)
        if(st[i].iScore>fMax)    /*找出最高成绩的学生及其在数组中的位置*/
        {
            fMax=st[i].iScore;iTemp=i;
```

```
        }
        p=st+iTemp;
        printf("\nThe maximum score:\n");
        printf("No.:%d\nname:%s\n",p->iNum,p->szName);
        printf("score:%4.1f\n",p-iScore);
    }
```

程序运行结果：

```
101 Li-Fan 90
102 Wang-Gang 98
103 Cheng-Wei 67
104 Tan-Hua 89

The maximum score:
No.: 102
name: Wang-Gang
score: 98.0
```

【例 7-19】 为年龄在 19 岁以下（含 19 岁）同学的成绩增加 10 分。

```
/*源程序名:prog07_19.c;功能:查找年龄在 19 岁以下的学生,并将其成绩增加 10 分*/
#include <stdio.h>
struct STUDENT
{
    int iNum;
    char szName[20];
    char cSex;
    int iAge;
    float fScore;
};
struct STUDENT stu[3]={{11302,"Wang",'F',20,483},{11303,"Liu",'M',
                    19,503},{11304,"Song",'M',19,471.5}};
void print(struct STUDENT s)
{
    printf("%s,%d,%5.1f\n",s.szName,s.iAge,s.fScore);
}
void add10(struct STUDENT *q)
{
    if(q->iAge<=19)
        q->fScore=q->fScore+10;
}
void main()
{
    struct STUDENT *p;
    int i;
    for(i=0;i<3;i++)
        print(stu[i]);              /*调用 print()函数*/
```

```
    for(i=0,p=stu;i<3;i++,p++)
        add10(p);                    /*调用 add10()函数*/
    printf("\n");
    for(i=0,p=stu;i<3;i++,p++)
        print(*p);
}
```

程序运行结果：

```
Wang,20,483.0
Liu,19,503.0
Song,19,471.5

Wang,20,483.0
Liu,19,513.0
Song,19,481.5
```

本例中，函数 print()中的形参 s 属于 struct STUDENT 结构体类型，与调用语句中的实参 stu[i]或*p 的类型一致；函数 add10()中的形参 q 属于 struct STUDENT 结构体指针类型，与调用语句中实参 p 指针的类型一致。

【例 7-20】 指向结构体数组指针的应用。

```
/*源程序名:prog07_20.c;功能:指向结构体数组指针的应用*/
#include <stdio.h>
struct STUD
{
    char szNum[7];
    char  szName[10];
    int   iScore;
}stu[3]={{"990001","zhang",88},{"990002","wang",80},
        {"990003","li",78}};
void main()
{
    struct STUD *p;
    for(p=stu;p<stu+3;p++)
        printf("num:%6s,name:%9s,socre:%3d\n",p->szNum,p->szName,p->iScore);
}
```

程序运行结果：

```
num:990001,name:    zhang,socre: 88
num:990002,name:     wang,socre: 80
num:990003,name:       li,socre: 78
```

【例 7-21】 八个人为三个候选人投票，设计程序完成投票过程，显示投票结果。

**算法分析**：用结构体表示候选人的编号、姓名、票数，用一个函数实现投票过程，用另一个函数实现输出投票结果。

```
/*源程序名:prog07_21.c;功能:使用一个函数实现投票过程,使用另一个函数输出投票
  结果*/
```

```c
#include <stdio.h>
struct candidate
{
    int iNumber;                                            /*编号*/
    char szName[20];                                        /*姓名*/
    int iAmount;                                            /*票数*/
};
void vote(struct candidate pepoles[ ],int m,int n)    /*候选人数*/
                                                      /*投票人数*/

{
    int i,iNum;
    printf("候选人编号\t 候选人姓名\n");
    for(i=0;i<m;i++)
    {
        printf("%d\t\t%s\n",pepoles[i].iNumber,pepoles[i].szName);
    }
    for(i=0;i<n;i++)
    {
        printf("请输入候选人编号:");
        scanf("%d",&iNum);
        switch (iNum)
        {
            case 1:pepoles[0].iAmount++;break;
            case 2:pepoles[1].iAmount++;break;
            case 3:pepoles[2].iAmount++;break;
            default:printf("你的投票作废!");break;
        }
    }
}
void printRsult(struct candidate pepoles[ ])
{
    int j;
    printf("投票结果为:\n");
    for(j=0;j<3;j++)
    {
        printf("%s\t%d\n",pepoles[j].szName,pepoles[j].iAmount);
    }
}
void main()
{
    struct candidate pepoles[3]={
```

```
        {1,"张三",0},
        {2,"李四",0},
        {3,"王五",0}
    };
    vote(pepoles,3,8);
    printRsult(pepoles);
}
```

程序运行结果:

```
候选人编号        候选人姓名
1                张三
2                李四
3                王五
请输入候选人编号: 1
请输入候选人编号: 1
请输入候选人编号: 1
请输入候选人编号: 2
请输入候选人编号: 2
请输入候选人编号: 3
请输入候选人编号: 2
请输入候选人编号: 1
投票结果为:
张三        4
李四        3
王五        1
```

【例 7-22】 建立枚举类型 weekday，假设今日为星期三，计算 N 天后为星期几。

```c
/*源程序名:prog07_22.c;功能:应用枚举类型*/
#include <stdio.h>
#define N 10
void main()
{
    enum weekday{sun,mon,tue,wed,thu,fri,sat};
    enum weekday day;
    int i;
    day=tue;
    i=(day+10)%7;
    printf("\nN=%d,the day is:%d\n",N,((enum weekday)i));
}
```

程序运行结果:

```
N=10 ,the day is:5
```

# 习　题　7

## 一、选择题

1. 以下对结构体类型变量的定义中，不正确的是（　　　）。

　　A. #define STUDENT struct Student

```
            STUDENT
            {
                int iNum;
                float fAge;
            }std1;
    B.  struct Student
            {
                int iNum;
                float fAge;
            }std1;
    C.  struct
            {
                int iNum;
                float fAge;
            }std1;
    D.  struct
            {
                int iNum;
                float fAge;
            }Student;
            struct Student std1;
```

2. 若有以下声明语句：

```
struct Student
{
    int iA;
    float fB;
}stutype;
```

则下面的叙述不正确的是（      ）。
    A．struct 是结构体类型的关键字
    B．struct Student 是用户定义的结构体类型
    C．stutype 是用户定义的结构体类型名
    D．iA 和 fB 都是结构体成员名

3. 已知学生记录描述如下：

```
struct Student
{
    int iNo;
    char szName[20];
    char cSex;
```

```
    struct
    {
        int iYear;
        int iMonth;
        int iDay;
    }birth;
};
struct Student student1;
```

设变量 student1 中的"生日"为"1984 年 11 月 11 日",下列对"生日"的正确赋值方式是（　　）。

A. iYear=1984;　　　　　　　　　　B. birth.iYear=1984;
　 iMonth=11;　　　　　　　　　　　 birth.iMonth=11;
　 iDay=11;　　　　　　　　　　　　 birth.iDay=11;

C. student1.iYear=1984;　　　　　　D. student1.birth.iYear=1984;
　 student1.iMonth=11;　　　　　　　 student1.birth.iMonth=11;
　 student1.iDay=11;　　　　　　　　 student1.birth.iDay=11;

4. 当声明一个结构体变量时，系统分配给它的内存是（　　）。

A. 各成员所需内存量的总和

B. 结构中第一个成员所需内存量

C. 成员中占内存量最大者所需的容量

D. 结构中最后一个成员所需内存量

5. C 语言结构体类型变量在程序执行期间（　　）。

A. 所有成员一直驻留在内存中　　　B. 只有一个成员驻留在内存中

C. 部分成员驻留在内存中　　　　　D. 没有成员驻留在内存中

6. 在 32 位 IBM-PC 上使用 C 语言，若有以下定义：

```
struct Data
{
    int iN;
    char cChar;
    double dDouble;
}data;
```

则结构变量 data 占用内存的字节数是（　　）。

A. 1　　　　　　　 B. 2　　　　　　　 C. 8　　　　　　　 D. 16

7. 若有以下声明语句：

```
struct Student
{
    int  iAge;
```

```
      int   iNumber;
   }student,*pStudent;
   pStudent=&student;
```

则以下对结构体变量 student 中成员 iAge 的引用方式不正确的是（    ）。

    A．student.iAge             B．pStudent->iAge

    C．(*pStudent).iAge         D．*pStudent.iAge

8．有如下定义：

```
struct Person {char szName[9];int iAge;};
struct Person sclass[10]={"Johu",17,"Paul",19,"Mary",18,"Adam",16};
```

根据上述定义，能输出字母 M 的语句是（    ）。

    A．printf("%c\n",class[3].szName);

    B．printf("%c\n",class[3].szName [1]);

    C．printf("%c\n",class[2].szName [1]);

    D．printf("%c\n",sclass[2].szName[0]);

9．若有

```
union ctype
{
   int  iN;
   char  szCh[5];
}a;
```

则变量 a 占用的字节数为（    ）。

    A．6          B．5          C．8          D．2

10．下面对枚举类型的叙述，不正确的是（    ）。

    A．定义枚举类型用 enum 开头

    B．枚举常量的值是一个常数

    C．一个整数可以直接赋给一个枚举变量

    D．枚举值可以用来进行判断比较

11．若有语句 enum color{RED=-1,YELLOW,BLUE,WHITE};，则 BLUE 的机内值是（    ）。

    A．0          B．1          C．2          D．3

12．设有如下定义和声明：

```
typedef union {long i;int k[5];char c;}DATA;
struct data {int cat;DATA cow;double dog;}zoo;
DATA max;
```

则语句 printf("%d",sizeof(zoo)+sizeof(max));的执行结果是（    ）。

    A．52          B．30          C．18          D．8

13. 若有以下定义和语句：

```
union data
{
    int iN;
    char cChar;
    float fFloat;
}d;
int n;
```

则以下语句正确的是（　　　）。

A．d=5;　　　　　　　B．d={2,'a',1.2};　C．printf("%d\n",d);　D．n=d;

14. 下面关于 typedef 的叙述，不正确的是（　　　）。

A．使用 typedef 可以定义各种类型名，但不能用来定义变量

B．使用 typedef 可以增加新类型

C．使用 typedef 只是将已存的类型用一个新的标识符来表示

D．使用 typedef 有利于程序的通过和移植

## 二、填空题

1. 以下程序用以输出结构体变量 bt 所占内存单元的字节数，请在横线上填写适当内容。

```
#include <stdio.h>
struct Ps
{
    double dNum;
    char szArr[20];
};
void main()
{
    struct Ps bt;
    printf("bt size:%d\n",_____);
}
```

2. 若有定义如下：

```
#include <stdio.h>
struct Number
{
    int iA;
    int iB;
    float fC;
```

```
}number={1,3,5.0};
struct Number*pNumber=&number;
```

则表达式 pNumber->iB/number.iA*++pNumber->iB 的值是_____，表达式(*pNumber).iA+ pNumber->fC 的值是_____。

## 三、阅读程序，写出程序的运行结果

1. 写出以下程序的运行结果。

```c
#include "stdio.h"
struct Ks
{
   int iA;
   int *pInt;
}ks[4],*pKs;
void main()
{
   int iN=1,i;
   for(i=0;i<4;i++)
   {
      ks[i].iA=iN;
      ks[i].pInt=&ks[i].iA;
      iN=iN+2;
   }
   pKs=&ks[0];
   pKs++;
   printf("%d,%d\n",(++pKs)->iA,(pKs++)->iA);
}
```

2. 写出以下程序的运行结果。

```c
#include "stdio.h"
struct N
{
   int iX;
   char cChar;
};
void func(struct N b)
{
   b.iX=20;
   b.cChar='y';
}
void main()
```

```
{
   struct N a={10,'x'};
   func(a);
   printf("%d,%c\n",a.iX,a.cChar);
}
```

3. 写出以下程序的运行结果。

```
#include "stdio.h"
void main()
{
   union
   {
      char cChar;
      char szArray[4];
   }z;
   z.szArray [0]=0x39;z.szArray [1]=0x36;
   printf("%c\n",z.cChar);
}
```

4. 写出以下程序的运行结果。

```
#include "stdio.h"
void main()
{
   struct Student
   {
      char szName[10];
      float fk1;
      float fk2;
   }a[2]={{"zhang",100,70},{"wang",70,80}},*pStudent=a;
   printf("\nname:%s total=%f",pStudent->szName,
          pStudent->fk1+pStudent->fk2);
   printf("\nname:%s total=%f\n",a[1].szName,a[1].fk1+a[1].fk2);
}
```

5. 写出以下程序的运行结果。

```
#include "stdio.h"
void main()
{
   enum em {EM1=3,EM2=1,EM3};
   char *pChar[ ]={"AA","BB","CC","DD"};
   printf("%s%s%s\n",pChar[EM1],pChar [EM2],pChar [EM3]);
```

```
}
```

6. 写出以下程序的运行结果。

```c
#include "stdio.h"
void main()
{
    union
    {
        char cArray[2];
        int iInt;
    }g;
    g.iInt=0x4142;
    printf("g.iInt=%x\n",g.iInt);
    printf("g.cArray[0]=%x\t g.cArray[1]=%x\n",g.cArray[0],g.cArray [1]);
    g.cArray[0]=1;
    g.cArray[1]=0;
    printf("g.cArray=%x\n",g.iInt);
}
```

7. 写出以下程序的运行结果。

```c
#include "stdio.h"
void main()
{
    struct Number
    {
        int iX;
        int iY;
    }sa[ ]={{2,32},{8,16},{4,48}};
    struct Number *pNumber=sa+1;
    int iX;
    iX=pNumber->iY/sa[0].iX*++pNumber->iX;
    printf("iX=%dpNumber->iX=%d\n",iX,pNumber->iX);
}
```

8. 写出以下程序的运行结果。

```c
#include "stdio.h"
void main()
{
    struct EXAMPLE
    {
        struct
```

```
    {
        int iX;
        int iY;
    }in;
    int iA;
    int iB;
}e;
e.iA=1;e.iB=2;
e.in.iX=e.iA*e.iB;
e.in.iY= e.iA+e.iB;
printf("%d,%d\n",e.in.iX,e.in.iY);
}
```

## 四、编程题

1. 用结构体存放职工工资情况，如表 7-1 所示。编程输出每人的姓名和实际工资（基本工资+浮动工资-支出）。

表 7-1　职工工资情况

| 姓名 | 基本工资 | 浮动工资 | 支出 |
| --- | --- | --- | --- |
| zhao | 230.00 | 400.00 | 76.00 |
| qian | 350.00 | 120.00 | 56.00 |
| sun | 360.00 | 0.00 | 80.00 |

2. 编写程序，输入 10 个职工的编号、姓名、基本工资、职务工资，求出"基本工资+职务工资"最少的职工，并输出该职工记录。

3. 编写程序，输入 10 个学生的学号、姓名和三门课程的成绩，将总分最高的学生的信息输出。

4. 试利用结构体类型编写一个程序，实现输入一个学生的数学期中和期末成绩，能计算并输出其平均成绩。

# 第8章 文 件

在前面章节介绍的程序中，数据均是从键盘上输入的，数据的输出也均送至显示器显示。当大量数据参与某操作时，若仅从键盘输入将会带来很大的麻烦。如果能将大量的数据存放在外部介质中，使用时再读入内存进行操作就会更加便捷，C 语言的文件操作就能实现这些功能。本章主要介绍 ANSI C 的文件系统及文件的读写方法。

## 8.1 文 件 概 述

### 8.1.1 文件的基本概念

文件是指一组相关数据的有序集合。这个数据集有一个名称，该名称即为文件名。一批数据是以文件的形式存放在外部介质上的，而操作系统以文件为单位对数据进行管理，即如果想寻找保存在外部介质上的数据，必须先按文件名找到指定的文件，然后从该文件中读取数据。需要在外部介质上存储数据也必须以文件名标识，先建立一个文件，才能向它输出数据。

在程序运行时，常常需要将一些数据（运行的最终结果或中间数据）输出到磁盘中存放起来，以后需要时再从磁盘中输入计算机内存中，这就要用到磁盘文件。

### 8.1.2 文件的分类

在 C 语言中，文件被看作字符（或字节）的序列，即文件是由一个个字符（或字节）按一定的顺序排列组成的，这里的字符（或字节）序列称为字节流。文件以字节为单位访问，输入或输出数据流的开始和结束仅受程序控制而不受物理符号（如换行符）控制。通常也把这种文件称为流式文件。

根据数据的组织形式，文件可分为文本文件和二进制文件。在文本文件中，数据是以 ASCII 码字符形式存储的，也称 ASCII 码文件；在二进制文件中，数据是按二进制的编码方式存储的，把内存中的数据按其在内存中的存储形式原样输出到磁盘上存放。例如，定义一个短整型数 10000，在内存中占 2 字节，如果按 ASCII 码形式输出，则占 5 字节，而按二进制形式输出，在磁盘上只占 2 字节。文件的存储形式如图 8-1 所示。在文本文件中，1 字节代表一个字符，因而便于对字符进行逐个处理，也便于阅读。但不足之处在于其占用存储空间较多，而且要花费转换（二进制形式与 ASCII 码间的转换）时间。用二进制形式输出数值，可以节省存储空间和转换时间，但 1 字节并不对应一个字符，不能直接输出字符形式，也经常产生乱码。一般中间结果需要暂时保存在外存上，等待以后输入内存的数据常用二进制文件保存。

```
0 0 0 0 0 1 0 0 0 0 0 0 0 0 0 1
```
（a）内存中的存储形式

```
1            0            2            5
0 0 1 1 0 0 0 1 0 0 1 1 0 0 0 0 0 0 1 1 0 0 1 0 0 0 1 1 0 1 0 1
```
（b）ASCII 码文件的存储形式

```
0 0 0 0 0 1 0 0 0 0 0 0 0 0 0 1
```
（c）二进制文件的存储形式

图 8-1　文件的存储形式

　　根据文件的读/写方式，文件又可以分为顺序存取文件和随机存取文件。顺序存取文件是指按从头到尾的顺序读出或写入的文件，随机存取文件是指可以读/写文件中任意指定位置所需要的字符的文件。

　　从用户的角度看，文件还可分为普通文件和设备文件。普通文件是指存储在外部介质上的数据的集合，可以是源文件、目标文件、图片文件、可执行文件等；设备文件是指与主机相连的各种外部设备，如显示器、打印机、键盘等。在操作系统中，通常把外部设备作为一个文件来进行管理，把通过它们进行的输入/输出操作等价于对文件的读写。例如，键盘是输入文件，显示器和打印机是输出文件。

## 8.1.3　文件缓冲区

　　文件缓冲区是内存中的一块区域，进行文件读/写操作时作为数据的缓存，缓冲区的大小由各个具体的 C 语言版本确定，一般为 512 字节。C 语言对文件的处理有两种系统：缓冲文件系统和非缓冲文件系统。缓冲文件系统是指系统自动地在内存中为正在使用的每一个文件开辟一个内存缓冲区；非缓冲文件系统是指缓冲区的大小和位置由程序员根据程序需要而自行设置。1983 年，ANSI C 标准决定只采用缓冲文件系统，因此，非缓冲文件系统基本上已经不再使用。

　　文件的写操作是将文件的输出结果写到文件中，数据先从内存中的程序数据区输出到内存中的输出缓冲区暂存，当输出缓冲区装满后，数据才被整块地送到外存的文件中。同样，当系统要从外存中输入数据时，也是先把数据输入输入缓冲区，然后从输入缓冲区逐个地将数据送给接收变量。

　　用缓冲区可以一次读入或输出一批数据，而不用执行一次输入/输出函数就去访问一次磁盘，这样做的目的是减少对磁盘的实际读/写次数，因为每一次读/写都要移动磁头并寻找磁道扇区，这会花费一定的时间。缓冲文件系统的读/写如图 8-2 所示。

　　在 C 语言中，没有输入/输出语句，对文件的读/写都是用库函数来实现的，ANSI C 提供了多种标准输入/输出函数，利用它们即可对文件进行读/写操作。

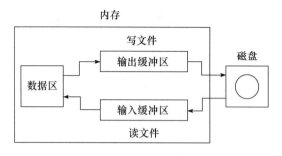

图 8-2　缓冲文件系统的读/写

# 8.2　文件类型指针

图 8-3　文件缓冲区

在缓冲文件系统中，每个被使用的文件都在内存中开辟一个区域，如图 8-3 所示。这个区域用来存放文件的有关信息（如文件当前位置、与该文件对应的内存缓冲区地址、缓冲区中未被处理的字符数、文件操作方式等）。这些信息保存在一个结构体类型的变量中。该结构体类型由系统定义，命名为 FILE，在头文件 stdio.h 中定义，其形式如下：

```
typedef struct
{
    short level;                /*缓冲区的填充程度*/
    unsigned flags;            /*文件状态标志*/
    char fd;                   /*文件描述符*/
    unsigned char hold;        /*如果无缓冲区,不读取字符*/
    short bsize;               /*缓冲区的大小*/
    unsigned char *buffer;     /*数据缓冲区位置*/
    unsigned char *curp;       /*指针当前位置*/
    unsigned istemp;           /*临时文件指示器*/
    short token;               /*用于有效性检查*/
}FILE;
```

使用文件必须包含头文件 stdio.h，且要先定义，文件类型指针定义的一般格式如下：

　　**FILE \*文件指针;**

说明：

1）FILE 为文件缓冲区的类型名，必须大写。

2）文件指针为指向文件缓冲区的指针。例如：

```
FILE *pFile;
```

# 8.3　文件的打开与关闭

文件操作必须包含三个基本过程：打开文件、读或写文件、关闭文件。

## 8.3.1　文件的打开

打开文件是指在程序和操作系统之间建立联系，程序把所要操作文件的一些信息通知给操作系统。这些信息中除包括文件名外，还要指出读/写方式及读/写位置。如果需读文件，则需要先确认此文件是否已存在；如果需写文件，则检查原来是否有同名文件，如有则将该文件删除，然后重新建立一个文件，并将读/写位置设定于文件开头，准备写入数据。文件的打开通过 fopen()函数实现，其定义形式如下：

**FILE \*fopen(char \*szFileName,char \*szMode)**

其中，szFileName 为文件名；szMode 为使用文件方式。

例如：

```
FILE *pFile;
pFile =fopen("d:\\a1.txt","r");
```

它表示要打开 d 盘根目录下名称为 a1 的文本文件，使用文件方式为读入。两个反斜杠 "\\" 中的第一个表示转义字符，第二个表示根目录，即实际上是 d:\a1.txt。fopen()函数带回指向 a1.txt 文件的指针并赋给 pFile，这样 pFile 就和 a1.txt 建立了联系，即 pFile 指向 a1.txt 文件。

在打开一个文件时，通常要通知编译系统以下三个信息。

1）需要打开的文件名，即准备访问的文件的名称。

2）使用文件的方式（读还是写等）。

3）需使哪一个指针变量指向被打开的文件。

使用文件的方式如表 8-1 所示。

表 8-1　使用文件的方式

| 文件使用方式 | 含义 |
| --- | --- |
| "r"（只读） | 为输入打开一个文本文件 |
| "w"（只写） | 为输出打开一个文本文件 |
| "a"（追加） | 向文本文件末尾增加数据 |
| "rb"（只读） | 为输入打开一个二进制文件 |
| "wb"（只写） | 为输出打开一个二进制文件 |
| "ab"（追加） | 向二进制文件末尾增加数据 |
| "r+"（读写） | 为读写打开一个文本文件（该文件必须存在） |
| "w+"（读写） | 为读写建立一个新的文本文件 |
| "a+"（读写） | 为读写打开一个文本文件（原文件不被删除） |

| 文件使用方式 | 含义 |
|---|---|
| "rb+"（读写） | 为读写打开一个二进制文件 |
| "wb+"（读写） | 为读写建立一个新的二进制文件 |
| "ab+"（读写） | 为读写打开一个二进制文件 |

对于文件使用方式有以下几点说明。

1）文件使用方式字符的含义。

r（read）——读。

w（write）——写。

a（append）——添加。

t（text）——文本文件，可省略不写。

b（binary）——二进制文件。

+——读和写。

2）用 "r" 方式打开的文件必须是已经存在的，且只能从该文件读出数据，否则将会出错。

3）用 "w" 方式打开的文件只能用于写数据。如果打开的文件不存在，则以指定名称命名建立该文件；如果打开的文件已经存在，则在打开时将该文件删去，然后重新建立一个新文件。

4）如果希望向文件末尾添加新的数据（不希望删除原有数据），则应该用 "a" 方式打开。但此时该文件必须已存在，否则将会出错。打开时，位置指针移到文件末尾。

5）用 "r+"、"w+"、"a+" 方式打开的文件可以用来输入和输出数据。用 "r+" 方式打开文件时该文件必须存在，以便向计算机输入数据；用 "w+" 方式则新建立一个文件，先向此文件写数据，然后读此文件中的数据；用 "a+" 方式打开的文件，原来的文件不被删去，位置指针移到文件末尾。

6）在打开一个文件时，如果出错，fopen()函数将返回一个空指针值 NULL。在程序中可以用这一信息来判断是否完成打开文件的操作，并做相应的处理。常用下面方法打开一个文件。

```
if(NULL==(pFile=fopen("file1","r")))
{
    printf("can not open this file\n");
    exit(1);
}
```

该方法会先检查打开是否出错，如果有错就在终端上输出 "can not open this file"。exit()函数的作用是关闭所有文件，终止正在调用的过程。

在程序开始运行时，系统自动打开三个标准文件：标准输入、标准输出、标准出错输出。通常这三个文件都与终端相联系。因此，以前我们所用到的从终端输入或输出，都不需要打开终端文件。系统自动定义了三个文件指针 stdin、stdout 和 stderr，分别指向标准输入文件（键盘）、标准输出文件（显示器）和标准出错输出（显示器）。如果程序中指定要从 stdin 所指的文件输入数据，就是指从终端键盘输入数据。

### 8.3.2 文件的关闭

文件使用完毕后必须关闭，以避免数据丢失。用 fclose()函数关闭文件，fclose()函数定义形式如下：

**int fclose(FILE *pFile);**

fclose 函数也返回一个值，如果顺利地执行了关闭操作，则返回值为 0；如果返回值为非 0，则表示关闭时有错误，可以用 ferror()函数来测试。

关闭的过程是先将缓冲区中尚未存盘的数据写盘，然后撤销存放该文件信息的结构体，最后令指向该文件的指针为 NULL。此后，如果想再次使用该文件，则必须重新打开。

应该养成在文件访问完后及时关闭的习惯，这样一方面可以避免数据丢失；另一方面可以及时释放内存，减少系统资源的占用。

## 8.4 文件的读/写操作

常用的读/写函数如下，这些函数的说明包含在头文件 stdio.h 中。
字符读/写函数：fgetc()和 fputc()。
字符串读/写函数：fgets()和 fputs()。
数据块读/写函数：fread()和 fwrite()。
格式化读/写函数：fscanf()和 fprintf()。

### 8.4.1 字符读/写函数

字符读/写函数以字符（字节）为单位。getchar()函数用于从键盘上输入一个字符，putchar()函数用于向显示器输出一个字符，它们使用的是系统预先定义的文件指针 stdin 或 stdout，在此不再赘述。

1. 从磁盘文件中读入一个字符

fgetc()函数能够从指定文件中读入一个字符，其定义形式如下：

**int fgetc(FILE *pFile);**

其中，pFlie 为文件指针；fgetc()函数带回一个字符。如果在执行 fgetc()函数读字符时遇到文件结束符，则函数返回一个文件结束标志 EOF。EOF 是在 stdio.h 文件中定义的符号常量，值为-1。如果想从一个磁盘文件顺序读入字符并在显示器上显示出来，可以用如下方法：

```
iChar=fgetc(pFile);
```

```
while(EOF!=iChar)
{
    putchar(iChar);
    iChar=fgetc(pFile);
}
```

**注意：**

EOF 是不可输出字符，因此不能在显示器上显示。因为字符的 ASCII 码值不可能出现-1，所以 EOF 定义为-1 是合适的。当读入的字符值等于-1（即 EOF）时，表示读入的已不是正常的字符而是文件结束符。以上只适用于读取文本文件的情况，如果处理二进制文件，读入某一字节中的二进制数据的值有可能为-1，而这又恰好是 EOF 的值，就出现了需要读入有用数据而却被处理为"文件结束"的情况。为了解决这个问题，ANSI C 提供了一个 feof()函数来判断文件是否真的结束。feof(pFlie)用来测试 pFlie 所指向的文件当前状态是否结束。如果是结束，则函数 feof(pFlie)的值为 1（真）；否则为 0（假）。feof()函数既适用于二进制文件，也适用于文本文件。

如果想顺序读入二进制文件中 1 字节的数据，可以用如下方法：

```
while(!feof(pFile))
{
    cChar=fgetc(pFile);
    ......
}
```

2. 写一个字符到磁盘文件

fputc()函数用于将一个字符写到磁盘文件中。函数定义形式如下：

      **int fputc(int iChar,FILE \*pFile)**

其中，iChar 为要输出的字符，它可以是一个字符常量，也可以是一个字符变量；pFile 是文件指针。fputc(iChar,pFile)函数的作用是将字符（iChar 的值）输出到 pFile 所指向的文件中。

fputc()函数也有返回值，如果输出成功，则返回输出字符的 ASCII 码值；如果输出失败，则返回 EOF。

**注意：**

使用 fputc()函数时所操作的文件必须以写、读写或添加方式打开。另外，每写入一个字符，文件内部的位置指针自动指向下一个字节。

【例 8-1】 从键盘输入一行字符，写入文本文件 string.txt 中。

```
/*源程序名:prog08_01.c;功能:调用 fputc()函数写文件*/
#include <stdio.h>
#include <stdlib.h>
void main()
```

```
{
  FILE *pFile;
  char cChar;
  if(NULL==(pFile=fopen("c:\\string.txt","w")))
                              /*以写方式打开 string.txt 文件*/
  {
    printf("can't open file,press any key to exit!");
    getchar();
    exit(0);
  }
  do{
    cChar=getchar();          /*不断接收字符并写入文件,直至遇到换行符为止*/
    fputc(cChar,pFile);
  }while('\n'!=cChar);
  fclose(pFile);
}
```

while 语句中的 '\n' 是一个换行符。程序运行结束后，可在系统相应目录或文件夹下查看到刚建立的文件 string.txt。

【例 8-2】 将磁盘上一个文本文件的内容复制到另一个文件中。

```
/*源程序名:prog08_02.c;功能:调用 fgetc()和 fputc()函数实现文件复制*/
#include <stdio.h>
#include <stdlib.h>
void main()
{
  FILE *pFileIn,*pFileOut;
  char szInFile[20],szOutFile[20];
  printf("Enter the infile name:\n");
  scanf("%s",szInFile);
  printf("Enter the outfile name:\n");
  scanf("%s",szOutFile);
  if(NULL==(pFileIn=fopen(szInFile,"r")))
  {
    printf("Can't open file %s\n",szInFile);
    getchar();
    exit(0);
  }
  if(NULL==(pFileOut=fopen(szOutFile,"w")))
  {
    printf("can't open file %s\n",szOutFile);
    getchar();
```

```
        exit(0);
    }
    while(!feof(pFileIn))
        fputc(fgetc(pFileIn),pFileOut);
    fclose(pFileIn);
    fclose(pFileOut);
}
```

例 8-2 的程序是按文本文件方式处理的，也可以用此程序来复制一个二进制文件，只需将两个 fopen()函数的 "r" 和 "w" 分别改为 "rb" 和 "wb" 即可，此时，该程序相当于一条 copy 命令。

【例 8-3】 利用命令行参数实现文本文件的复制。

```
/*源程序名:prog08_03.c;功能:利用命令行参数实现文本文件的复制*/
#include <stdio.h>
#include <stdlib.h>
void main(int argc,char *argv[])
{
    FILE *pFileIn,*pFileOut;
    if(3!=argc)
    {
        printf("missing file name:\n");
        exit(0);
    }
    if(NULL==(pFileIn=fopen(argv[1],"r")))
    {
        printf("Can't open file %s\n",argv[1]);
        getchar();
        exit(0);
    }
    if(NULL==(pFileOut=fopen(argv[2],"w")))
    {
        printf("can't open file %s\n",argv[2]);
        getchar();
        exit(0);
    }
    while(!feof(pFileIn))
    fputc(fgetc(pFileIn),pFileOut);
    fclose(pFileIn);
    fclose(pFileOut);
}
```

假设本程序的文件名为 prog08_03.c，经编译连接后得到的可执行文件名为 prog08_03.exe。现要把 c:\string.txt 复制一份放到 c:\string2.txt 中，则在 DOS 方式下，可以输入以下命令行：

```
d:>prog08_03.exe c:\string.txt c:\string2.txt✓
```

该命令行表示在输入可执行文件名后，把要操作的两个文件名作为参数输入，分别传送到 main()函数的形参 argv[1]和 argv[2]中，而 argv[0]中存储的为命令名 prog08_03.exe，argc 的值等于 3（因为此命令行共有三个参数）。

### 8.4.2 字符串读/写函数

1. 从磁盘文件中读入一个字符串

fgets()函数的作用是从指定文件中读入一个字符串到字符数组中，函数定义如下：

**char \*fgets(char \*pStr,int iBufSize,FILE \*pFile);**

表示从 pFile 指向的文件中读入不超过 iBufSize-1 个字符构成的字符串，并把它们放到以 pStr 为起始地址的单元中，并在读入的最后一个字符后加上字符串结束标志 '\0'。如果在读入 iBufSize-1 个字符结束之前遇到换行符或 EOF，读入即结束。函数调用成功，则返回 pStr 指针；调用失败，则返回一个空指针 NULL。

2. 写一个字符串到磁盘文件

fputs()函数的作用是向指定的文件输出一个字符串，函数定义如下：

**int    fputs(char \*pStr,FILE \*pFile);**

表示将从起始地址 pStr 开始的字符串写入 pFile 指向的磁盘文件中。fputs()函数中第一个参数可以是字符串常量、字符数组名或字符型指针。函数输出成功，返回值为 0；若失败，则返回非 0 值。

函数调用举例如下：

```
fputs("China",pFile);
```

该语句的作用是把字符串"China"写（输出）到 pFile 指向的磁盘文件。

【例 8-4】 编制一个将文本文件中全部信息显示到显示器上的程序。

```
/*源程序名:prog08_04.c;功能:实现 DOS 系统中的 type 命令*/
#include <stdio.h>
#include <stdlib.h>
void main(int argc,char *argv[ ])
{
    FILE *pFile;
    char szBuf[81];
    if(2!=argc||NULL==(pFile=fopen(argv[1],"r")))
```

```
    {
        printf("can't open file");
        exit(1);
    }
    while(NULL!=fgets(szBuf,81,pFile))
        printf("%s",szBuf);
    fclose(pFile);
}
```

【例 8-5】 在文本文件 string.txt 的末尾添加若干行字符。

```
/*源程序名:prog08_05.c;功能:向文本文件末尾添加数据*/
#include <stdio.h>
#include <stdlib.h>
#include <string.h>
void main()
{
    FILE *pFile;
    char szBuf[81];
    if(NULL==(pFile=fopen("c:\\string.txt","a")))
                                      /*以添加方式打开 string 文件*/
    {
        printf("cannot open file,press any key to exit!");
        getchar();
        exit(1);
    }
    while(strlen(gets(szBuf))>0)       /*从键盘读入一个字符串,遇空则停止*/
    {
        fputs(szBuf,pFile);            /*写进指定文件*/
        fputs("\n",pFile);            /*添加一个换行符*/
    }
    fclose(pFile);
}
```

### 8.4.3 数据块读/写函数

如果要一次读/写一组数据（如一个数组元素、一个结构体变量的值等），则应使用 fread()函数和 fwrite()函数。数据块读/写函数的定义如下：

**int fread (void *pBuffer,unsigned uSize,unsigned uCount,FILE *pFile);**

**int fwrite (void *pBuffer,unsigned uSize,unsigned uCount,FILE *pFile);**

说明：

1）pBuffer 是一个指针，对于 fread()而言，它表示用于存放读入数据的首地址；对于 fwrite()而言，它表示将要输出数据的首地址。

2）uSize 表示一个数据块的字节数（大小）。

3）uCount 表示要读写的数据块的个数。

4）pFile 为文件指针。

函数 fread()和 fwrite()的返回值为实际上已读入或输出的数据块的个数，即如果执行成功，则返回 uCount 的值。因为这两个函数是以数据块的方式（如果每一块是一个结构体，则可认为是记录方式）读/写，所以文件必须采用二进制方式打开。例如：

```
float fValue[2];
fread (fValue,sizeof(float),2,pFile);
```

其中，fValue 是一个实型数组名；sizeof(float)代表一个实型变量所占字节数；pFile 指向要读的文件。

函数的作用是从 pFile 所指向的文件读入两次（每次 sizeof(float)字节）数据块，并存储到数组 fValue 中。

【例 8-6】　从键盘输入一批学生的数据，然后将它们转存到磁盘文件 stud.dat 中。

```
/*源程序名:prog08_06.c;功能:数据转存*/
#include <stdio.h>
#include <stdlib.h>
struct student
{
    int   iNum;
    char  szName[20];
    char  cSex;
    int   iAge;
    float  fScore;
};
void main()
{
    struct student stud;
    char szBuf[20],cSel;
    FILE *pFile;
    if((pFile=fopen("stud.dat","wb"))==NULL)
    {
        printf("can't open file stud.dat\n");
        exit(1);
    }
    do{
        printf("enter number:");gets(szBuf);stud.iNum =atoi(szBuf);
        printf("enter name:");gets(stud.szName);
        printf("enter sex:");stud.cSex=getchar();getchar();
```

```
        printf("enter age:");gets(szBuf);stud.iAge=atoi(szBuf);
        printf("enter score:");gets(szBuf);stud.fScore=atof(szBuf);
        fwrite(&stud,sizeof(struct student),1,pFile);
        printf("have another student record(y/n)?");
        cSel=getchar();getchar();
    }while('Y'==cSel||'y'==cSel);
    fclose(pFile);
}
```

本程序中，变量 szBuf 从键盘接收字符串，通过 atoi()、atof()函数进行类型转换后送到有关的结构体成员中。有些地方多余的 getchar()语句，用于冲抵行末的换行符，以便于其下面的 gets()语句正确读取。

程序运行结果：

```
enter number:11301
enter name:Zhang Ping
enter sex:F
enter age:19
enter score:496.5
have another student record(y/n)?y
enter number:11302
enter name:Wang Li
enter sex:F
enter age:20
enter score:483
have another student record(y/n)?n
```

【例 8-7】 编写一个 Load()函数，将保存在 stud.dat 中的学生信息读取到一个链表中。Load()函数返回链表的头指针。

```
/*源程序名:prog08_07.c;功能:将保存在 stud.dat 中的信息读取到一个链表中*/
#include <stdio.h>
#include <stdlib.h>
struct student
{
    int  iNum;
    char szName[20];
    char cSex;
    int  iAge;
    float fScore;
    struct student *pLink;
};
struct student *Load()
{
    struct student *pHead,*pNode,*pTail;
    FILE *pFile;
    if(NULL==(pFile=fopen("stud.dat","rb")))
```

```
    {
        printf("can't open file stud.dat\n");
        getchar();
        exit(1);
    }
    pHead=NULL;
    pNode=(struct student *)malloc(sizeof(struct student));
                                  /*为头结点申请空间*/
    while(1==fread(pNode,sizeof(struct student)-4,1,pFile))
                                  /*读取一位学生的信息,放到结点 pNode 中*/
    {
        pNode->pLink=NULL;
        if(pHead==NULL)           /*如果还没有头结点,就把刚读到的作为头结点*/
        {
            pHead=pNode;
            pTail=pHead;          /*pTail 总是指向链表的尾结点*/
        }
        else
        {
            pTail->pLink=pNode;   /*把结点 pNode 放到当前链表的末尾*/
            pTail=pTail->pLink;   /*pTail 指向尾结点*/
        }
        pNode=(struct student *)malloc(sizeof(struct student));
                                  /*申请新结点,准备下次读入数据*/
    }
    free(pNode);              /*若最后一次申请的结点没有读取到数据,则该结点撤销*/
    fclose(pFile);
    return(pHead);                /*返回新建链表的头指针*/
}
void main()
{
    Load();
}
```

**⊞ 注意:**

本例中,之前存放在文件 stud.dat 中的每个学生数据所占的宽度与链表中每个结点所占的宽度并不一致,后者比前者多一个 pLink 指针的宽度,即 4 字节。显然在从文件中读取一位学生的信息时应考虑这一因素,否则,从下一位学生开始数据就会错位。

### 8.4.4  格式化读/写函数

文件操作的格式化读/写函数 fscanf()、fprintf()与函数 scanf()、printf()的作用相仿,区别在于，fscanf()和 fprintf()函数的读写对象不是终端而是磁盘文件。其定义格式如下：

**int fscanf (FILE \*pFile,格式控制字符串,地址表列);**

**int fprintf(FILE \*pFile,格式控制字符串,输出表列);**

例如：

```
fprintf(pFile,"%d,%6.2f",iA,fB);
```

该语句的作用是将整型变量 iA 和实型变量 fB 的值按%d 和%6.2f 的格式输出到 pFile 指向的文件中。如果 iA=7，fB=8.9，则输出到磁盘文件上的是以下的字符串：

```
7,8.90
```

同样，用 fscanf()函数可以从磁盘文件上读入 ASCII 码字符：

```
fscanf(pFile,"%d,%f",&iA,&fB);
```

磁盘文件上如果有字符 7、8.90，则将磁盘文件中的数据 7 赋给变量 iA，8.90 赋给变量 fB。

用 fscanf()和 fprintf()函数对磁盘文件读/写，使用方便，容易理解，但在输入时要将 ASCII 码转换为二进制形式，在输出时又要将二进制形式转换成字符，花费时间比较多。因此，在内存与磁盘频繁交换数据的情况下，最好不使用 fprintf()和 fscanf()函数，而使用 fread 和 fwrite()函数。

# 8.5　文件的随机读/写操作

前面所介绍的对文件的读/写都是顺序读/写，即从文件的起始点开始，依次读取或写入数据。实际问题中有时要求读/写指定位置上的数据，即随机读/写，这就要用到文件的位置指针。文件的位置指针指出了文件下一步的读/写位置，每读写一次后，指针自动指向下一个新的位置。程序员可以通过文件位置指针移动函数的使用，实现文件的定位读/写，这些函数有重返文件头函数 rewind()、指针位置移动函数 fseek()、检测指针当前位置函数 ftell()。

## 8.5.1　重返文件头函数

rewind()函数的作用是使文件位置指针返回文件的起始点，此函数没有返回值。

【例 8-8】　已有一个磁盘文件，首先使它显示在屏幕上，然后把它复制到另一个文件中。

```
/*源程序名:prog08_08.c;功能:显示并复制磁盘文件*/
#include <stdio.h>
void main()
{
    FILE *pFileIn,*pFileOut;
```

```
    pFileIn=fopen("file1.c","r");
    pFileOut=fopen("file2.c","w");
    while(!feof (pFileIn)) putchar(getc(pFileIn));
    rewind(pFileIn);    /*使文件 file1.c 的位置指针复位*/
    while(!feof(pFileIn)) fputc(fgetc(pFileIn),pFileOut);
    fclose(pFileIn);fclose(pFileOut);
}
```

第一次显示在屏幕上以后，文件 file1.c 的位置指针已指到文件末尾，feof()函数的值为非 0（真）。执行 rewind()函数，使文件的位置指针重新定位于文件起始点，并使 feof()函数的值恢复为 0（假），然后进行文件复制。

### 8.5.2 指针位置移动函数

fseek()函数用来移动文件内部位置指针，以便于文件的随机读/写。所谓随机读/写是指读/写完上一个数据（字符或数据块）后，并不一定要读/写其后续的数据，而是可以读/写文件中任意位置的数据。fseek()函数的调用形式如下：

**int fseek(FILE *pFile,long lOffset,int iOrigin);**

说明：

1）pFile 为文件指针。

2）iOrigin 为起始点，设置从文件的起始位置开始偏移。起始点的名称及代码如表 8-2 所示。

表 8-2　起始点的名称及代码

| 起始点 | 名称 | 代码 |
| --- | --- | --- |
| 文件开始 | SEEK_SET | 0 |
| 文件当前位置 | SEEK_CUR | 1 |
| 文件末尾 | SEEK_END | 2 |

3）lOffset 为位移量，指以起始点为基点，向前（或向后）移动的字节数。位移量采用 long 型数据，以使当文件的长度大于 64 KB 时不至于出现问题。ANSI C 标准规定，在数字的末尾加一个字母 L 表示 long 型。若位移量为负数，则指针反向并向后移动。

例如，对随机文件 rbfile.dat 进行读/写时，起始点的描述如图 8-4 所示。

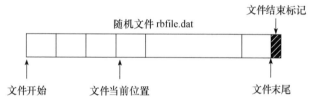

图 8-4　起始点的描述

fseek()函数一般用于二进制文件，因为文本文件要进行字符转换，所以计算位置时往往会发生混乱。下面是 fseek()函数调用的几个例子。

```
fseek(pFile,100L,0);        /*将位置指针从文件起始点向前移动 100 字节*/
fseek(pFile,50L,1);         /*将位置指针从当前位置向前移动 50 字节*/
fseek(pFile,-30L,1);        /*将位置指针从当前位置向后移动 30 字节*/
fseek(pFile,-10L,2);        /*将位置指针从文件末尾处向后退 10 字节*/
```

【例 8-9】 编程读出文件 stud.dat 中第三个学生的数据。

```
/*源程序名:prog08_09.c;功能:读出文件 stud.dat 中第三个学生的数据*/
#include <stdio.h>
#include <stdlib.h>
struct student
{
   int    iNum;
   char   szName[20];
   char   cSex;
   int    iAge;
   float  fScore;
};
void main()
{
   struct student stud;
   FILE *pFile;
   int i=2;                /*从文件起始点向后移动两个位置即可指向第三个学生的数据*/
   if(NULL==(pFile=fopen("stud.dat","rb")))
   {
      printf("can't open file stud.dat\n");
      exit(1);
   }
   fseek(pFile,i*sizeof(struct student),0);
   if(1==fread(&stud,sizeof(struct student),1,pFile))
       printf("%d,%s,%c,%d,%f\n",stud.iNum,stud.szName,stud.cSex,
               stud.iAge, stud.fScore);
   fclose(pFile);
}
```

【例 8-10】 编写一个程序，对文件 stud.dat 进行加密。加密方式是对文件中所有奇数字节的中间两个二进制位取反。

```
/*源程序名:prog08_10.c;功能:对文件进行加密*/
#include <stdio.h>
#include <stdlib.h>
void main()
```

```
{
    FILE *pFile;
    unsigned char cChar,cCode;
    if(NULL==(pFile=fopen("stud.dat","rb+")))
        exit(1);
    cCode=48;
    cChar=fgetc(pFile);
    while(!feof(pFile))
    {
        printf("%c ",cChar);
        cChar=cChar^cCode;
        fseek(pFile,-1L,1);              /*指针回移 1 字节*/
        fputc(cChar,pFile);              /*将加密后的结果写回*/
        fseek(pFile,1L,1);               /*跳过偶数字节*/
        cChar=fgetc(pFile);
    }
    fclose(pFile);
}
```

对中间两个二进制位取反的办法是将读出的数与二进制数 00011000（即十进制数 24）进行异或运算。异或后的结果写回原位置。

### 8.5.3　检测指针当前位置函数

ftell()函数的作用是得到流式文件中位置指针的当前位置,用相对于文件起始点的位移量来表示。文件中的位置指针经常移动,往往不容易辨清其当前位置,用 ftell()函数即可得到当前位置。如果调用 ftell()函数成功,则返回实际位移量（长整型）；否则,返回值为-1L,表示出错。ftell()函数的调用形式如下:

**long ftell( FILE \*pFile );**

例如:

```
int iPos=ftell(pFile);
if(-1L==iPos) printf("error!\n");
```

变量 iPos 用于存放当前位置,如果调用函数出错,则输出 "error!"。

### 8.5.4　文件操作出错检测函数

在调用各种输入/输出函数（如 fputc()、fgetc()、fread()、fwrite()等）时,如果出现错误,除了函数返回值有所反映外,还可以用 ferror()函数检查。它的一般调用形式如下:

**int ferror (File \*pFile);**

如果 ferror()返回值为 0,表示未出错；否则,表示出错。

**！注意：**

对同一个文件每一次调用输入/输出函数，均产生一个新的 ferror() 函数值，即在检测 ferror() 函数时，它反映的是最近一次函数调用的出错状态。

在执行 fopen() 函数时，自动将 ferror() 函数的初始值置为 0。

### 8.5.5 文件处理范例

#### 1. 文件复制

文件复制是从已存在的文件中读出信息，按照该文件将其写到另一个文件。两个文件名不能相同，其存储形式允许相同，也允许不同。这里只介绍一种 ASCII 码文件复制。将一个整型 ASCII 码文件 fileA.txt 复制到 ASCII 码文件 fileB.txt。

fileA.txt 内容如下：

```
10 11 12 13 14 15
20 21 22 23 24 25
```

**【例 8-11】**　将文件 fileA.txt 中的数据复制到文件 fileB.txt 中。

```
/*源程序名:prog08_11.c;功能:文件复制*/
#include <stdio.h>
#include <stdlib.h>
void FileCopy(char szFileSrc[20],char szFileDest[20]);/*复制文本文件*/
void FileDisplay(char szFile[20]);                    /*输出文件*/
void main()
{
  char szFileSrc[20],szFileDest[20];
  printf("输入被复制的文件名: ");
  gets(szFileSrc);
  FileDisplay(szFileSrc);
  printf("\n 输入复制的文件名:");
  gets(szFileDest);
  FileCopy(szFileSrc,szFileDest);
  FileDisplay(szFileDest);
  printf("\n");
}
void FileCopy(char szFileSrc[20],char szFileDest[20])/*复制文本文件*/
{
  FILE *pFileSrc,*pFileDest;char cChar;
  if(NULL==(pFileSrc=fopen(szFileSrc,"r")))      /*打开被复制的文件*/
  {
      printf("%s 不能打开!\n",szFileSrc);exit(1);
  }
```

```
    if(NULL==(pFileDest =fopen(szFileDest,"w")))    /*打开需复制到的文件*/
    {
        printf("%s 不能打开!\n",szFileDest);exit(1);
    }
    cChar=fgetc(pFileSrc);
    while(EOF!=cChar)
    {
        fputc(cChar,pFileDest);cChar=fgetc(pFileSrc);
    }
    fclose(pFileSrc);fclose(pFileDest);
}
void FileDisplay(char szFile[20])                   /*输出文件*/
{
    FILE *pFile;char cChar;
    if(NULL==(pFile=fopen(szFile,"r")))             /*打开被复制的文件*/
    {
        printf("%s 不能打开!\n",szFile);exit(1);
    }
    cChar=fgetc(pFile);
    while(EOF!=cChar)
    {
        putchar(cChar);cChar=fgetc(pFile);
    }
    fclose(pFile);
}
```

程序运行结果:

```
输入被复制的文件名:fileA.txt
10 11 12 13 14 15
20 21 22 23 24 25

输入复制的文件名:fileB.txt
10 11 12 13 14 15
20 21 22 23 24 25
```

2. 文件合并

文件合并是将两个有序的数据文件合并成一个有序的数据文件。文件合并算法的思路是，先从两个有序的数据文件 fileC.txt 和 fileD.txt 中读出两个数据，将值小的数据写到文件 fileE.txt，直到其中一个文件结束而终止；然后将未结束的文件继续复制到文件 fileE.txt，直到该文件结束而终止。文件合并如图 8-5 所示。

在 fileC.txt 和 fileD.txt 中，最后的整数 0 用于控制文件数据结束。当然，也可用文件结束标记来判断文件是否结束。

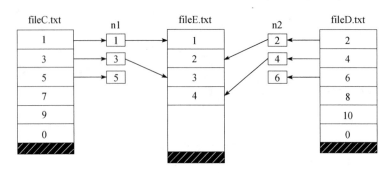

图 8-5　文件合并

【例 8-12】　将有序数据文件 fileC.txt 与 fileD.txt 合并到新文件 fileE.txt 中，要求合并后依然有序。

```c
/*源程序名:prog08_12.c;功能:文件合并*/
#include <stdio.h>
#include <stdlib.h>
void FileCombine(char szFile1[20],char szFile2[20],char szFile3[20]);
void FileDisplay(char szFile[20]);              /*输出文本文件*/
void main()
{
    char szFile1[20],szFile2[20],szFile3[20];
    printf("输入合并的文件名1:");
    gets(szFile1);
    FileDisplay(szFile1);
    printf("输入合并的文件名2:");
    gets(szFile2);
    FileDisplay(szFile2);
    printf("输入合并后的文件名:");
    gets(szFile3);
    FileCombine(szFile1,szFile2,szFile3);
    FileDisplay(szFile3);
}
void FileCombine(char szFile1[20],char szFile2[20],char szFile3[20])
/*文件合并*/
{
    FILE *pFile1,*pFile2,*pFile3;int iNum1,iNum2;
    if(NULL==(pFile1=fopen(szFile1,"r")))          /*打开合并的文件1*/
    {
        printf("%s 不能打开!\n",szFile1);  exit(1);
    }
```

```
    if(NULL==(pFile2=fopen(szFile2,"r")))             /*打开合并的文件2*/
    {
        printf("%s 不能打开!\n",szFile2);  exit(1);
    }
    if(NULL==(pFile3=fopen(szFile3,"w")))             /*打开合并后的文件*/
    {
        printf("%s 不能打开!\n",szFile3);  exit(1);
    }
    fscanf(pFile1,"%d",&iNum1);fscanf(pFile2,"%d",&iNum2);
    while(0!=iNum1&&0!=iNum2)
    {
        if(iNum1<iNum2)
        {
            fprintf(pFile3,"%3d",iNum1);fscanf(pFile1,"%d",&iNum1);
        }
        else if(iNum1==iNum2)
        {
            fprintf(pFile3,"%3d",iNum1);fscanf(pFile1,"%d",&iNum1);
            fprintf(pFile3,"%3d",iNum2);fscanf(pFile2,"%d",&iNum2);
        }
        else
        {
            fprintf(pFile3,"%3d",iNum2);fscanf(pFile2,"%d",&iNum2);
        }
    }
    while(0!=iNum1)                                    /*复制未结束文件*/
    {
        fprintf(pFile3,"%3d",iNum1);  fscanf(pFile1,"%d",&iNum1);
    }
    while(0!=iNum2)
    {
        fprintf(pFile3,"%3d",iNum2);  fscanf(pFile2,"%d",&iNum2);
    }
    fclose(pFile1);  fclose(pFile2);  fclose(pFile3);
}
void FileDisplay(char szFile[20])                     /*输出文本文件*/
{
    FILE *pFile;char cChar;
    if(NULL==(pFile=fopen(szFile,"r")))               /*打开被复制的文件*/
    {
        printf("%s 不能打开!\n",szFile);  exit(1);
```

```
    }
    cChar=fgetc(pFile);
    while(EOF!=cChar)
    {
        putchar(cChar);cChar=fgetc(pFile);
    }
    fclose(pFile);
    printf("\n");
}
```

程序运行结果：

```
输入合并的文件名1:fileC.txt
1 3 5 7 9 0

输入合并的文件名2:fileD.txt
2 4 6 8 10 0

输入合并后的文件名:fileE.txt
 1 2 3 4 5 6 7 8 9 10
```

3. 文件连接

文件连接是将一个文件连接到另一个文件的后面。

【例 8-13】 将文件 fileD.txt 连接到文件 fileC.txt 的后面，使其成为一个文件。

```
/*源程序名:prog08_13.c;功能:文件连接*/
#include <stdio.h>
#include <stdlib.h>
void FileCat(char szFile1[20],char szFile2[20]);/*文件连接*/
void FileDisplay(char szFile[20]);              /*输出文本文件*/
void main()
{
    char szFile1[20],szFile2[20];
    printf("输入连接的文件名1:");
    gets(szFile1);
    FileDisplay(szFile1);
    printf("输入连接的文件名2:");
    gets(szFile2);
    FileDisplay(szFile2);
    printf("输出连接后的文件:\n");
    FileCat(szFile1,szFile2);
    FileDisplay(szFile1);
}
void FileCat(char szFile1[20],char szFile2[20]) /*文件连接*/
{
    FILE *pFile1,*pFile2;int iNum;
    if(NULL==(pFile1=fopen(szFile1,"a")))           /*打开连接的文件1*/
```

```
        {
            printf("%s 不能打开!\n",szFile1);  exit(1);
        }
        if(NULL==(pFile2=fopen(szFile2,"r")))    /*打开连接的文件 2*/
        {
            printf("%s 不能打开!\n",szFile2);  exit(1);
        }
        while(!feof(pFile2))
        {
            fscanf(pFile2,"%d",&iNum);fprintf(pFile1,"%3d",iNum);
        }
        fclose(pFile1);  fclose(pFile2);
    }
    void FileDisplay(char szFile[20])                /*输出文本文件*/
    {
        FILE *pFile;char cChar;
        if(NULL==(pFile=fopen(szFile,"r")))          /*打开被复制的文件*/
        {
            printf("%s 不能打开!\n",szFile);
            exit(1);
        }
        cChar=fgetc(pFile);
        while (EOF!=cChar)
        {
            putchar(cChar);
            cChar=fgetc(pFile);
        }
        fclose(pFile);
        printf("\n");
    }
```

程序运行结果：

```
输入连接的文件名1:fileC.txt
1 3 5 7 9
输入连接的文件名2:fileD.txt
2 4 6 8 10
输出连接后的文件:
1 3 5 7 9  2  4  6  8 10
```

# 习　题　8

## 一、选择题

1. 系统的标准输入文件是指（　　　）。

　　A. 键盘　　　　　B. 显示器　　　　C. 软盘　　　　　D. 硬盘

2．若执行 fopen()函数时发生错误，则函数的返回值是（　　）。

    A．地址值　　　　　　B．0　　　　　　　C．1　　　　　　　D．EOF

3．若要用 fopen()函数打开一个新的二进制文件，该文件需既可以读也可以写，则文件方式字符串应是（　　）。

    A．"ab+"　　　　　B．"wb+"　　　　　C．"rb+"　　　　　D．"ab"

4．fscanf()函数的正确调用格式是（　　）。

    A．fscanf(fp,格式字符串,输出表列);

    B．fscanf(格式字符串,输出表列,fp);

    C．fscanf(格式字符串,文件指针,输出表列);

    D．fscanf(文件指针,格式字符串,输入表列);

5．fgetc()函数的作用是从指定文件读入一个字符，该文件的打开方式必须是（　　）。

    A．只写　　　　　　B．追加　　　　　C．读或读写　　　D．选项 B 和 C 都正确

6．函数调用语句 fseek(fp,-20L,2);的含义是（　　）。

    A．将文件位置指针移到距离文件起始点 20 字节处

    B．将文件位置指针从当前位置向后移动 20 字节

    C．将文件位置指针从文件末尾处后退 20 字节

    D．将文件位置指针移到距离当前位置 20 字节处

7．fseek()函数的正确调用格式是（　　）。

    A．fseek(文件类型指针,起始点,位移量);

    B．fseek(fp,位移量,起始点);

    C．fseek(位移量,起始点,fp);

    D．fseek(起始点,位移量,文件类型指针);

8．在执行 fopen()函数时，ferror()函数的初值是（　　）。

    A．true　　　　　　B．-1　　　　　　C．1　　　　　　　D．0

9．若 fp 是指向某文件的指针，且已读到此文件末尾，则库函数 feof(fp)的返回值是（　　）。

    A．EOF　　　　　　B．0　　　　　　　C．非零值　　　　D．NULL

10．若要打开 a 盘上 user 子目录下名为 abc.txt 的文本文件进行读、写操作，下面符合此要求的函数调用是（　　）。

    A．fopen("a:\user\abc.txt","r")　　　　　　B．fopen("a:\user\abc.txt","r+")

    C．fopen("a:\user\abc.txt","rb")　　　　　D．fopen("a:\user\abc.txt","w")

## 二、填空题

1．请在横线上填写恰当语句，使以下程序实现统计文件中字符个数。

```
#include "stdio.h"
main()
{  FILE *pFile; long lNum=0L;
```

```
if(NULL==(pFile=fopen("fname.dat","r")))
{  printf("Open error\n");  exit(0);}
    while(_____)
    {  fgetc(pFile);  lNum++;}
    printf("num=%ld\n",lNum-1);
    fclose(pFile);
}
```

2. 请在横线上填写恰当语句，使下面程序可把从终端读入的文本（用@作为文本结束标志）输出到一个名为 bi.dat 的新文件中。

```
#include "stdio.h"
FILE *pFile;
{  char cChar;
   if(NULL==(pFile=fopen(_____)))
      exit(0);
   while((cChar=getchar())!='@')  fputc(cChar,pFile);
   fclose(pFile);
}
```

# 第9章 位 运 算

前面介绍的各种运算都是以字节为基本存储单元来进行操作的，但在许多系统程序或控制程序（如设备驱动程序、磁盘文件管理程序等）中，常常要求在位（bit）一级进行运算处理。C语言为此提供了位运算功能，这使C语言具有了低级语言的功能，也能与汇编语言一样用来编写系统程序。

位运算是指对二进制位进行的运算，运算对象只能是整型或字符型数据，不能用于操作其他类型的数据，如实型数据。位运算的应用在某些方面有着特殊的作用和用途。例如，有些位运算可以作为关闭位的手段，屏蔽掉某些位，如奇偶校验位；有些位运算相反，可用来置位，直接对结果变量的每一位分别处理。移位运算可对外部设备（如D/A转换器）的输入和状态信息进行译码，通过移位运算还可实现整数的快速乘除运算。

## 9.1 位运算符与位运算

表 9-1 列出了 C 语言的位运算符，其中除按位取反运算符"~"为单目运算符外，其余位运算符都是双目运算符。

表 9-1 C 语言的位运算符

| 位运算符 | 含义 | 举例 |
| --- | --- | --- |
| ~ | 按位取反 | ~a，对变量 a 中全部二进制位取反 |
| << | 左移 | a<<2，a 中各位全部左移两位，右边补 0 |
| >> | 右移 | a>>2，a 中各位全部右移两位，左边补 0 |
| & | 按位与 | a & b，a 和 b 中各位按位进行与运算 |
| \| | 按位或 | a\|b，a 和 b 中各位按位进行或运算 |
| ^ | 按位异或 | a^b，a 和 b 中各位按位进行异或运算 |

### 9.1.1 按位取反运算符

按位取反运算符"~"是一个单目运算符，功能是对一个二进制数的每一位都取反，即 0 变为 1，1 变为 0。例如：

```
a=00011010        /*十六进制为 1a*/
~a=11100101       /*十六进制为 e5*/
```

【例 9-1】 求一个两位十六进制数按位取反后的结果。

```
/*源程序名:prog09_01.c;功能:按位取反运算*/
#include "stdio.h"
```

```
void main()
{
    unsigned char ucVal1,ucVal2;
    printf("请输入一个两位的十六进制数:");
    scanf("%x",&ucVal1);
    ucVal2=~ucVal1;               /*对 ucVal1 按位取反*/
    printf("%x 按位取反结果为:%x\n",ucVal1,ucVal2);
}
```

程序运行结果:

```
请输入一个两位的十六进制数:1a
1a 按位取反结果为:e5
```

例 9-1 中, 十六进制 1a 对应的二进制数为 00011010, 按位取反后结果为 11100101,
即 e5。程序中将变量定义为无符号字符型, 也可以定义为无符号整型, 此时可以对 32
位二进制位进行按位取反运算, 程序修改如下, 注意分析与 prog09_01.c 的区别。

```
#include "stdio.h"
void main()
{
    int iVal1,iVal2;
    printf("请输入一个八位的十六进制数:");
    scanf("%x",&iVal1);
    iVal2=~iVal1;
    printf("%x 按位取反结果为:%08x \n",iVal1,iVal2);
}
```

程序运行结果:

```
请输入一个八位的十六进制数:f0f0f0f0
f0f0f0f0 按位取反结果为: 0f0f0f0f
```

### 9.1.2 左移运算符

左移运算符 "<<" 的功能是将一个数的各二进制位全部向左平移若干位, 左面移出
的部分忽略, 右边空出的位置补零。例如:

```
a=00011010        /*十六进制为 1a*/
a<<2=01101000     /*十六进制为 68*/
```

一个整数每左移一位相当于乘以 2, 左移两位相当于乘以 4 (即 $2^2$), 依此类推。

【例 9-2】 求一个两位的十六进制数左移两位后的结果。

```
/*源程序名:prog09_02.c;功能:左移运算*/
#include "stdio.h"
void main()
```

```
{
    unsigned char ucVal1,ucVal2;
    printf("请输入一个两位的十六进制数:");
    scanf("%x",&ucVal1);
    ucVal2=ucVal1<<2;              /*将 ucVal1 左移两位*/
    printf("%x 左移 2 位结果为:%x\n",ucVal1,ucVal2);
}
```

程序运行结果：

```
请输入一个两位的十六进制数:1a
1a 左移2位结果为: 68
```

### 9.1.3 右移运算符

与左移相反，右移运算符 ">>" 的功能是将一个数的各二进制位全部向右平移若干位，右边移出的部分忽略，左边空出的位置对于无符号数补零；对于有符号数，若原符号位为 0，则补 0；若原符号位为 1，则全补 1，即右移后保持该数的正负符号不变。

例如，若变量 a 被定义成 unsigned char，即无符号型，则

```
a=10011010                  /*十六进制为 9a*/
a>>2=00100110               /*十六进制为 26*/
```

若变量 a 被定义成 char，即有符号型，则

```
a=10011010                  /*十六进制为 9a*/
a>>2=11100110               /*十六进制为 e6*/
```

同样，一个整数每右移一位相当于除以 2，右移两位相当于除以 4（即 $2^2$），依此类推。

【例 9-3】 求一个两位的十六进制数右移两位后的结果。

```
/*源程序名:prog09_03.c;功能:右移运算*/
#include "stdio.h"
void main()
{
    unsigned char ucVal1,ucVal2;
    printf("请输入一个两位的十六进制数:");
    scanf("%x",&ucVal1);
    ucVal2=ucVal1>>2;        /*将 ucVal1 右移两位*/
    printf("%x 右移 2 位结果为:%x\n",ucVal1,ucVal2);
}
```

程序运行结果：

```
请输入一个两位的十六进制数:9a
9a 右移2位结果为: 26
```

### 9.1.4 按位与运算符

运算符"&"将参与运算的两个操作数对应的各二进制位分别进行与运算,即两者都为 1 时,结果为 1,否则为 0。例如:

```
a=10111010                    /*十六进制为ba*/
b=01101110                    /*十六进制为6e*/
a&b=00101010                  /*十六进制为2a*/
```

可以发现,任何一位与 1 进行与运算时,结果都保持原值;与 0 进行与运算时,结果皆为 0。

如果参加与运算的是负数(如-3&-5),则以补码形式表示为二进制数,然后按位进行与运算。

按位与有如下特殊用途:

1)清零。如果将一个数的某些位清零,只要找一个二进制数,其中相应位为 0,然后使两者进行与运算,即可达到清零目的。

例如,原有数为 00101011,现使它低四位清零。另找一个数,设它为 10010000,低四位均为 0,然后将这两个数进行按位与运算,结果如下:

$$
\begin{array}{r}
00101011 \\
\&\quad \underline{10010000} \\
00000000
\end{array}
$$

其道理是显然的。也可以不用 10010000 而用其他数(如 01000000)。

2)保留一个数中指定位。如果保留一个数中某些指定位,只要找一个二进制数,其中相应位为 1,然后使两者进行与运算,即可达到目的。例如,有一个整数 a(2 字节),保留其中的低字节,只需将 a 与 $(377)_8$ 进行按位与运算即可。

【例 9-4】 将一个十进制数转换为二进制数。

**算法分析:** C 语言中 printf()函数提供的%x、%d、%o 格式符可将一个整数以十六进制、十进制或八进制的形式输出,但没有二进制输出格式。人工转换的方法是设置一个屏蔽字,其中只有一位是 1,其余各位均为 0,与被转换数进行与运算,根据运算结果判断被测试的那一位是 1 还是 0,其余二进制位的测试方法相同。一个整数占 4 字节,共有 32 个二进制位。

```
/*源程序名:prog09_04.c;功能:将一个十进制数转换为二进制数*/
#include <stdio.h>
void main()
{
    int i,iBit;
    unsigned int n,uiMask;
    uiMask=0x80000000;                /*最高位为1,其余位为0*/
    printf("enter your number: ");
```

```
    scanf("%d",&n);
    printf("binary of %d is:",n);
    for(i=0;i<32;i++)
    {
        iBit=(uiMask & n)?1:0;
        printf("%1d",iBit);
        uiMask=uiMask>>1;                /*右移一位,得到下一个屏蔽字*/
    }
    printf("\n");
}
```

程序运行结果：

```
enter your number:8
binary of 8 is:00000000000000000000000000001000
```

【例 9-5】　编写 C 语言程序，将正整型数组中所有元素转换为不大于它的最大偶数，并显示输出。

**算法分析：**为了将一个正整数转换为不大于它的最大偶数，只需将该正整数所对应的二进制数的最低位清零即可，即用 0xfffffffe 与该正整数做按位与运算。

```
/*源程序名:prog09_05.c;功能:将正整型数组中所有元素转换为不大于它的最大偶数*/
#include "stdio.h"
void main()
{
    int i,iA[10]={33,24,14,31,44,35,65,77,52,68};
    for(i=0;i<10;i++)
        printf("%5d",iA[i]);
    printf("\n");
    for(i=0;i<10;i++)
        iA[i]&=0xfffffffe;          /*将正整数转换为不大于它的最大偶数*/
    for(i=0;i<10;i++)
        printf("%5d",iA[i]);
    printf("\n");
}
```

程序运行结果：

```
33   24   14   31   44   35   65   77   52   68
32   24   14   30   44   34   64   76   52   68
```

## 9.1.5　按位或运算符

运算符"|"将参与运算的两个操作数对应的二进制位分别进行或运算，参与或运算的两位中只要有一个为 1，则结果就为 1；两者都为 0 时，结果才为 0。例如：

```
a=10011010              /*十六进制为9a*/
b=01010110              /*十六进制为56*/
a|b=11011110            /*十六进制为de*/
```

可以发现，任何一位与 0 进行或运算时，其结果就等于该位。

按位或有如下特殊用途：

1）将一个数中某些指定位置 1。如果将一个数的某些位置 1，只要找一个二进制数，其中相应位为 1，然后使两者进行按位或运算，即可达到目的。

2）保留一个数中某些指定位。如果保留一个数中某些指定位，只要找一个二进制数，其中相应位为 0，然后使两者进行按位或运算，即可达到目的。

【例 9-6】 编写 C 语言程序，将正整型数组中所有元素转换为不小于它的最小奇数，并显示输出。

**算法分析**：为了将一个正整数转换为不小于它的最小奇数，只需将该正整数所对应的二进制数的最低位置 1 即可，即用 0x00000001 与该正整数做按位或运算。

```
/*源程序名:prog09_06.c;功能:将正整型数组中所有元素转换为不小于它的最小奇数*/
#include "stdio.h"
void main()
{
  int i,iA[10]={33,24,14,31,44,35,65,77,52,68};
  for(i=0; i<10; i++)
    printf("%5d", iA[i]);
  printf("\n");
  for(i=0;i<10;i++)
    iA[i]|=0x00000001;      /*将正整数转换为不小于它的最小奇数*/
  for(i=0;i<10;i++)
    printf("%5d",iA[i]);
  printf("\n");
}
```

程序运行结果：

```
33   24   14   31   44   35   65   77   52   68
33   25   15   31   45   35   65   77   53   69
```

### 9.1.6 按位异或运算符

按位异或运算符"^"的作用是判断两个数的相应位的值是否相异（不同）。若为异，则结果为 1；否则为 0。

例如：

```
a=10011010              /*十六进制为9a*/
b=01010110              /*十六进制为56*/
a^b=11001100            /*十六进制为cc*/
```

可以发现，任何一位与 1 进行异或运算时，其结果是将该位取反，即由 1 变成 0，或由 0 变成 1。

按位异或运算符有如下特殊用途：

1）使特定位反转。假设有 01111010，想使其低四位反转，即 1 变为 0，0 变为 1。可以将它与 00001111 进行按位异或运算，即

$$
\begin{array}{r}
01111010 \\
\underline{\wedge \quad 00001111} \\
01110101
\end{array}
$$

结果值的低四位正好是原数低四位的反转。要使某数的哪几位反转就将与其进行按位异或运算的另一数对应的位置为 1 即可。这是因为原数中值为 1 的位与 1 进行按位异或运算得 0，原数中的值为 0 的位与 1 进行按位异或运算的结果得 1。

2）与 0 按位异或，保留原值。例如，012^00=012，其按位异或运算如下：

$$
\begin{array}{r}
00001010 \\
\underline{\wedge \quad 00000000} \\
00001010
\end{array}
$$

因为原数中的 1 与 0 进行按位异或运算得 1，0 与 0 进行按位异或运算得 0，故保留原数。

3）交换两个值，不用临时变量。要想将变量 a 和 b 的值互换，可以用以下赋值语句实现：

```
int a=3,b=4;
a=a^b;
b=b^a;
a=a^b;
```

# 9.2   位   段

为了使计算机正确、安全和可靠地运行，以及节省存储空间，往往需要设置一些标志来标记计算机的运行状态。例如，在编译过程中，要为程序中的每个符号建立符号表，使用标志来标记符号的不同类型和属性。以上这些标志往往只占 1 字节中的一个或几个二进制位，如果用 1 字节来存储一个标志，显然是浪费空间。因此，常常在 1 字节中放多个信息，从而节省了大量的存储空间。C 语言允许在一个结构体中以位为单位来指定其成员所占内存长度，这种以位为单位的成员称为位段或位域（bit field）。利用位段能够用较少的位数存储数据。

## 9.2.1   位段结构体的说明

位段结构体说明的一般形式如下：

**struct** 位段结构体名

```
    {
        unsigned int [位段名 1]:k1;
        unsigned int [位段名 2]:k2;
        ……
        unsigned int [位段名 n]:kn;
    };
```

其中，k1，k2，…，kn 一般是 0～9 中的一个数，表示某位段成员所占的二进制位数（位段的宽度）。例如：

```
    struct packed-data
    {
        unsigned a:2;
        unsigned b:6;
        unsigned c:4;
        unsigned d:4;
        short i;
    }data;
```

其中，a、b、c、d 分别占 2 位、6 位、4 位、4 位，共占 2 字节；i 为短整型成员，占 2 字节，因此变量 data 共占 4 字节。

也有可能各个位段所占位数不一定恰好占满一个或几个字节。例如：

```
    struct packed_data
    {
        unsigned a:2;
        unsigned b:3;
        unsigned c:4;
        short i;
    };
    struct packed_data data;
```

其中，a、b、c 共占 9 位，占 1 字节多，不到 2 字节，后面为 short 型成员 i，占 2 字节。这样，在 a、b、c 之后 7 位空间闲置不用，i 从另一字节开头起进行存放。

位段成员的类型只能是 unsigned int，在每个字段说明的最后需要给出该字段的二进制位数，任意字段的位数不能超过一个字的长度（一个 int 类型变量所占存储空间）。

### 9.2.2 位段的引用

对位段的引用方法与引用结构体变量中的成员完全相同。可用位段结构体变量和成员访问运算符来引用位段。例如：

```
    data.a=10;data.c=2;
```

**!** 注意：

对位段赋值时，应不超过每一个位段能存储的最大值（由位段的宽度决定），否则会溢出。

也可以先用指针变量指向一个成员为位段的结构体变量，然后通过该指针变量来引用位段。例如：

```
struct packed_data x,*p;
p=&x;    /*使p指向x*/
p->a=10;  p->c=2;
```

## 9.3　程序设计举例

【例 9-7】　按位异或运算可用来实现交换两个变量的值（不需要中间变量）。

```
/*源程序名:prog09_07.c;功能:交换两个变量的值*/
#include <stdio.h>
void main()
{
   int iA,iB;
   iA=10;
   iB=20;
   printf("iA=%d\t iB=%d\n",iA,iB);
   iA=iA^iB;
   iB=iB^iA;
   iA=iA^iB;
   printf("iA=%d\tiB=%d\n",iA,iB);
}
```

程序运行结果：

```
iA=10    iB=20
iA=20    iB=10
```

【例 9-8】　机器中有一个机器字称为处理机状态字，它由若干字段组成，反映处理机运行的状态。假设第 5～7 位是处理机的优先级，有时需要改变优先级，就必须取出第 5～7 位。设计一个程序取出处理机状态字的优先级。

**算法分析**：假设机器字为八进制 0170360，其对应二进制格式如下：

| 15 | | | | | | | | 7 | | 5 | | | | 1 | 0 |
|---|---|---|---|---|---|---|---|---|---|---|---|---|---|---|---|
| 1 | 1 | 1 | 1 | 0 | 0 | 0 | 0 | 1 | 1 | 1 | 1 | 0 | 0 | 0 | 0 |

要取出 0170360 的第 5～7 位，首先将 uiPs 右移 iP-n+1 位，结果如下：

| | | | | | | | | | | | | | | | |
|---|---|---|---|---|---|---|---|---|---|---|---|---|---|---|---|
| 1 | 1 | 1 | 1 | 1 | 1 | 1 | 1 | 1 | 1 | 0 | 0 | 0 | 0 | 1 | 1 |

然后将移位后的结果与0000000000000111进行与运算，即得到所求结果如下。

| 0 | 0 | 0 | 0 | 0 | 0 | 0 | 0 | 0 | 0 | 0 | 0 | 0 | 1 | 1 | 1 |
|---|---|---|---|---|---|---|---|---|---|---|---|---|---|---|---|

```
/*源程序名:prog09_08.c;功能:取出处理机状态字的优先级*/
#include <stdio.h>
void main()
{
    unsigned int uiPs=0170360;
    int iP,n,iT;
    iP=7;                    /*开始位置*/
    n=3;                     /*位数*/
    uiPs=uiPs>>(ip-n+1);     /*将 uiPs 的 5~7 位右移到 0~2 位*/
    iT=~(~0<<n);             /*将 3~15 位置为 0,0~2 位置为 1*/
    uiPs=uiPs&iT;            /*取出需要的位*/
    printf("uiPs=%o\n",uiPs);
}
```

程序运行结果：

```
uiPs=7
```

# 习　题　9

## 一、选择题

1．在位运算中，操作数每左移一位，其结果相当于（　　）。
   A．操作数乘以 2　　　　　　　　B．操作数除以 2
   C．操作数除以 4　　　　　　　　D．操作数乘以 4

2．若有运算符<<、sizeof、^、&=，则它们按优先级由高至低的正确排列次序是
（　　）。
   A．sizeof、&=、<<、^　　　　　B．sizeof、<<、^、&=
   C．^、<<、sizeof、&=　　　　　D．<<、^、&=、sizeof

3．在 C 语言中，要求运算数必须是整型或字符型的运算符是（　　）。
   A．&&　　　　　B．&　　　　　C．!　　　　　D．||

4．以下叙述中不正确的是（　　）。
   A．表达式 a&=b 等价于 a=a&b　　B．表达式 a/=b 等价于 a=a/b
   C．表达式 a!=b 等价于 a=a!b　　D．表达式 a^=b 等价于 a=a^b

## 二、填空题

1. 在 C 语言中，"&" 运算符作为单目运算符时，表示的是_____运算；作为双目运算符时，表示的是_____运算。

2. 与表达式 a&=b 等价的另一种书写形式是_____。

3. 与表达式 x^=y-2 等价的另一种书写形式是_____。

4. 若 x=2，y=3，则 x&y 的结果是_____。

5. 设 a，b 为整型量，且 a=7，b=8，则表达式 a=a|b<<2 &&~b 的值为_____。

6. 设二进制数 a 是 00101101，若想通过异或运算 a^b 使 a 的高四位取反，低四位不变，则二进制数 b 应是_____。

## 三、阅读程序，写出程序的运行结果

1. 写出下面程序段的运行结果。

```
unsigned a=0356,b;
b=~a|a<<2+1;
printf("%x\n",b);
```

2. 写出下面程序段的运行结果。

```
int a=1,b=2;
if(a&b) printf("* * *\n");
else printf("$ $ $\n");
```

3. 写出下面程序的运行结果。

```
#include "stdio.h"
void main()
{
    char x=040;
    printf("%d\n",x=x<<1);
}
```

4. 写出下面程序的运行结果。

```
#include "stdio.h"
void main()
{
    unsigned a,b,c,d;
    printf("\ninput a octal number(a):");
    scanf("%o",&a);          /*输入一个八进制数 331*/
    b=(a>>4);                /*将变量 a 右移四位*/
    c=~(~0<<4);              /*设置一个低四位全为 1,其余全为 0 的数*/
```

```
    d=b&c;
    printf("uVal1=%o\n%o\n",a,d);
}
```

5. 写出下面程序的运行结果。

```
#include "stdio.h"
void main()
{
    int i;
    unsigned int v;
    v=~0;                           /*将 int 型单元各二进制位置为 1*/
    for(i=1;(v=v>>1)>0;i++);        /*计算 int 单元中的位数*/
    printf("\nThe length of INT is:%d",( i ));
}
```

## 四、编程题

1. 取一个整数 a 从右端开始的 4～7 位。
2. 输出一个整数中由 8～11 位构成的数。
3. 从键盘输入一个正整数赋给 int 变量 num，然后按二进制位输出该数。

# 第 10 章　综合应用案例

通过前面各章节的学习，读者应该对 C 语言的基础知识有了较详细的了解。例如，C 语言的数据类型提供的数据存储、表示及运算的方法；除基本的数据类型外，用户还可以自己构造类型；通过 C 语言的控制语句可以实现程序的流程控制；利用函数可以进行模块化程序设计；通过文件可以解决数据的永久存储问题等。这些知识是进行 C 语言程序设计的基础。在此基础上，本章主要介绍一个类似于手机电话本功能的电话本软件开发项目，该电话本软件要求结构严谨、功能齐全、简单易用。通过该案例的介绍旨在使读者进一步巩固、理解和运用所学知识，从工程应用的角度了解利用 C 语言进行软件开发的方法与过程，从而达到综合实训、培养和提高程序设计能力的目的。

## 10.1　系统设计要求

本系统以手机提供的电话本功能为蓝本，要求操作简单、主要功能完备、运行稳定、架构合理。在进行具体的程序设计之前，应先对本系统进行功能需求分析，在此基础上进行总体设计和详细设计。

电话本软件的实现可以采用多种语言开发，为了加强对 C 语言知识的理解和运用，本系统采用 C 语言开发，同时采用 Visual C++ 6.0 作为开发工具。由于 Visual C++ 6.0 采用 Windows API 提供的函数作图，厂家没有提供在控制台模式下的绘图扩充函数库，因此系统采用字符界面。

对于该系统所要实现的功能，可以从以下几个方面来分析：

（1）存储联系人信息

联系人的资料以文件的方式存储在磁盘上。系统启动时，联系人的资料被恢复到内存中；联系人的资料发生改变时，要及时同步到磁盘文件中。

（2）增加联系人

该系统可以增加新的联系人。该联系人资料插入后，内存中的联系人资料依然保持有序，同时联系人的资料应及时同步到磁盘文件中。

（3）显示联系人

该系统可以随时显示电话本中所有联系人的详细资料，若没有可显示的记录，则给出相应的提示信息。

（4）删除联系人

该系统可以一次删除一个或全部联系人，在删除之前要给出确认信息，同时要及时同步到磁盘文件中。

（5）修改联系人

该系统可以随时修改某一个联系人的信息，在保存之前要先进行确认，联系人信息修改后在内存中要重新排序，修改后的信息要及时同步到磁盘文件中。

（6）查询联系人

该系统可以按姓名对联系人进行查询，如果没有找到要给出相应提示，否则显示该联系人信息。对查询到的联系人可以选择删除或修改操作。

（7）提供帮助信息

该系统可提供在线帮助文档供用户使用。

## 10.2　系统设计及函数实现

### 10.2.1　系统设计

根据 10.1 节中提出的设计要求，该系统的模块组成及模块之间的关系如图 10-1 所示。

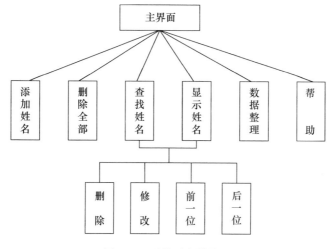

图 10-1　系统功能模块图

通过对电话本系统的特点进行分析可以发现，联系人的数量是动态变化的。如果采用数组来存放，添加和删除记录时系统开销大，而 7.5 节中介绍的链表可以很好地解决上述问题。因此，在内存中采用链表来存储数据。为了在链表中灵活地访问其前驱结点和后继结点，采用更为灵活的双链表，其结构如图 10-2 所示。

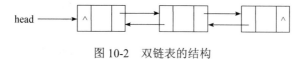

图 10-2　双链表的结构

联系人的资料在外部设备上有多种存储方式，其中采用数据库技术或 XML 文件方式最佳。就目前介绍的知识而言，可以文件的方式管理。根据电话本的特点，联系人的信息变化频繁，为了系统的健壮性，所更改的信息要同步到外部文件中。如果采用顺序文件的方式存储资料，某个联系人的资料改变，就有可能需调整文件中的大部分数据，系统开销大。采用随机文件的方式则可以直接改变某个联系人在文件中的信息，性能较好。该系统选用随机文件方式管理外部数据。

### 10.2.2 数据结构

只有采用合理的数据结构才能设计出好的算法，根据前面提到的设计思想，该系统采用了如下三种数据结构：

```
typedef struct
{
  char szName[9];
  char szMobilePhone[12];    /*手机*/
  char szHome[13];           /*住宅电话*/
  char szOffice[13];         /*办公电话*/
  char szEmail[20];          /*电子邮箱*/
  char szUnit[30];           /*单位*/
  char szWebSite[30];        /*个人主页*/
  char szAddress[50];        /*家庭住址*/
}Person;
```

Person 结构体用于存储联系人的资料。

```
typedef struct LinkNode
{
  Person data;               /*联系人*/
  int iPos;
  struct LinkNode *prev,*next;
}PersonNode;
```

联系人数据在内存中采用链表存储，PersonNode 结构体代表链表中的一个结点。其中，iPos 成员存储记录在磁盘文件中的位置，需要修改或删除联系人资料时，通过该值可以定位到文件中的相应记录。成员 prev 和 next 分别为指向前驱结点和后继结点的指针。

```
typedef struct
{
  int iCount;
  int iRubbishCnt;
}PadStatus;
```

PadStatus 结构体用于存储文件中记录的状态。iCount 成员表示文件中联系人总数，iRubbishCnt 成员记录文件中空闲区域可以存放的记录数，其具体用途在函数设计中会详细介绍。

该系统同时提供了两个全局变量和两个宏，分别如下：

```
PersonNode *g_pHead;              /*链表头指针*/
```

```
PadStatus g_status;              /*文件保存记录的信息*/
#define NODESIZE sizeof(PersonNode) /*结点的大小*/
#define PERSONSIZE sizeof(Person)     /*联系人结构体的大小*/
```

### 10.2.3　函数设计

模块化程序设计方法的核心就是根据系统所提供的功能把系统划分成多个模块，每个模块再用一个或多个函数来实现。因此，函数的规划至关重要，它直接影响到系统架构的合理性和设计思路是否清晰。根据前面的设计思路，该系统设计的函数可以分为以下四类：

1）链表处理函数：联系人在内存中以链表方式存储，该类函数实现在链表中插入结点、删除结点、查找结点等功能。

2）文件处理函数：联系人在外存中以文件方式存储，该类函数实现在文件中插入记录、删除记录、修改记录、压缩文件等功能。

3）辅助函数：一些工具类的函数，供其他函数调用。

4）主功能函数：完成本系统提供的七大功能，是通过调用其他三类函数实现的。

下面对部分核心函数进行介绍。

**1. 在链表中插入结点的函数**

**调用格式：void InsertNode(PersonNode \*pNew)**

说明：把一个结点插入以联系人姓名排序的链表中，插入后依然有序。参数 pNew 为指向一个新结点的指针。这是一个典型的在双链表中插入结点的算法。该函数首先判断插入的结点是否为头结点，如果是则需要修改头指针；否则，通过循环结构找到插入位置，并判断是否作为尾结点。中间结点和尾结点的插入算法是不同的。

具体函数实现如下：

```
void InsertNode(PersonNode *pNew)
{   /*作为头结点*/
    if(NULL==g_pHead||strcmp(g_pHead->data.szName,pNew->data.szName)>0)
    {
        if(NULL==g_pHead)             /*空链表*/
            pNew->next=NULL;
        else
        {
            pNew->next=g_pHead;
            g_pHead->prev=pNew;
        }
        g_pHead=pNew;
        pNew->prev=NULL;
    }
```

```
      else                        /*非头结点*/
      {
          PersonNode *pNode=g_pHead;
          while(NULL!=pNode->next)    /*寻找插入点*/
          {
              pNode=pNode->next;
              if(strcmp(pNode->data.szName,pNew->data.szName)>=0)
                  break;
          }
          if(NULL==pNode->next)         /*添加到链表尾部*/
          {
              pNew->prev=pNode;
              pNew->next=NULL;
              pNode->next=pNew;
          }
          else
          {
              pNode->prev->next=pNew;
              pNew->next=pNode;
              pNew->prev=pNode->prev;
              pNode->prev=pNew;
          }
      }
  }
```

**2. 从链表中删除结点的函数**

**调用格式：void DeleteNode(PersonNode \*pNode，int iDel)**

说明：该函数的功能是使指针 pNode 指向的结点脱离链表，指针 pNode 为空，则删除链表中的所有结点。如果参数 iDel 的值为 1，则需利用 free()函数把脱离的结点删除。该函数首先通过指针 pNode 判断是否要删除所有结点，若是，则利用循环遍历整个链表以删除所有结点；若不是，则还需要判断要删除的结点是头结点、尾结点还是链表中间的结点，其删除算法是不同的。

具体函数实现如下：

```
void DeleteNode(PersonNode *pNode,int iDel)
{
    if(NULL==pNode)                    /*删除所有结点*/
    {
        while(NULL!=g_pHead)
        {
```

```
        pNode=g_pHead->next;
        free(g_pHead);
        g_pHead=pNode;
      }
    }
    else if(NULL==pNode->prev)          /*头结点*/
    {
      g_pHead=pNode->next;
      if(pNode->next)
        pNode->next->prev=NULL;
      if(iDel)
        free(pNode);
    }
    else
    {
      pNode->prev->next=pNode->next;
      if(NULL!=pNode->next)             /*非尾结点*/
        pNode->next->prev=pNode->prev;
      if(iDel)
        free(pNode);
    }
  }
```

### 3. 在链表中查找结点的函数

调用格式：**PersonNode \*SearchNode(char \*szName,int \*pID)**

说明：参数 szName 为联系人的姓名，pID 用于返回该结点在链表中的位置，如果找到满足条件的结点，则返回该结点的指针；否则，返回空指针。此时比较姓名应采用_strncoll()函数，该函数可比较两个字符串的前 n 个字符是否相同，这是该算法设计的关键。

具体函数实现如下：

```
PersonNode *SearchNode(char *szName,int *pID)
{
  int iRes;
  PersonNode *pNode=g_pHead;
  *pID=1;
  while(NULL!=pNode)
  {
    if(0==(iRes=_strncoll(szName,pNode->data.szName,strlen(szName))))
      break;
```

```
        (*pID)++;
        pNode=pNode->next;
    }
    if(iRes>0)       /*未找到*/
        pNode=NULL;
    return pNode;
}
```

### 4. 在文件中增加联系人的函数

**调用格式：int InsertFileRecord(FILE *pFile,PersonNode *pNew)**

说明：为了对文件中的记录进行随机存取，采用二进制的随机文件保存联系人的资料。每个联系人在文件中所占空间相同。在文件的头部存放 PadStatus 结构体的数据，其中 iCount 成员存放记录数。C 语言中，文件在不重建的情况下其大小只能增加，删除一条记录后，文件中就多出存放一条记录的空间。因此，利用 iRubbishCnt 成员来存放文件空闲的区域可以存放的记录数，在文件压缩时会用到该值。

文件中记录的存储方式如图 10-3 所示。在该图中，iCount 的值为 4，显示存放了四条记录；iRubbishCnt 的值为 2，显示空闲的区域可以存放两条记录。计算新记录存放位置的公式为 PERSONSIZE*(g_status.iCount)+sizeof(PadStatus)。记录插入后还要同时更新文件头部 PadStatus 结构体的数据。在所有涉及文件操作的函数中，如果文件的数据被修改，在函数关闭之前，都要调用 fflush() 函数及时将数据更新到文件中，以免程序出现异常导致文件的数据没有被更新。

| 4 | 2 | 记录1 | 记录2 | 记录3 | 记录4 | 空闲1 | 空闲2 | |

图 10-3　文件中记录的存储方式

具体函数实现如下：

```
int InsertFileRecord(FILE *pFile,PersonNode *pNew)
{
    fseek(pFile,PERSONSIZE*(g_status.iCount)+sizeof(PadStatus),SEEK_SET);
    if(1!=fwrite(pNew,PERSONSIZE,1,pFile))
    {
        printf("保存失败!\n");
        return 0;
    }
    g_status.iCount++;
    pNew->iPos=g_status.iCount;              /*把新的联系人添加到文件的尾部*/
    fseek(pFile,0,SEEK_SET);
    if(1!=fwrite(&g_status,sizeof(PadStatus),1,pFile))
```

```
    {
      printf("保存失败!");
      g_status.iCount--;
      return 0;
    }
    fflush(pFile);
    if(g_status.iRubbishCnt>0)
      g_status.iRubbishCnt--;
    return 1;
  }
```

5. 在文件中删除联系人的函数

**调用格式：int DeleteFileRecord(FILE *pFile,int iPos)**

说明：文件中的记录没有按联系人姓名排序。当删除联系人数据时，参数 iPos 指出
了记录在文件中的序号，从 1 开始。如果为 0，表示删除所有记录。删除全部记录的
算法相对简单一些，只需要把文件以写文件 "wb" 的打开方式重新打开一次，即可删除
原有文件，新建一个空文件。如果删除的记录不是最后一条（判断条件为 iPos!=
g_status.iCount），则用最后一条记录覆盖删除的记录，以保证文件中的记录从文件的起
始点依次存放，而空闲的区域集中到文件的尾部。在操作过程中要更新 g_status 变量的值。

具体函数实现如下：

```
  int DeleteFileRecord(FILE *pFile,int iPos)
  {
    if(0==iPos)                            /*删除全部数据*/
    {
      g_status.iRubbishCnt=0;
      g_status.iCount=0;
      if(NULL==(pFile=freopen("Data.txt","wb",pFile)))
      {
        printf("\n\t 文件打开失败\n");
        return 0;
      }
      return 1;
    }
    if(g_status.iCount!=iPos)              /*联系人不在文件的尾部*/
    {
      PersonNode *pNode=g_pHead;
      while(pNode->iPos!=g_status.iCount)/*寻找文件中最后一个联系人结点*/
        pNode=pNode->next;              /*用文件中最后一条记录覆盖删除的记录*/
      fseek(pFile,sizeof(PadStatus)+(iPos-1)*PERSONSIZE,SEEK_SET);
```

```
      if(1!=fwrite(pNode,PERSONSIZE,1,pFile))
      {
         printf("写文件失败!");
         return 0;
      }
      pNode->iPos=iPos;                /*设置该结点代表的联系人在文件中的位置*/
   }
   fseek(pFile,0,SEEK_SET);
   g_status.iRubbishCnt++;
   g_status.iCount--;
   fwrite(&g_status,sizeof(PadStatus),1,pFile);
   fflush(pFile);
   return 1;
}
```

### 6. 修改文件中联系人数据的函数

**调用格式：int ModifyFileRecord(FILE *pFile,PersonNode *pNode)**

说明：指针参数 pNode 指向要修改的联系人结点，通过结点的 iPos 成员可计算出联系人在文件中的位置，调用写数据块的函数 fwrite()进行修改。

具体函数实现如下：

```
int ModifyFileRecord(FILE *pFile,PersonNode *pNode)
{
   fseek(pFile,sizeof(PadStatus)+PERSONSIZE*( pNode->iPos-1),SEEK_SET);
   if(1!=fwrite(pNode,PERSONSIZE,1,pFile))
   {
      printf("保存失败!");
      return 0;
   }
   fflush(pFile);
   return 1;
}
```

### 7. 文件压缩的函数

**调用格式：void CompressFile(FILE *pFile)**

说明：记录删除后会在文件中留下闲置的空间。标准 C 语言中没有提供设置文件结束符的函数，Windows API 提供的 SetEndOfFile()函数可以达到此目的。在 C 语言中的处理方法是重新以"wb"方式打开该文件，使其替换为空文件，然后把链表中所有联系人的数据重新写到新的文件中。

具体函数实现如下：

```
int CompressFile(FILE *pFile)
{
   PersonNode *pNode=g_pHead;
   if(NULL==(pFile=freopen("Data.txt","wb",pFile)))
   {
      printf("\n\t 文件打开失败\n");
      return 0;
   }
   g_status.iRubbishCnt=0;
   /*更新文件头部数据*/
   if(1!=fwrite(&g_status,sizeof(PadStatus),1,pFile))
   {
      printf("\n 保存失败!\n");
      return 0;
   }
   while(NULL!=pNode)
   {
      fwrite(pNode,PERSONSIZE,1,pFile);
      pNode=pNode->next;
   }
   fflush(pFile);
   return 1;
}
```

8. 把文件中的记录恢复到内存链表中的函数

**调用格式：int Initial(FILE *pFile)**

说明：程序启动时需要把数据从文件中读出并恢复到内存链表中。先从文件的头部获取记录数量 g_status，然后利用循环结构从文件中依次读取记录，把数据写入在堆中分配的结点，最后利用 InsertNode()函数把结点插入链表，一个有序的链表即可形成。

具体函数实现如下：

```
int Initial(FILE *pFile)
{
   int iSize;
   int iRead;
   PersonNode*pNode;
   iSize=fread(&g_status,sizeof(PadStatus),1,pFile); /*获取记录数量*/
   if(iSize<1||0==g_status.iCount)                    /*没有记录*/
      return 1;
```

```
for(iRead=1;iRead<=g_status.iCount;iRead++)
{
    if(NULL==(pNode=(PersonNode *)malloc(NODESIZE)))
    {
        printf("内存分配为失败!");
        return 0;
    }
    if(1==fread(pNode,PERSONSIZE,1,pFile))
    {
        InsertNode(pNode);
        pNode->iPos=iRead;
    }
    else
    {
        ShowMsg("读取记录失败,按 Enter 键返回!");
        free(pNode);
        break;
    }
}
return 1;
}
```

### 9. 添加联系人的函数

调用格式：**int InsertPerson(FILE *pFile)**

说明：该函数用于在电话本中增加一个联系人。先在堆中分配一个结点，利用输入界面把联系人的资料填入结点。如果用户选择保存该结点，则分别调用 InsertFileRecord() 和 InsertNode()函数将联系人的资料写入文件并添加到链表中。此时，用户输入的数据长度可能超过结点中相应字段的大小，需要手工截断字符串。

具体函数实现如下：

```
int InsertPerson(FILE *pFile)
{
    PersonNode *pNew;
    char cSave;
    if(NULL==(pNew=(PersonNode *)malloc(NODESIZE)))
    {
        printf("内存分配失败!");
        return 0;
    }
    printf("\n\t 姓名:");
    scanf("%8s",pNew->data.szName);
```

```
    printf("\t 手机:");
    fflush(stdin);
    gets(pNew->data.szMobilePhone);
    pNew->data.szMobilePhone[11]='\0';        /*保证字符串长度不大于 11*/
    printf("\t 住宅电话:");
    fflush(stdin);
    gets(pNew->data.szHome);
    pNew->data.szHome[12]='\0';
    printf("\t 办公电话:");
    fflush(stdin);
    gets(pNew->data.szOffice);
    pNew->data.szOffice[12]='\0';
    printf("\te_mail:");
    fflush(stdin);
    gets(pNew->data.szEmail);
    pNew->data.szEmail[19]='\0';
    printf("\t 个人主页:");
    fflush(stdin);
    gets(pNew->data.szWebSite);
    pNew->data.szWebSite[20]='\0';
    printf("\t 单位:");
    fflush(stdin);
    gets(pNew->data.szUnit);
    pNew->data.szUnit[29]='\0';
    printf("\t 家庭住址:");
    fflush(stdin);
    gets(pNew->data.szAddress);
    cSave=ShowMsg("\n\n\t 是否保存?[N/n 表示不保存]");
    if('n'!=tolower(cSave))
    {
        if(InsertFileRecord(pFile,pNew))   /*将新的联系人添加到文件的尾部*/
        {
            InsertNode(pNew);                    /*将新的联系人插入链表中*/
            ShowMsg("\n\t 添加成功,按 Enter 键返回!");
        }
        else
            ShowMsg("\n\t 添加失败,按 Enter 键返回!");
    }
    return 1;
}
```

# 10.3 参考程序

## 10.3.1 源代码清单

该系统功能模块明确，采用了多文件设计的方式，整个系统采用了一个头文件和三个源文件。

### 1. link.h 头文件

在头文件中进行了数据结构的定义、函数原型的声明、全局变量的引用和宏定义。

```c
#include <stdio.h>
#include <stdlib.h>
#include <malloc.h>
#include <string.h>
typedef struct
{
   char szName[9];
   char szMobilePhone[12];        /*手机*/
   char szHome[13];               /*住宅电话*/
   char szOffice[13];             /*办公电话*/
   char szEmail[20];              /*电子邮箱*/
   char szUnit[30];               /*单位*/
   char szWebSite[30];            /*个人主页*/
   char szAddress[50];            /*家庭住址*/
}Person;
typedef struct LinkNode
{
   Person data;                   /*联系人数据*/
   int iPos;                      /*联系人在文件中的位置*/
   struct LinkNode *prev,*next;
}PersonNode;
typedef struct
{
   int iCount;                    /*联系人总数*/
   int iRubbishCnt;               /*文件中废弃的记录数*/
}PadStatus;
extern PersonNode *g_pHead;
extern PadStatus g_status;
#define NODESIZE sizeof(PersonNode)
```

```
#define PERSONSIZE sizeof(Person)
void  InsertNode(PersonNode *pNew);
void  DeleteNode(PersonNode *pNew,int iDel);
PersonNode *SearchNode(char *szName,int *pID);
int ModifyFileRecord(FILE *pFile,PersonNode *pNode);
int DeleteFileRecord(FILE *pFile,int iPos);
int InsertFileRecord(FILE *pFile,PersonNode *pNew);
int CompressFile(FILE *pFile);
char ShowMsg(char *pStr);
```

## 2. linkTable.c 文件

该文件中存放了对链表进行操作的函数。

```
#include "link.h"
/*在链表中插入一个结点的函数*/
void InsertNode(PersonNode *pNew)
{
   if(NULL==g_pHead||strcmp(g_pHead->data.szName,pNew->data.szName)>0)
   {
      if(NULL==g_pHead)                  /*空链表*/
         pNew->next=NULL;
      else
      {
         pNew->next=g_pHead;
         g_pHead->prev=pNew;
      }
      g_pHead=pNew;
      pNew->prev=NULL;
   }
   else                                 /*非头结点*/
   {
      PersonNode *pNode=g_pHead;
      while(NULL!=pNode->next)          /*寻找插入点*/
      {
         pNode=pNode->next;
         if(strcmp(pNode->data.szName,pNew->data.szName)>=0)
            break;
      }
      if(NULL==pNode->next)             /*添加到链表尾部*/
      {
         pNew->prev=pNode;
```

```
                pNew->next=NULL;
                pNode->next=pNew;
            }
            else
            {
                pNode->prev->next=pNew;
                pNew->next=pNode;
                pNew->prev=pNode->prev;
                pNode->prev=pNew;
            }
        }
    }

/*删除链表中一个结点函数*/
void DeleteNode(PersonNode *pNode,int iDel)
{
    if(NULL==pNode)                      /*删除所有结点*/
    {
        while(NULL!=g_pHead)
        {
            pNode=g_pHead->next;
            free(g_pHead);
            g_pHead=pNode;
        }
    }
    else if(NULL==pNode->prev)           /*头结点*/
    {
        g_pHead=pNode->next;
        if(pNode->next)
            pNode->next->prev=NULL;
        if(iDel)
            free(pNode);
    }
    else
    {
        pNode->prev->next=pNode->next;
        if(NULL!=pNode->next)            /*非尾结点*/
            pNode->next->prev=pNode->prev;
        if(iDel)
            free(pNode);
    }
}
```

```
/*在链表中查找结点函数*/
PersonNode *SearchNode(char *szName,int *pID)
{
    int iRes;
    PersonNode *pNode=g_pHead;
    *pID=1;
    while (NULL!=pNode)
    {
        if(0==(iRes=_strncoll(szName,pNode->data.szName,strlen(szName))))
            break;
        (*pID)++;
        pNode=pNode->next;
    }
    if(iRes>0)                            /*未找到*/
        pNode=NULL;
    return pNode;
}
```

## 3. file.c 文件

该文件中存放了对文件进行操作的函数。

```
#include "link.h"
/*修改文件中给定记录的函数*/
int ModifyFileRecord(FILE *pFile,PersonNode *pNode)
{
    fseek(pFile,sizeof(PadStatus)+PERSONSIZE*( pNode->iPos-1),SEEK_SET);
    if(1!=fwrite(pNode,PERSONSIZE,1,pFile))
    {
        printf("保存失败!");
        return 0;
    }
    fflush(pFile);
    return 1;
}


/*删除文件中记录的函数*/
int DeleteFileRecord(FILE *pFile,int iPos)
{
    if(0==iPos)                           /*删除全部数据*/
    {
        g_status.iRubbishCnt=0;
```

```
        g_status.iCount=0;
        if(NULL==(pFile=freopen("Data.txt","wb",pFile)))
        {
            printf("\n\t 文件打开失败\n");
            return 0;
        }
        return 1;
    }
    if(g_status.iCount!=iPos )              /*联系人不在文件的尾部*/
    {
        PersonNode *pNode=g_pHead;
        while(pNode->iPos!=g_status.iCount)/*寻找文件中最后一个联系人结点*/
            pNode=pNode->next;
        /*用文件中最后一条记录覆盖删除的记录*/
        fseek(pFile,sizeof(PadStatus)+(iPos-1)*PERSONSIZE,SEEK_SET);
        if(1!=fwrite(pNode,PERSONSIZE,1,pFile))
        {
            printf("写文件失败!");
            return 0;
        }
        pNode->iPos=iPos;              /*设置该结点代表的联系人在文件中的位置*/
    }
    fseek(pFile,0,SEEK_SET);
    g_status.iRubbishCnt++;
    g_status.iCount--;
    fwrite(&g_status,sizeof(PadStatus),1,pFile);
    fflush(pFile);
    return 1;
}

/*在文件中添加一条记录的函数*/
int InsertFileRecord(FILE *pFile,PersonNode *pNew)
{
    fseek(pFile,PERSONSIZE*(g_status.iCount)+sizeof(PadStatus),SEEK_SET);
    if(1!=fwrite(pNew,PERSONSIZE,1,pFile))
    {
        printf("保存失败!\n");
        return 0;
    }
    g_status.iCount++;
    pNew->iPos=g_status.iCount;              /*把新的联系人添加到文件的尾部*/
```

```
fseek(pFile,0,SEEK_SET);
if(1!=fwrite(&g_status,sizeof(PadStatus),1,pFile))
{
    printf("保存失败!");
    g_status.iCount--;
    return 0;
}
fflush(pFile);
if(g_status.iRubbishCnt>0)
    g_status.iRubbishCnt--;
return 1;
}


/*压缩文件数据函数*/
int CompressFile(FILE *pFile)
{
    PersonNode *pNode=g_pHead;
    if(NULL==(pFile=freopen("Data.txt","wb",pFile)))
    {
        printf("\n\t 文件打开失败\n");
        return 0;
    }
    g_status.iRubbishCnt=0;
    /*更新文件头部数据*/
    if(1!=fwrite(&g_status,sizeof(PadStatus),1,pFile))
    {
        printf("\n 保存失败!\n");
        return 0;
    }
    while(NULL!=pNode)
    {
        fwrite(pNode,PERSONSIZE,1,pFile);
        pNode=pNode->next;
    }
    fflush(pFile);
    return 1;
}
```

## 4. index.c 文件

该文件中存放了主功能函数、其他辅助函数和全局数据。

```
#include "link.h"
```

```
PadStatus g_status;
PersonNode *g_pHead;
/*显示信息函数*/
char ShowMsg(char *pStr)
{
    printf("\n\n\t%s",pStr);
    fflush(stdin);
    return getchar();
}

/*增加联系人函数*/
int InsertPerson(FILE *pFile)
{
    PersonNode *pNew;
    char cSave;
    if(NULL==(pNew=(PersonNode *)malloc(NODESIZE)))
    {
        printf("内存分配为失败!");
        return 0;
    }
    printf("\n\t姓名:");
    scanf("%8s",pNew->data.szName);
    printf("\t手机:");
    fflush(stdin);
    gets(pNew->data.szMobilePhone);
    pNew->data.szMobilePhone[11]='\0';      /*保证字符串长度不大于11*/
    printf("\t住宅电话:");
    fflush(stdin);
    gets(pNew->data.szHome);
    pNew->data.szHome[12]='\0';
    printf("\t办公电话:");
    fflush(stdin);
    gets(pNew->data.szOffice);
    pNew->data.szOffice[12]='\0';
    printf("\te_mail:");
    fflush(stdin);
    gets(pNew->data.szEmail);
    pNew->data.szEmail[19]='\0';
    printf("\t个人主页:");
    fflush(stdin);
    gets(pNew->data.szWebSite);
```

```
pNew->data.szWebSite[20]='\0';
printf("\t 单位:");
fflush(stdin);
gets(pNew->data.szUnit);
pNew->data.szUnit[29]='\0';
printf("\t 家庭住址:");
fflush(stdin);
gets(pNew->data.szAddress);
cSave=ShowMsg("\n\n\t 是否保存?[N/n 表示不保存]");
if('n'!=tolower(cSave))
{
    if(InsertFileRecord(pFile,pNew))  /*把新的联系人添加到文件的尾部*/
    {
        InsertNode(pNew);                /*把新的联系人插入链表中*/
        ShowMsg("\n\t 添加成功,按 Enter 键返回!");
    }
    else
        ShowMsg("\n\t 添加失败,按 Enter 键返回!");
}
return 1;
}


/*删除联系人函数*/
int DeletePerson(FILE *pFile,PersonNode *pNode)
{
    int iPos;                               /*要移出的记录在文件中的位置*/
    char szMsg[60];
    if(NULL==pNode)
    {
        sprintf(szMsg,"\n\t 确定要删除所有联系人吗? [Y/y 代表确认]");
        iPos=0;
    }
    else
    {
        iPos=pNode->iPos;
        sprintf(szMsg,"\n\t 确定要删除' %s '吗? [Y/y 代表确认]",
                pNode->data. szName);
    }
    if('y'==tolower(ShowMsg(szMsg)))
    {
        if(DeleteFileRecord(pFile,iPos))
```

```
            {
                DeleteNode(pNode,1);
                ShowMsg("删除成功,按 Enter 键返回!");
                return 1;
            }
            else
                ShowMsg("删除操作失败,按 Enter 键返回!");
        }
        else
            ShowMsg("放弃删除操作,按 Enter 键返回!");
        return 0;
    }


    /*修改联系人资料函数*/
    void ModifyPerson(FILE *pFile,PersonNode * pNode)
    {
        char cRes;
        system("cls");
        cRes=ShowMsg("\t\t 输入修改的项目编号\n\n\t1.姓名  2.手机  \
                      3.住宅电话 4.办公电话 \n\t5.e_mail 6.个人主页 7.单位 \
                      8.家庭地址 \n\n\t 按其他键直接返回上级 请输入:");
        putchar('\n');
        switch(cRes)
        {
            case '1':
                printf("\t 姓名:");
                scanf("%8s",pNode->data.szName);
                break;
            case '2':
                printf("\t 手机:");
                scanf("%11s",pNode->data.szMobilePhone);
                break;
            case '3':
                printf("\t 住宅电话:");
                scanf("%12s",pNode->data.szHome);
                break;
            case '4':
                printf("\t 办公电话:");
                scanf("%12s",pNode->data.szOffice);
                break;
            case '5':
```

```
            printf("\te_mail:");
            scanf("%19s",pNode->data.szEmail);
            break;
        case '6':
            printf("\t 个人主页:");
            scanf("%29s",pNode->data.szWebSite);
            break;
        case '7':
            printf("\t 单位:");
            scanf("%29s",pNode->data.szUnit);
            break;
        case '8':
            printf("\t 家庭地址:");
            scanf("%49s",pNode->data.szAddress);
            break;
        default:
            ShowMsg("放弃修改,按 Enter 键返回!");
            return;
    }
    ModifyFileRecord(pFile,pNode);
    if('1'==cRes)                          /*姓名改变,在链表中需要重新排序*/
    {
        DeleteNode(pNode,0);               /*从链表中分离该结点*/
        InsertNode(pNode);
    }
    ShowMsg("\n\t 修改成功,按 Enter 键返回!");
}

/*显示联系人信息函数*/
void ShowPerson(FILE *pFile,PersonNode *pNode,int iID)
{
    char cRes,szName[9];
    PersonNode *pPrev,*pNext;
    system("cls");
    if(NULL==pNode)
    {
        ShowMsg("\n\n\t\t 电话本为空,按 Enter 键返回!");
        return;
    }
    printf("\n");
    printf("\t 第 %d 位联系人,共 %d 位\n\n",iID,g_status.iCount);
    printf("\t 姓  名:%s\n",pNode->data.szName);
```

```
printf("\t手  机:%s\n",pNode->data.szMobilePhone);
printf("\t住宅电话:%s\n",pNode->data.szHome);
printf("\t办公电话:%s\n",pNode->data.szOffice);
printf("\te_mail:%s\n",pNode->data.szEmail);
printf("\t个人主页:%s\n",pNode->data.szWebSite);
printf("\t单  位:%s\n",pNode->data.szUnit);
printf("\t家庭住址:%s\n",pNode->data.szAddress);
cRes=ShowMsg("\n\t 1.删除    2.修改   3.返回\n\n\t \
             4.前一位    其他键显示后一位    请选择:" );
switch(cRes)
{
   case '1':
      pPrev=pNode->prev;
      pNext=pNode->next;
      if(DeletePerson(pFile,pNode))
      {
         if(NULL!=pPrev)
            ShowPerson(pFile,pPrev,iID-1);
         else if(NULL!=pNext)
            ShowPerson(pFile,pNext,iID);
      }
      else
         ShowPerson(pFile,pNode,iID);
      break;
   case '2':
      strcpy(szName,pNode->data.szName);
      ModifyPerson(pFile,pNode);
      /*如果姓名已更改,需要重新查找其序号*/
      if(0!=strcmp(szName,pNode->data.szName))
         pNode=SearchNode(pNode->data.szName,&iID);
      ShowPerson(pFile,pNode,iID);
      break;
   case '3':
      return;
   case '4':
      if(NULL!=pNode->prev)
         ShowPerson(pFile,pNode->prev,iID-1);
      break;
   default:
      if(NULL!=pNode->next)
         ShowPerson(pFile,pNode->next,iID+1);
   }
```

```
}

/*查找联系人函数*/
void SearchPerson(FILE *pFile)
{
   char szName[9];
   int iRes=0;
   int iID;
   PersonNode *pNode;
   printf("\n\n\t输入 姓名: ");
   scanf("%8s",szName);
   pNode=SearchNode(szName,&iID);                /*在链表中查找该结点*/
   if(NULL==pNode)
      ShowMsg("没有该联系人,按 Enter 键返回!");
   else
      ShowPerson(pFile,pNode,iID);
}

/*帮助函数*/
void Help()
{
   puts("\n\t\t\t\t 电话本帮助系统");
   puts("\n  本软件是模仿手机的电话本管理方式设计的电话本管理软件。");
   puts("  软件启动后显示主界面,在主界面中输入 1~7,选择相应的操作。");
   puts("\n ● 添加姓名:用于增加新的联系人");
   puts("  .在输入界面中依次输入各项数据,姓名必须输入,其他项可以按 Enter 键跳过");
   puts("  .提示"是否保存"时,按"N"或"n"表示不保存,其他键表示保存,可直接按 Enter
       键");
   puts("\n ● 删除全部姓名:删除电话本中全部联系人");
   puts("  .在确认删除时,按"Y"或"y"表示删除,其他键表示放弃,可直接按 Enter 键
       返回");
   puts("\n ● 查找姓名:根据输入的姓名找到满足条件的联系人");
   puts("  .输入要查找的联系人的姓名");
   puts("  .只要输入的姓名与电话本中某联系人姓名前端字符匹配,就认为满足条件");
   puts("  .如输入"张三",联系人姓名是"张三一"的匹配,"张文"就不匹配");
   puts("  .找到匹配的姓名后显示该联系人的资料,并提供五个选项供选择:");
   puts("\t 删除:删除联系人的资料");
   puts("\t 修改:修改联系人的资料");
   puts("\t 返回:返回主界面菜单");
   puts("\t 前一位:电话本已按姓名排序,显示前一个联系人的资料");
   puts("\t 其他键显示后一位:按其他键显示下一位联系人的资料,如果是最后一位则返回主
       界面菜单");
```

```
      ShowMsg("\n\t\t 按 Enter 键返回!");
}


/*调整文件中数据的函数*/
void AdjustData(FILE *pFile)
{
   char cRes,szMsg[80];
   printf("\n\n\t\t 有 %d 条记录,占用磁盘空间 %ld 字节",g_status.iCount,\
            g_status.iCount *PERSONSIZE);
   if(0==g_status.iRubbishCnt)
      ShowMsg("\t 没有废弃的记录,文件不需要压缩\n\n\t\t 按 Enter 键返回!");
   else
   {
      sprintf(szMsg, "\n\n\n\t\t 共有 %d 个废弃记录,占用%ld 字节\n\n\t\t
               是否需要压缩?[y/n]:",g_status.iRubbishCnt,
               g_status.iRubbishCnt*PERSONSIZE);
      cRes=ShowMsg(szMsg);
      if('y'==tolower(cRes))
      {
         if(1==CompressFile(pFile))
            ShowMsg("\t 压缩完成,按 Enter 键返回!");
         else
            ShowMsg("\t 压缩失败,按 Enter 键返回!");
      }
      else
         ShowMsg("\t 放弃压缩,按 Enter 键返回!");
   }
}


/*系统初始化函数*/
int Initial(FILE *pFile)
{
   int iSize;
   int iRead;
   PersonNode *pNode;
   iSize=fread(&g_status,sizeof(PadStatus),1,pFile);  /*获取记录数量*/
   if(iSize<1||0==g_status.iCount)                     /*没有记录*/
      return 1;
   for(iRead=1;iRead<=g_status.iCount;iRead++)
   {
      if(NULL==(pNode=(PersonNode*)malloc(NODESIZE)))
      {
```

```
            printf("内存分配为失败!");
            return 0;
        }
        if(1==fread(pNode,PERSONSIZE,1,pFile))
        {
            InsertNode(pNode);
            pNode->iPos=iRead;
        }
        else
        {
            ShowMsg("读取记录失败,按 Enter 键返回!");
            free(pNode);
            break;
        }
    }
    return 1;
}


/*主菜单*/
char Menu()
{
    char cSel;
    while(1)
    {
        system("cls");  /*清屏*/
        fflush(stdin);
        printf("\n\n\n\t\t\t 电话本软件\n\n\n");
        printf("\t\t1.添加姓名.\t    2.删除全部姓名.\n\n");
        printf("\t\t3.查找姓名.\t    4.显示姓名.\n\n");
        printf("\t\t5.数据整理.\t    6.帮助.\n\n");
        printf("\t\t7.退出系统.\t  \n\n\n\n");
        printf("\t\t 请选择:");
        cSel=getchar();
        if(cSel<'1'||cSel>'7')
            ShowMsg("\t\t 输入有误,按 Enter 键返回!");
        else
            break;
    }
    system("cls");
    return cSel;
}
```

```
/*主函数*/
void main(void)
{
    FILE *pFile=NULL;                       /*文件指针*/
    PersonNode *head=NULL;                  /*head是保存链表的表头结点地址的指针*/
    int iResult;
    if(NULL==(pFile=fopen("Data.txt","a+b")))
    {
        ShowMsg("文件打开错误,程序退出!");
        return;
    }
    iResult=Initial(pFile);                 /*从文件中联系人资料恢复到链表中*/
    pFile=freopen("Data.txt","r+b",pFile);
    if(!iResult)
    {
        ShowMsg ("初始化失败,程序退出");
        return;
    }
    while(1)
    {
        switch(Menu())
        {
            case '1':
                InsertPerson(pFile);
                break;
            case '2':
                DeletePerson(pFile,NULL);
                break;
            case '3':
                SearchPerson(pFile);
                break;
            case '4':
                ShowPerson(pFile,g_pHead,1);
                break;
            case '5':
                AdjustData(pFile);
                break;
            case '6':
                Help();
                break;
            case '7':
                fclose(pFile);
```

```
        exit(0);
    }
  }
}
```

### 10.3.2　电话本软件开发过程简介

下面以 Visual C++ 6.0 为开发工具，简单介绍开发电话本软件的步骤。

1）启动 Visual C++ 6.0，新建一个"Win32 Console Application"工程，输入工程名，本例的工程名为"PhonePad"。在弹出的工程向导对话框中选中"一个空工程"单选按钮，生成工程。

2）选择"文件"|"新建"命令，弹出"新建"对话框，选择"C/C++Header File"选项，创建一个新的头文件，文件名为 link.h。

3）选择"文件"|"新建"命令，弹出"新建"对话框，选择"C/C++Source File"选项，创建一个新的源文件，文件名为 file.c。

4）采用与步骤3）同样的方法创建两个源文件，文件名分别为 index.c、linkTable.c。

5）将 10.3.1 节中的源代码依次写入相应的文件中。

6）编译该工程，生成可执行文件 PhonePad.exe。

图 10-4 和图 10-5 是程序运行时的部分截图。

图 10-4　程序主界面

图 10-5　联系人信息显示界面

# 习　题　10

C 语言大型作业：制作教务信息管理系统。

1．需要处理的基础数据。

学生基本信息：学号、姓名、性别、年龄、宿舍号码、电话号码等。

学生选修课程的基本信息：课程编号、课程名称、考试成绩、平时成绩、综合成绩、学分、重修否等。如果重修，需要考虑重修学期、重修成绩，并且要考虑多次重修的情况。

2．系统功能。

（1）各种基本数据的输入：如学生基本情况输入。

（2）各种基本数据的修改：即允许对已经输入的数据重新进行编辑、修改。

（3）各种基本数据的插入：如在学生选修课程基本信息中插入一条新信息。

（4）各种基本数据的删除：如假设某学生转学或出国深造，删除该生的相关信息。

（5）基于各种数据的查询：如姓张的所有学生、年龄小于 20 岁的学生。

（6）基于各种基本数据的统计计算。

具体如下：①统计每个学生各门功课的平均成绩，并按平均成绩从高到低的次序排列输出每个学生各门功课的综合成绩和平均成绩（名次、学号、姓名、平均成绩、各门功课的考试成绩、平时成绩、综合成绩）；②统计并输出各班各门功课的平均成绩和总平均成绩；③统计并输出每个学生的已修学分；④列出不及格学生的清单（学号、姓名、不及格的课程和成绩）；⑤教务信息其他方面的统计（自行确定）。

3．要求。

（1）只能使用 C 语言，源程序要有适当的注释，使程序容易阅读。

（2）必须使用结构体和链表等数据结构。

（3）使用文件保存数据。

（4）上面第 2 项系统功能中列出的功能属必须完成内容；鼓励自行增加新功能。

（5）书写实验报告（要求正规打印，A4 幅面），包括以下内容。

具体内容：①题目；②系统功能模块结构图；③数据结构设计及用法说明；④程序结构（画流程图）；⑤各模块的功能；⑥试验结果（包括输入数据和输出结果）；⑦体会；⑧附录——程序清单及复制源代码。

# 附录 A  ASCII 码表

| ASCII 码值 | 字符 | ASCII 码值 | 字符 | ASCII 码值 | 字符 | ASCII 码值 | 字符 |
|---|---|---|---|---|---|---|---|
| 000 | NULL | 032 | (Space) | 064 | @ | 096 | ` |
| 001 | SOH | 033 | ! | 065 | A | 097 | a |
| 002 | STX | 034 | ” | 066 | B | 098 | b |
| 003 | ETX | 035 | # | 067 | C | 099 | c |
| 004 | EOT | 036 | $ | 068 | D | 100 | d |
| 005 | END | 037 | % | 069 | E | 101 | e |
| 006 | ACK | 038 | & | 070 | F | 102 | f |
| 007 | BEL | 039 | ' | 071 | G | 103 | g |
| 008 | BS | 040 | ( | 072 | H | 104 | h |
| 009 | HT | 041 | ) | 073 | I | 105 | i |
| 010 | LF | 042 | * | 074 | J | 106 | j |
| 011 | VT | 043 | + | 075 | K | 107 | k |
| 012 | FF | 044 | , | 076 | L | 108 | l |
| 013 | CR | 045 | – | 077 | M | 109 | m |
| 014 | SO | 046 | . | 078 | N | 110 | n |
| 015 | SI | 047 | / | 079 | O | 111 | o |
| 016 | DLE | 048 | 0 | 080 | P | 112 | p |
| 017 | DC1 | 049 | 1 | 081 | Q | 113 | q |
| 018 | DC2 | 050 | 2 | 082 | R | 114 | r |
| 019 | DC3 | 051 | 3 | 083 | S | 115 | s |
| 020 | DC4 | 052 | 4 | 084 | T | 116 | t |
| 021 | NAK | 053 | 5 | 085 | U | 117 | u |
| 022 | SYN | 054 | 6 | 086 | V | 118 | v |
| 023 | ETB | 055 | 7 | 087 | W | 119 | w |
| 024 | CAN | 056 | 8 | 088 | X | 120 | x |
| 025 | EM | 057 | 9 | 089 | Y | 121 | y |
| 026 | SUB | 058 | : | 090 | Z | 122 | z |
| 027 | ESC | 059 | ; | 091 | [ | 123 | { |
| 028 | FS | 060 | < | 092 | \ | 124 | \| |
| 029 | GS | 061 | = | 093 | ] | 125 | } |
| 030 | RS | 062 | > | 094 | ^ | 126 | ~ |
| 031 | US | 063 | ? | 095 | _ | 127 | DEL |

注：表中 ASCII 码值为十进制数。

# 附录 B  C 语言的关键字及说明

| 关键字 | 用途 | 说明 |
|---|---|---|
| char | 数据类型 | 字符型 |
| short | | 短整型 |
| int | | 整型 |
| unsigned | | 无符号类型（最高位不作为符号位） |
| long | | 长整型 |
| float | | 单精度实型 |
| double | | 双精度实型 |
| struct | | 用于定义结构体的关键字 |
| union | | 用于定义共用体的关键字 |
| void | | 空类型 |
| enum | | 用于定义枚举类型的关键字 |
| signed | | 有符号类型，最高位为符号位（该关键字可为默认值） |
| const | | 表明该量在程序执行过程中不可改变其值 |
| volatile | | 表明该量在程序执行过程中可被隐含地改变 |
| typedef | 存储类型 | 用于定义同义数据类型 |
| auto | | 自动变量 |
| register | | 寄存器类型变量 |
| static | | 静态变量 |
| extern | | 外部变量声明 |
| break | 流程控制 | 退出最内层的循环或 switch 语句 |
| case | | switch 语句中的情况选择 |
| continue | | 结束本次循环，跳到下一轮循环 |
| default | | switch 语句中其余情况标号 |
| do | | do...while 循环起始标记 |
| else | | if 语句中另一种选择 |
| for | | 带有初值、测试和增量的一种循环 |
| goto | | 转移到语句标号指定的地方 |
| if | | 语句的条件执行 |
| return | | 返回调用的函数 |
| switch | | 从所有列出的动作中做出选择 |
| while | | 在 while 和 do...while 循环语句中的条件执行 |
| sizeof | 运算符 | 计算表达式和类型的字节数 |

# 附录 C 运算符的优先级和结合性

| 类别 | 优先级 | 运算符 | 含义 | 结合性 |
|---|---|---|---|---|
| 单目运算符 | 1 | () | 圆括号 | 自左向右 |
| | | [ ] | 下标运算符 | |
| | | -> | 指向结构体成员运算符 | |
| | | . | 结构成员运算符 | |
| | 2 | ! | 逻辑非运算符 | 自右向左 |
| | | ~ | 按位取反运算符 | |
| | | ++ | 自增运算符 | |
| | | -- | 自减运算符 | |
| | | - | 负号运算符 | |
| | | (类型) | 强制类型转换运算符 | |
| | | * | 指针运算符 | |
| | | & | 取地址运算符 | |
| | | sizeof | 占用内存空间运算符 | |
| 双目运算符 | 3 | * | 乘法运算符 | 自左向右 |
| | | / | 除法运算符 | |
| | | % | 求余运算符 | |
| | 4 | + | 加法运算符 | 自左向右 |
| | | - | 减法运算符 | |
| | 5 | << | 左移运算符 | 自左向右 |
| | | >> | 右移运算符 | |
| | 6 | <、<=、>、>= | 关系运算符 | 自左向右 |
| | 7 | ==、!= | 等于运算符和不等于运算符 | 自左向右 |
| | 8 | & | 按位与运算符 | 自左向右 |
| | 9 | ^ | 按位异或运算符 | 自左向右 |
| | 10 | \| | 按位或运算符 | 自左向右 |
| | 11 | && | 逻辑与运算符 | 自左向右 |
| | 12 | \|\| | 逻辑或运算符 | 自左向右 |
| 三目运算符 | 13 | ?: | 条件运算符 | 自右向左 |
| 赋值符 | 14 | =、+=、-=、*=、/=、%=、>=、<=、&=、^=、\|= | 赋值运算符 | 自右向左 |
| N 目运算符 | 15 | , | 逗号运算符（顺序求值运算符） | 自左向右 |

注：表中所列的优先级中 1 为最高级，15 为最低级。

# 附录 D　常用的 C 语言库函数

由于篇幅所限，本附录主要介绍 ANSI C 及非 ANSI C 常用的部分函数，对于多数编译系统，可以使用这些函数的绝大部分。建议读者在编写 C 语言程序时，查阅所用系统的函数参考手册，了解系统所支持的函数。

1. 输入/输出（I/O）函数

使用 I/O 函数时，要使用#include <stdio.h>。

| 函数名 | 函数格式 | 功能 | 返回值 | 备注 |
|---|---|---|---|---|
| cleareer | void cleareer(FILE *fp); | 清除与文件指针有关的所有信息 | 无 | |
| close | int close(int fp); | 关闭文件 | 关闭成功，返回 0；否则，返回−1 | 非 ANSI 标准 |
| creat | int creat(char *filename,int mode); | 以 mode 所指定的方式建立文件 | 成功，返回正整数；否则，返回−1 | 非 ANSI 标准 |
| eof | int close(int fd); | 检查文件是否结束 | 遇文件结束，返回 1；否则，返回 0 | 非 ANSI 标准 |
| fclose | int fclose(FILE *fp); | 关闭 fp 所指向的文件 | 执行出错，返回非 0；否则，返回 0 | |
| feof | int feof(FILE *fp); | 检查文件是否结束 | 文件结束，返回非 0；否则，返回 0 | |
| fgetc | int fgetc(FILE *fp); | 从 fp 指向的文件中读取一个字符 | 出错，返回 EOF；否则，返回所读字符数 | |
| fgets | int *fgets(char *buf,int n, FILE *fp); | 从 fp 指向的文件中读取一个长度为 n-1 的字符串，存入起始地址为 buf 的空间 | 返回地址 buf。如遇文件结束或出错，返回 NULL | |
| fopen | FILE *fopen(char *filename, char *mode); | 以 mode 指定的方式打开名为 filename 的文件 | 成功，返回文件指针；否则，返回 0 | |
| fprintf | int fprintf(FILE *fp,char *format, args,…); | 把 args 的值以 format 指定的格式写到 fp 所指定的文件 | 实际输出的字符数 | |
| fputc | int fputc(char ch,FILE *fp); | 将字符 ch 输出到 fp 指向的文件中 | 成功，返回该字符；否则，返回非 0 | |
| fputs | int fputs(const char *str, FILE *fp); | 将 str 中的字符串输出到 fp 指向的文件中 | 成功，返回 0；否则，返回非 0 | |
| fread | int fread(char *pt,unsigned size, unsigned n,FILE *fp); | 从 fp 所指定的文件中读取长度为 size 的 n 个数据项，存到 pt 所指向的内存区中 | 返回所读的数据项个数。若遇到文件结束或出错，则返回 0 | |
| fscanf | int fscanf(FILE *fp,char format, args); | 从 fp 所指定的文件中按 format 指定的格式读取数据存入 args 指向的内存单元 | 成功，返回读取的数据个数；出错或遇文件结束，返回 0 | |

续表

| 函数名 | 函数格式 | 功能 | 返回值 | 备注 |
|---|---|---|---|---|
| fseek | int fseek(FILE *fp,long offset, int base); | 移动 fp 所指向的文件的指针位置 | 成功，返回当前位置；否则，返回-1 | |
| ftell | long ftell(FILE *fp); | 求出 fp 所指向的文件的指针位置 | 返回读/写位置 | |
| fwrite | int fwrite(char *ptr,unsigned size,unsigned n,FILE *fp); | 把 ptr 所指向的 n*size 字节写到 fp 所指向的文件中 | 返回写入文件的数据项的个数 | |
| getc | int getc(FILE *fp); | 从 fp 指向的文件中读取一个字符 | 出错，返回 EOF；否则，返回所读字符数 | |
| getchar | int getchar(void); | 从标准输入设备读取下一个字符 | 返回所读字符，否则，返回-1 | |
| getw | int getw(FILE *fp); | 从 fp 所指向的文件读取一个整数 | 返回所读取的整数 | 非 ANSI 标准 |
| open | int open(char *filename,int mode); | 以 mode 指定的方式打开已存在的名为 filename 的文件 | 成功，返回文件号（正整数）；否则，返回-1 | 非 ANSI 标准 |
| printf | int printf(char *format, args,…); | 按 format 指定的格式，把输出列表 args 的值输出到标准输出设备 | 成功，返回输出的字符个数；否则，返回负数 | |
| putc | int putc(int ch,FILE *fp); | 把一个字符 ch 输出到 fp 所指向的文件中 | 成功，返回输出的字符 ch；否则，返回 EOF | |
| putchar | int putchar(char ch); | 把一个字符 ch 输出到标准输出设备 | 成功，返回输出的字符 ch；否则，返回 EOF | |
| puts | int puts(char *str); | 把 str 指向的字符串输出到标准输出设备，将'\0'转换为换行 | 成功，返回换行符；否则，返回 EOF | |
| putw | int putw(int w,FILE *fp); | 将一个整数 w（即一个字）写到 fp 指向的文件中 | 成功，返回输出的整数；否则，返回 EOF | 非 ANSI 标准 |
| read | int read(int fd,char *buf, unsigned count); | 从文件号 fd 所指示的文件中读取 count 字节到 buf 所指向的缓冲区中 | 返回真正读入的字节个数。遇文件结束返回 0，出错返回-1 | 非 ANSI 标准 |
| rename | int rename(char *oldname, char *newname); | 把 oldname 指示的文件改名为 newname 所示的文件名 | 成功，返回 0；否则，返回-1 | |
| rewind | void rewind(FILE *fp); | 将 fp 所指向的文件中的位置指针置于文件开头的位置，并清除文件结束标志和错误标志 | 无 | |
| scanf | int scanf(char *format, args,…); | 从标准输入设备按 format 指定输入数据给 args 所指向的单元 | 读入并赋给 args 的数据个数。遇文件结束返回 EOF，出错返回 0 | args 为指针 |
| write | int write(int fd,char *buf, unsigned count); | 从 buf 指示的缓冲区输出 count 个字符到 fd 所标志的文件中 | 返回实际输出的字节数，出错返回-1 | 非 ANSI 标准 |
| kbhit | int kbhit(void); | 检测按键 | 如果有键按下，则返回对应键值，否则返回 0 | kbhit 不等待键盘按键。无论有无按键都会立即返回 |

## 2. 字符函数

ANSI C 标准要求，在使用字符函数时要使用 #include <ctype.h>，但有的 C 语言编译系统不遵循 ANSI C 标准的规定，使用时请查询有关手册。

| 函数名 | 函数格式 | 功能 | 返回值 | 备注 |
|---|---|---|---|---|
| isalnum | int isalnum(int ch); | 检查 ch 是否为字母（alpha）或数字（numeric） | 是，返回 1；否则，返回 0 | |
| isalpha | int isalpha(int ch); | 检查 ch 是否为字母 | 是，返回 1；不是，返回 0 | |
| iscntrl | int iscntrl(int ch); | 检查 ch 是否为控制字符 | 是，返回 1；不是，返回 0 | |
| isdigit | int isdigit(int ch); | 检查 ch 是否为数字（0～9） | 是，返回 1；不是，返回 0 | |
| isgraph | int isgraph(int ch); | 检查 ch 是否可输出字符（ASCII 码值在 0x21～0x7E 之间），不包括空格 | 是，返回 1；不是，返回 0 | |
| islower | int islower(int ch); | 检查 ch 是否为小写字母（a～z） | 是，返回 1；不是，返回 0 | |
| isprint | int isprint(int ch); | 检查 ch 是否可打印字符（ASCII 码值在 0x20～0x7E 中），包括空格 | 是，返回 1；不是，返回 0 | |
| ispunct | int ispunct(int ch); | 检查 ch 是否为标点字符(不包括空格)，即除字母、数字和空格以外的所有可打印字符 | 是，返回 1；不是，返回 0 | |
| isspace | int isspace(int ch); | 检查 ch 是否为空格、制表符或换行符 | 是，返回 1；不是，返回 0 | |
| isupper | int isupper(int ch); | 检查 ch 是否为大写字母（A～Z） | 是，返回 1；不是，返回 0 | |
| isxdigit | int isxdigit(int ch); | 检查 ch 是否为一个十六进制数学字符（0～9、A～F、a～f） | 是，返回 1；不是，返回 0 | |
| tolower | int tolower(int ch); | 将 ch 字符转换为小写字母 | 返回转换得到的小写字母 | |
| toupper | int toupper(int ch); | 将 ch 字符转换为大写字母 | 返回转换得到的大写字母 | |
| toascii | int toascii(int c); | 将字符 c 转换为 ASCII 码 | 返回 ASCII 码值，将字符 c 的高位清零，仅保留低七位。返回转换后的数值 | |
| tolower | int tolower(int c) | 将字符 c 转换为小写英文字母 | 返回小写英文字母的 ASCII 码 | |
| toupper | int toupper(int c); | 将字符 c 转换为大写英文字母 | 返回大写英文字母的 ASCII 码 | |

## 3. 字符串函数

ANSI C 标准要求，在使用字符串函数时要使用 #include <string.h>，但有的 C 语言编译系统不遵循 ANSI C 标准的规定，使用时请查询有关手册。

| 函数名 | 函数格式 | 功能 | 返回值 | 备注 |
|---|---|---|---|---|
| strcat | char *strcat(char *str1,char *str2); | 把字符串 str2 连接到 str1 后面，且 str1 最后的'\0'被取消 | str1 | string.h |

续表

| 函数名 | 函数格式 | 功能 | 返回值 | 备注 |
|--------|----------|------|--------|------|
| strchr | char *strchr(char *str,int ch); | 找出 str 指向的字符串中第一次出现字符 ch 的位置 | 返回指向该位置的指针，如找不到，则返回空指针 | string.h |
| strcmp | int strcmp(char *str1,char *str2); | 比较两个字符串 | str1<str2，返回负数；str1>str2，返回正数；str1=str2，返回 0 | string.h |
| stricmp | int stricmp(char *s1,char *s2); | 比较字符串 s1 和 s2，但不区分字母的大小写 | strcmpi()是 stricmp()的宏定义，实际未提供此函数。当 s1<s2 时，返回值<0；当 s1=s2 时，返回值=0;当 s1>s2 时,返回值>0 | |
| strcpy | char *strcpy(char *str1,char *str2); | 把 str2 指向的字符串复制到 str1 中去 | str1 | string.h |
| strlen | unsigned int strlen(char *str); | 统计字符串 str 中字符的个数，不包括'\0' | 返回字符个数 | string.h |
| strstr | char *strstr(char *str1,char *str2); | 找出 str2 指向的字符串在 str1 指向的字符串中第一次出现的位置（不包括'\0'） | 返回该位置的指针，如找不到，则返回空指针 | string.h |
| strcspn | int strcspn(char *s1,char *s2); | 在字符串 s1 中搜寻 s2 中所现的字符 | 返回第一个出现的字符在 s1 中的下标值，即在 s1 中出现而 s2 中没有出现的子串的长度 | |
| strdup | char *strdup(char *s); | 复制字符串 s | 返回指向被复制的字符串的指针，所需空间由 malloc()分配且可以由 free()释放 | |
| strlwr | char *strlwr(char *s); | 将字符串 s 转换为小写形式 | 只转换 s 中出现的大写字母，不改变其他字符。返回指向 s 的指针 | |
| strncat | char *strncat(char *dest,char *src, int n); | 把 src 所指字符串的前 n 个字符添加到 dest 结尾处(覆盖 dest 结尾处的'\0')，并添加'\0' | 返回指向 dest 的指针 | src 和 dest 所指内存区域不可以重叠且 dest 必须有足够的空间来容纳 src 的字符串 |
| strncmp | int strncmp(char *s1,char *s2,int n); | 比较字符串 s1 和 s2 的前 n 个字符 | 当 s1<s2 时，返回值<0;当 s1=s2 时，返回值=0;当 s1>s2 时，返回值>0 | |
| strnicmp | int strnicmp(char *s1,char *s2,int n); | 比较字符串 s1 和 s2 的前 n 个字符但不区分大小写 | 当 s1<s2 时，返回值<0;当 s1=s2 时，返回值=0;当 s1>s2 时，返回值>0 | strncmpi 是 strnicmp 的宏定义 |
| strncpy | char *strncpy(char *dest, char *src,int n); | 把 src 所指由 NULL 结束的字符串的前 n 个字节复制到 dest 所指的数组中 | 返回指向 dest 的指针 | |

续表

| 函数名 | 函数格式 | 功能 | 返回值 | 备注 |
|---|---|---|---|---|
| strpbrk | char *strpbrk(char *s1,char *s2); | 在字符串 s1 中寻找字符串 s2 中任何一个字符相匹配的第一个字符的位置，空字符 NULL 不包括在内 | 返回指向 s1 中第一个相匹配的字符的指针，如果没有匹配字符，则返回空指针 NULL | |
| strrev | char *strrev(char *s); | 把字符串 s 的所有字符的顺序颠倒过来（不包括空字符 NULL） | 返回指向颠倒顺序后的字符串指针 | |
| strset | char *strset(char *s,char c); | 把字符串 s 中的所有字符都设置成字符 c | 返回指向 s 的指针 | |
| strtok | char *strtok(char *s,char *delim); | 分解字符串为一组标记串。s 为要分解的字符串，delim 为分隔符字符串。strtok 在 s 中查找包含在 delim 中的字符并用 NULL('\0')来替换，直到找遍整个字符串 | 返回指向下一个标记串。当没有标记串时，则返回空字符 NULL | |
| strupr | char *strupr(char *s); | 将字符串 s 转换为大写形式 | 只转换 s 中出现的小写字母，不改变其他字符。返回指向 s 的指针 | |
| bcmp | int bcmp(const void *s1,const void *s2,int n); | 比较字符串 s1 和 s2 的前 n 字节是否相等 | 如果 s1=s2 或 n=0 则返回 0,否则返回非 0 值。bcmp 不检查 NULL | |
| bcopy | void bcopy(const void *src,void *dest,int n); | 将字符串 src 的前 n 字节复制到 dest 中 | bcopy 不检查字符串中的空字节 NULL，函数没有返回值 | |
| bzero | void bzero(void *s,int n); | 置字节字符串 s 的前 n 个字节为零 | 无 | |
| memccpy | void *memccpy(void *dest, void *src,unsigned char ch, unsigned int count); | 由 src 所指内存区域复制不多于 count 字节到 dest 所指内存区域，如果遇到字符 ch 则停止复制 | 返回指向字符 ch 后的第一个字符的指针，如果 src 前 n 字节中不存在 ch,则返回 NULL。ch 被复制 | |
| memchr | void *memchr(void *buf, char ch,unsigned count); | 从 buf 所指内存区域的前 count 字节查找字符 ch | 当第一次遇到字符 ch 时停止查找。如果成功，返回指向字符 ch 的指针；否则，返回 NULL | |
| memcmp | int memcmp(void *buf1, void *buf2,unsigned int count); | 比较内存区域 buf1 和 buf2 的前 count 字节 | 当 buf1<buf2 时，返回值 <0；当 buf1=buf2 时，返回值=0；当 buf1>buf2 时，返回值>0 | |
| memcpy | void *memcpy(void *dest, void *src,unsigned int count); | 由 src 所指内存区域复制 count 字节到 dest 所指内存区域 | src 和 dest 所指内存区域不能重叠，函数返回指向 dest 的指针 | |
| memicmp | int memicmp(void *buf1, void *buf2,unsigned int count); | 比较内存区域 buf1 和 buf2 的前 count 字节，但不区分字母的大小写 | 当 buf1<buf2 时，返回值 <0；当 buf1=buf2 时，返回值=0；当 buf1>buf2 时，返回值>0 | memicmp 不区分大小写字母 |

续表

| 函数名 | 函数格式 | 功能 | 返回值 | 备注 |
|---|---|---|---|---|
| memmove | void *memmove(void *dest, const void *src,unsigned int count); | 由 src 所指内存区域复制 count 字节到 dest 所指内存区域 | src 和 dest 所指内存区域可以重叠，但复制后 src 内容会被更改。函数返回指向 dest 的指针 | |
| memset | void *memset(void *buffer, int c,int count); | 把 buffer 所指内存区域的前 count 字节设置成字符 c | 返回指向 buffer 的指针 | |
| movmem | void movmem(void *src, void *dest,unsigned int count); | 由 src 所指内存区域复制 count 字节到 dest 所指内存区域 | src 和 dest 所指内存区域可以重叠，但复制后 src 内容会被更改。函数返回指向 dest 的指针 | |
| setmem | void setmem(void *buf, unsigned int count,char ch); | 把 buf 所指内存区域前 count 字节设置成字符 ch | 返回指向 buf 的指针 | |

### 4. 动态存储分配函数

ANSI C 标准要求动态存储分配函数返回 void 指针。void 指针具有一般性，可以指向任何类型的数据，但一般需要采用强制类型转换的方法把 void 指针转换为所需的类型。在使用动态存储分配函数时要使用#include <stdlib.h>。

| 函数名 | 函数格式 | 功能 | 返回值 | 备注 |
|---|---|---|---|---|
| calloc | void *calloc(unsigned n, unsigned size); | 为 n 个数据项分配内存，每个数据项的大小为 size | 成功，返回分配的内存单元的起始地址；否则，返回 0 | 一段连续的内存空间 |
| free | void *free(void *ptr); | 释放 ptr 所指向的内存空间 | 无 | |
| malloc | void *malloc(unsigned size); | 分配 size 字节的内存空间 | 成功，返回分配的内存单元的起始地址；否则，返回 0 | |
| realloc | void *realloc(void *ptr, unsigned newsize); | 将 ptr 所指的内存空间改为 newsize 字节 | 成功，返回分配的内存单元的起始地址；否则，返回 0 | newsize 值可比原分配的空间大或小 |

### 5. 数学函数

使用数学函数时，要使用#include <math.h>。

| 函数名 | 函数格式 | 功能 | 返回值 | 备注 |
|---|---|---|---|---|
| abs | int abs(int x); | 求整数 x 的绝对值 | 当 x 不为负时，返回 x；否则，返回-x | |
| acos | double acos(double x); | 计算 $\cos^{-1}(x)$ 的值 | 计算结果 | $-1 \leqslant x \leqslant 1$ |
| asin | double asin(double x); | 计算 $\sin^{-1}(x)$ 的值 | 计算结果 | $-1 \leqslant x \leqslant 1$ |
| atan | double atan(double x); | 计算 $\tan^{-1}(x)$ 的值 | 计算结果 | |
| atan2 | double atan2(double y, double x); | 计算 $\tan^{-1}(y/x)$ 的值 | 计算结果 | x 的单位为弧度 |

续表

| 函数名 | 函数格式 | 功能 | 返回值 | 备注 |
|---|---|---|---|---|
| ceil | float ceil(float x); | 求不小于 x 的最小整数 | 返回 x 的上限，如 74.12 的上限为 75，-74.12 的 上限为-74 | |
| cos | double cos(double x); | 计算 cos(x)的值 | 计算结果 | |
| cosh | double cosh(double x); | 计算 x 的双曲余弦 cosh(x)的值 | 计算结果 | |
| exp | double exp(double x); | 计算 $e^x$ 的值 | 计算结果 | e=2.718281828 |
| fabs | double fabs(double x); | 求浮点数 x 的绝对值 | 当 x 不为负时，返回 x; 否则，返回-x | |
| floor | double floor(double x); | 计算不大于 x 的最大整数 | 该整数的双精度实数 | |
| fmod | double fmod(double x, double y); | 计算 x 对 y 的模 | 余数的双精度数 | |
| frexp | float frexp(float x, int *exp); | 把浮点数 x 分解成尾数 和指数 | 返回尾数 m，并将指数 存入 exp 中 | x=m*2^exp，m 为规格 化小数 |
| hypot | float hypot(float x,float y); | 对于给定的直角三角形 的两个直角边，求其斜 边的长度 | 返回斜边值 | |
| ldexp | float ldexp(float x,int exp); | 装载浮点数 | 返回 x*2^exp 的值 | |
| log | double log(double x); | 计算 ln(x)的值，即求 $\log_e x$ | 计算结果 | x 的值应大于 0 |
| log10 | double log10(double x); | 求 $\log_{10} x$ 的值 | 计算结果 | x 的值应大于 0 |
| modf | double modf(double val, double *iptr); | 把双精度数 val 分解为 指数和尾数，尾数放在 iptr 指示的单元中 | 返回 val 的小数部分 | 将整数部分存入*iptr 所 指内存中 |
| pow | double pow(double x, double y); | 计算 xy 的值 | 计算结果 | |
| pow10 | float pow10(float x); | 计算 10 的 x 次幂 | 相当于 pow(10.0,x) | |
| sin | double sin(double x); | 计算 sin(x)的值 | 计算结果 | x 的单位为弧度 |
| sinh | double sinh(double x); | 求 x 的双曲正弦 sinh(x) 的值 | 计算结果 | |
| sqrt | double sqrt(double x); | 计算 x 的平方根 | 计算结果 | x 应大于 0 |
| tan | double tan(double x); | 计算 tan(x)的值 | 计算结果 | x 的单位为弧度 |
| tanh | double tanh(double x); | 求 x 的双曲正切 tanh(x) 的值 | 计算结果 | |

## 6. 其他函数

下面介绍几个经常会使用的其他函数。在使用这些函数时，要使用#include <stdlib.h>。

| 函数名 | 函数格式 | 功能 | 返回值 | 备注 |
|---|---|---|---|---|
| exit | void exit(int status); | 使程序立即正常终止， ststus 的值传给调用函数 | 无 | |
| labs | long labs(long num); | 计算 num 的绝对值 | 返回取长整型绝对值 | 区别 abs()函数 |
| srand | void srand(unsigned seed); | 生成随机种子 | | |

续表

| 函数名 | 函数格式 | 功能 | 返回值 | 备注 |
|---|---|---|---|---|
| rand | int rand(); | 产生一个伪随机数 | 返回 0～RAND_MAX 中的一个整数 | RAND_MAX 是在头文件中定义的随机数最大的可能取值 |
| atof | double atof(char *str); | 将 str 指向的ASCII码字符串转换为一个 double 型数值 | 返回双精度的结果 | |
| atoi | int atoi(char *str); | 将 str 指向的字符串转换为整数值 | 得到的整数结果 | |
| atol | long atol(char *str); | 将 str 指向的字符串转换为一个长整型值 | 返回长整型结果 | |
| itoa | char *itoa(int value,char *string,int randix) | 将一个整数转换成字符串 | 返回字符串值 | |

# 附录 E 用户自定义标识符的命名规则

**1. 共性规则**

在 C 语言源程序中所使用的变量名、宏名、符号常量名、函数名、自定义类型名等统称为标识符。除库函数的函数名由系统定义外，其余标识符都由用户自定义。科学、清晰、规范化的命名规则会增强程序的可读性，是良好编程风格的具体体现。用户自定义标识符的命名规则如下：

1）第一个字符必须是字母或下划线。

2）只能由字母（A~Z 或 a~z）、数字（0~9）和下划线（_）三类字符组成。

3）用户自定义标识符不能与 C 语言的关键字同名。

4）标识符中，大小写字母是有区别的，但文件名不区分大小写。

5）标识符的长度不受限制，但一般只有前 32 个字符有效。

6）用户自定义标识符的命名应遵循"见名知意"原则，推荐使用具有相应含义的英文单词及组合来命名，切忌使用汉语拼音来命名。

7）用户自定义标识符中的每一个逻辑断点处应有清楚的标识，其目的也是增强可读性，目前流行的方法有如下两种。

① 骆驼式命名法，该方法用一个大写字母来标记一个新的逻辑断点的开始。例如，newValue、maxLength 等，这是 Windows 应用程序风格。

② 下划线法，该方法是用下划线来标记一个新的逻辑断点的开始。例如，new_value、max_length 等，这是 UNIX 应用程序风格。

**⚠ 注意：**

以上两种风格不要混合使用。命名规则尽量与所采用的操作系统或开发工具的风格保持一致。

**2. 变量命名规则**

变量名应使用"名词"或"形容词+名词"的形式，一般用小写字母，如 oldValue。

在 Microsoft 公司推行的匈牙利命名法中，还可以在变量名前面加一个或两个字符作为前缀以提示变量的数据类型，其基本形式如下：

变量名=类型+描述

**⚠ 注意：**

单字符的变量名也是有用的，如 i、j、k、x、y、z 等，这些变量通常可用作循环控制变量或函数内的局部变量。

表 E-1 中列出了一些常用的匈牙利命名法前缀及其含义。

表 E-1　常用的匈牙利命名法前缀及其含义

| 数据类型或存储类型 | 前缀字符 | 变量命名举例 |
|---|---|---|
| int | i | iCount |
| short | n | nAge |
| long | l | lFactorial |
| char | c | cSex |
| float | f | fScore |
| double | d | dNumber |
| unsigned | u | uData |
| 指针 | p | pFile |
| 以 '\0' 结尾的字符串 | sz | szName |
| 静态变量 | s_ | s_Sum |
| 全局变量 | g_ | g_Sum |
| 常量 | c_ | c_MAXSIZE |

### 3. 函数名命名规则

函数名使用大写字母开头的单词及其组合来命名，一般使用动词或"动词+名词"的形式。例如，Swap、FindPosition 等。

### 4. 宏名命名规则

宏名和 const 常量全用大写字母，用下划线分隔单词，以区分变量名。例如：

```
#define  PI  3.1415926
Const  int  MAX_LINE=100;
```

# 参 考 文 献

陈良银，游洪跃，李旭伟，2006. C 语言程序设计（C99 版）[M]. 北京：清华大学出版社.

黄维通，郑浩，田永红，2011. C 程序设计教程[M]. 2 版. 北京：清华大学出版社.

教育部考试中心，2007. 全国计算机等级考试二级教程：C 语言程序设计（2008 年版）[M]. 北京：高等教育出版社.

李丽娟，2009. C 语言程序设计教程[M]. 2 版. 北京：人民邮电出版社.

马靖善，秦玉平，2005. C 语言程序设计[M]. 北京：清华大学出版社.

秦友淑，曹化工，2002. C 语言程序设计教程[M]. 2 版. 武汉：华中科技大学出版社.

谭浩强，2010. C 程序设计[M]. 4 版. 北京：清华大学出版社.

杨路明，2003. C 语言程序设计教程[M]. 北京：北京邮电大学出版社.

周纯杰，刘正林，何顶新，等，2005. 标准 C 语言程序设计及应用[M]. 武汉：华中科技大学出版社.

朱立华，王立柱，2009. C 语言程序设计[M]. 北京：人民邮电出版社.